JN199389

基礎と数理

量子ウォーク

Quantum Walk
Introduction and Fundamental Theory

町田拓也　著

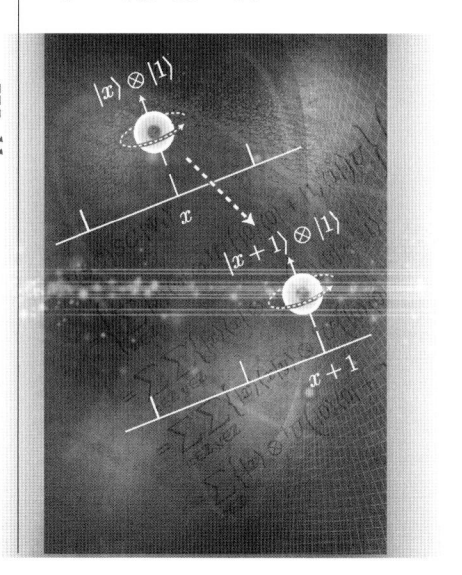

裳華房

QUANTUM WALK
INTRODUCTION AND FUNDAMENTAL THEORY

by

TAKUYA MACHIDA

SHOKABO

TOKYO

JCOPY 〈(社)出版者著作権管理機構 委託出版物〉

はじめに

　量子ウォークは，それ自体を量子アルゴリズムと見なすことができ，量子コンピュータの基礎理論の一つでもある量子探索アルゴリズムの研究とともに発展してきた数理モデルである．量子ウォークに基づいて構築されたいくつかの量子探索アルゴリズムが，対応する古典アルゴリズムに比べて劇的に少ない計算時間で結果を生み出すことは，これまでに数学的に説明されている．そのような理論結果は，量子コンピュータがノイマン型コンピュータに比べてはるかに短い時間で計算結果を出力できるという期待をサポートしている．量子アルゴリズムとは別に，量子ウォークは量子物理学に登場するディラック（Dirac）方程式の時空間離散版と見なすこともできる．コンピュータによるシミュレーションが難しいディラック方程式を，簡単な量子ウォークモデルで代替して数値解析するといったような活躍も考えられる．また，量子ランダムウォークという別名をもっているように，量子ウォークはランダムウォークの量子版と考えられている．ランダムウォークは，現在の科学では数学の域を越えて，様々な分野で応用されている．それは社会に現れる現象を説明したり，新しい理論や物（もの）を創るために役に立っている．量子ウォークも，これからの科学分野の広い範囲で活躍することが期待されている．

　さて，量子ウォークの数学的な研究が活発になり始めた 2000 年頃から今日まで，様々な定理が明らかにされてきた．一般に量子系のモデルに対しては，我々の直観でその振舞いを予測することは難しく，量子ウォークの定理も我々の直観を裏切るようなものばかりである．直観が効かないがゆえに，量子ウォークの挙動を正確に捉えようとすると，理論的に計算せざるをえない．つまり，数学が必要とされるモデルなのである．量子ウォークの解析手法にはいくつかの方法があるが，本書ではフーリエ解析を用いる．フーリエ解析は，数学の中では比較的長い歴史をもち，多くの結果が得られている．さらに，数学や物理学

をはじめとする理論分野では，様々な数理モデルの解析に用いられている解析手法である．量子系のモデルとの相性もよく，量子ウォークのいくつかの定理もフーリエ解析で証明されてきた．

　本書は全部で四つの章から構成されており，その内容をここで簡単に紹介する．まず，本書で扱う量子ウォークは，すべて一次元格子上のモデルである．第 1 章のモデルは，量子ウォークを学ぶうえで知っておくべき基本的なモデルであり，モデルの記述と解析の計算過程が細かく記載してある．第 2 章以降では第 1 章の理論と重複する部分は適宜省略してあるので，まずは第 1 章の内容をしっかりと理解してもらいたい．第 2, 3 章では時刻依存型の量子ウォークを扱う．具体的には，第 2 章は 2 周期時刻依存型モデル，第 3 章は 3 周期時刻依存型モデルに充てられている．最終章となる第 4 章では，それまでのモデルとは異なる三状態量子ウォークを対象とする．いずれの章もモデルの説明から始めて，シミュレーション（コンピュータによる数値計算）による量子ウォークの振舞いを観察したあとに，種々の定理を紹介する．それぞれの定理はフーリエ解析によって証明されているが，本書を読むうえでフーリエ解析の知識はそれほど必要ではなく，確率論，解析学，線形代数学，複素関数論の知識のほうが重要になる．これら四つの分野に関する基礎知識を読者は学習済みであると仮定し，それらは細かく説明することなく使用されている．必要があれば，各分野の関連書籍とともに読み進めていただければと思う．なお，量子ウォークの数学の専門書としては今野 [1, 2]，図解を用いた解説本としては町田 [3] が挙げられる．

　本書の出版に際し，今野紀雄先生，竹居正登先生に内容のチェックを手伝っていただき，さらに有益なコメントや様々なアイディアをいただきました．永井敦先生，出版社の小野達也さん，亀井祐樹さんには，出版に関し終始お世話になりました．上記の皆さま方には心より感謝申し上げます．

　　平成 30 年 5 月 3 日

町 田 拓 也

記号一覧

　本書で使用する記号とその意味を挙げるので，確認しておいていただきたい．諸々の用語は既知として使用するので，特に説明はしない．はじめて見る用語があれば，線形代数学や量子物理学などの教科書であらかじめ確認しておくことを勧める．また，本書では，$0^0 = 1$ と定義することにする．

記 号	説 明
$\mathbb{Z} = \{0, \pm 1, \pm 2, \cdots\}$	整数全体の集合
$\mathbb{R}$	実数全体の集合
$\mathbb{C}$	複素数全体の集合
i	虚数単位
$\overline{z}$	複素数 z の共役複素数
$\Re(z)$	複素数 z の実部
$\Im(z)$	複素数 z の虚部
$^T A$	行列 A の転置行列
$^\dagger A$	作用素 A の随伴作用素
$\otimes$	テンソル積
$\lvert \psi \rangle$	ケットベクトル記号
$\langle \psi \rvert = {}^\dagger \lvert \psi \rangle$	ブラベクトル記号
$\langle \psi_1 \vert \psi_2 \rangle = \langle \psi_1 \rvert \lvert \psi_2 \rangle$	ブラケット記号（$\lvert \psi_1 \rangle$ と $\lvert \psi_2 \rangle$ の内積）

公式一覧

　本書を読むうえで知っておくとよい公式をいくつか挙げておく．内容としては重複するものもあるが，個別に思い出せるとよいかと思われる．本書に掲載する計算では特に断りなく使用している公式なので，使えるようにしておくとよい．証明は掲載していないが，それらは基礎的な数学の教科書から得ることができる．

複素数

$$\Re(z) = \Re(\overline{z}), \qquad \Im(z) = -\Im(\overline{z})$$

$$z + \overline{z} = 2\Re(z), \qquad z - \overline{z} = 2i\Im(z)$$

$$\Re(z_1 + z_2) = \Re(z_1) + \Re(z_2), \qquad \Im(z_1 + z_2) = \Im(z_1) + \Im(z_2)$$

$$|z_1 \pm z_2|^2 = |z_1|^2 + |z_2|^2 \pm 2\Re(z_1\overline{z_2}) \qquad （複号同順）$$

$$e^{\pm i\theta} = \cos\theta \pm i\sin\theta \qquad （複号同順）$$

$$e^{i\theta} + e^{-i\theta} = 2\cos\theta, \qquad e^{i\theta} - e^{-i\theta} = 2i\sin\theta$$

$$e^{i\cdot 0} = 1$$

随伴作用素

$$^\dagger(^\dagger A) = A$$

$$^\dagger(A + B) = {}^\dagger A + {}^\dagger B$$

$$^\dagger(AB) = {}^\dagger B {}^\dagger A$$

$$^\dagger(A \otimes B) = {}^\dagger A \otimes {}^\dagger B$$

テンソル積

$$(A \otimes B)(C \otimes D) = (AC) \otimes (BD)$$

$$(A + B) \otimes (C + D) = A \otimes C + A \otimes D + B \otimes C + B \otimes D$$

$$スカラー \lambda に対して，\lambda \otimes A = \lambda A$$

目　　次

第 1 章　標準的な量子ウォーク

1.1　モ デ ル …………………………………………………………… 2
1.2　量子ウォーカーの確率分布 ……………………………………… 10
1.3　数学的な記述 ……………………………………………………… 17
1.4　フーリエ解析 ……………………………………………………… 33
1.5　極限定理 …………………………………………………………… 46
1.6　$abcd = 0$ の場合 ………………………………………………… 91

第 2 章　2 周期時刻依存型量子ウォーク

2.1　モ デ ル …………………………………………………………… 99
2.2　確率分布 …………………………………………………………… 101
2.3　極限定理 …………………………………………………………… 112

第 3 章　3 周期時刻依存型量子ウォーク

3.1　モ デ ル …………………………………………………………… 128
3.2　確率分布 …………………………………………………………… 130
3.3　極限定理 …………………………………………………………… 137

第 4 章　三状態量子ウォーク

4.1　モ デ ル …………………………………………………………… 158
4.2　確率分布 …………………………………………………………… 164
4.3　極限定理 …………………………………………………………… 168

参考文献 …………………………………………………………………… 201
あとがき …………………………………………………………………… 203
索　　引 …………………………………………………………………… 205

第1章

標準的な量子ウォーク

　量子ウォーク（quantum walk）は，量子（quantum particle）の運動を記述する数理モデルと考えられる．その分野では，量子は量子ウォーカー（quantum walker）とよばれる．量子ウォークには離散時間モデルと連続時間モデルの二種類がある．量子物理学を背景にもつ数理モデルであり，離散時間量子ウォークはディラック（Dirac）方程式の時空間離散版，連続時間量子ウォークはシュレディンガー（Schrödinger）方程式の空間離散版と考えられる．離散時間モデルの基本的なアイディアはいくつかの分野から独立に発生しており，歴史順にたどると，1988 年に量子確率論 [4]，1993 年に量子物理学 [5]，1996 年に量子セルオートマトン [6] のそれぞれの分野で量子ウォークの導入が見られる．一方，連続時間モデルについては，1998 年にアルゴリズムの分野でその導入を見ることができる [7]．本書では離散時間モデルのみを扱うことにする．

　離散時間量子ウォークのシステムは確率振幅（ベクトル）で記述され，その確率振幅の時間発展をもって量子ウォーカーの運動とする．つまり，量子ウォーカーの運動は確率振幅の変化と考えられる．なお，確率振幅は波動関数とよばれることもある．運動を考えるのだから，時間発展後に量子ウォーカーがどの場所にいるのかに自然と興味がもたれる．その存在は，波動関数から決まる確率分布に従って，ある場所に観測される．ここで，量子ウォーカーの存在位置は，確率的に決まることを覚えておいてもらいたい．

　本書では，一次元格子上を運動する量子ウォーカーの空間的分布（確率分布）に注目して，その長時間後の振舞いを記述する極限定理の導出を目

標とする．その導出方法として，フーリエ解析を用いる．

1.1 モ デ ル

　この章では，一次元格子上の量子ウォークの中で最も標準的なモデルを紹介する．以降では，そのモデルを標準的な量子ウォーク，あるいは，標準的なモデルとよぶことにする．量子ウォークは，あるシステムが時間発展していくモデルである．そのシステムは確率振幅ベクトルで記述され，その確率振幅ベクトルに時間発展作用素が働きかけることでシステムが発展する．時間発展作用素は状態遷移作用素と移動作用素で構成され，それらの作用素がモデルを決めると言える．

　はじめは厳密な記述を避けて説明する．一次元格子上の量子ウォークのシステムは，各場所 $x \in \mathbb{Z}$ に複素数を成分にもつ二次の縦ベクトルを置くことで構成される．それらのベクトルは確率振幅ベクトルとよばれる．時間の情報を表示する必要があるため，時刻 $t \in \{0, 1, 2, \cdots\}$ において，場所 x に置かれた確率振幅ベクトルを，$|\psi_t(x)\rangle \in \mathbb{C}^2$ で表すことにする（図 1.1 参照）．

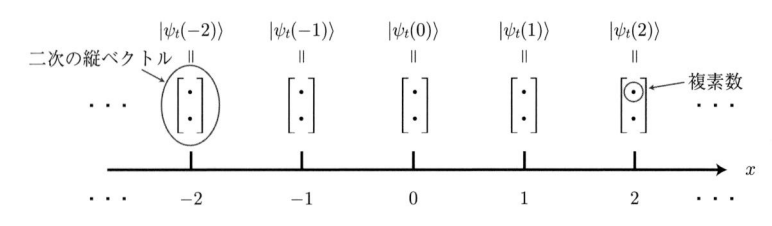

図 1.1 時刻 t における量子ウォークのシステム

　量子ウォークの時間発展とは，確率振幅ベクトル $|\psi_t(x)\rangle$ の時間発展のことであり，2×2 の行列

$$U = \begin{bmatrix} a & b \\ c & d \end{bmatrix} \in U(2), \quad \sigma_1 = \begin{bmatrix} 1 & 0 \\ 0 & 0 \end{bmatrix}, \quad \sigma_2 = \begin{bmatrix} 0 & 0 \\ 0 & 1 \end{bmatrix} \tag{1.1}$$

を用いて，

$$|\psi_{t+1}(x)\rangle = \sigma_1 U |\psi_t(x+1)\rangle + \sigma_2 U |\psi_t(x-1)\rangle \tag{1.2}$$

の漸化式に従って時間発展が行われる（図 1.2 参照）. ここで, $U(2)$ は 2×2 の
ユニタリ行列全体の集合を意味する[*1]. 式 (1.2) の左辺には時刻 $t+1$ の確率振
幅ベクトル, 右辺には時刻 t の確率振幅ベクトルがあることに注意されたい.

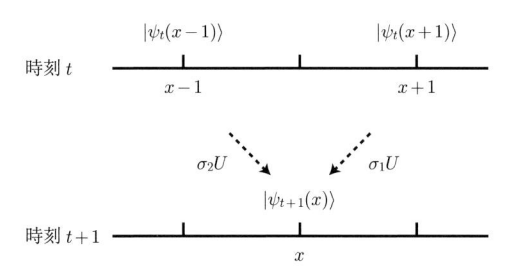

図 1.2　確率振幅ベクトルの時間発展

　時間発展の漸化式 (1.2) をよく見ると, 量子ウォークの時間発展は二段階の
作用から成り立っていることがわかる.

第一段階　状態遷移

　2×2 のユニタリ行列

$$U = \begin{bmatrix} a & b \\ c & d \end{bmatrix} \tag{1.3}$$

をすべての場所の確率振幅ベクトルに作用させて（行列 U を $|\psi_t(x)\rangle$ に左から
掛けて）, 確率振幅ベクトルの状態を遷移させる. 遷移後の確率振幅ベクトル
が, $U|\psi_t(x)\rangle$ である（図 1.3 参照）.

図 1.3　確率振幅ベクトルの状態遷移

第二段階　移動

　状態遷移後の各確率振幅ベクトルの第一成分の情報を左隣の場所に, 第二成
分の情報を右隣の場所に移動させる. この操作を, 行列 σ_1, σ_2 を用いて記述し

[*1]　行列 U に対するユニタリ性の仮定は, 式 (1.23)（11 ページ）の右辺を確率分布にするた
めに必要な条件の一つである. 詳しくは, 31 ページで説明されている.

てみる．まず，$\sigma_1 + \sigma_2$ が単位行列であることを使って，

$$U\,|\psi_t(x)\rangle = (\sigma_1 + \sigma_2)U\,|\psi_t(x)\rangle = \sigma_1 U\,|\psi_t(x)\rangle + \sigma_2 U\,|\psi_t(x)\rangle \qquad (1.4)$$

と分解する[*2]．ここで，

$$\sigma_1 \begin{bmatrix} z_1 \\ z_2 \end{bmatrix} = \begin{bmatrix} 1 & 0 \\ 0 & 0 \end{bmatrix} \begin{bmatrix} z_1 \\ z_2 \end{bmatrix} = \begin{bmatrix} z_1 \\ 0 \end{bmatrix}, \qquad \sigma_2 \begin{bmatrix} z_1 \\ z_2 \end{bmatrix} = \begin{bmatrix} 0 & 0 \\ 0 & 1 \end{bmatrix} \begin{bmatrix} z_1 \\ z_2 \end{bmatrix} = \begin{bmatrix} 0 \\ z_2 \end{bmatrix}$$

$$(1.5)$$

である[*3]．分解後，$\sigma_1 U\,|\psi_t(x)\rangle$ を左隣の場所 $x-1$ に，$\sigma_2 U\,|\psi_t(x)\rangle$ を右隣の場所 $x+1$ に移動させる（図 1.4 参照）．この移動を確率振幅ベクトルの成分で具体的にイメージすれば，図 1.5 となる．ここで説明したことから，量子ウォークの「ウォーク」は，確率振幅ベクトルの各成分の移動（ウォーク）を表していることがわかる（ここでは，第一成分の左への移動と第二成分の右への移動）．量子ウォークは，時間発展ルールがランダムウォークに類似していることもあり，量子ランダムウォークとよばれることもある（column 2「量子ウォークと

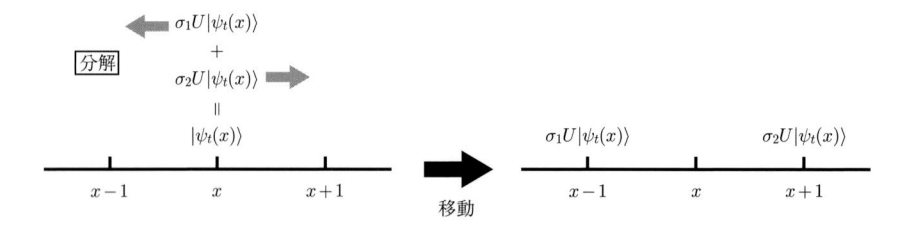

図 1.4　状態遷移後の移動

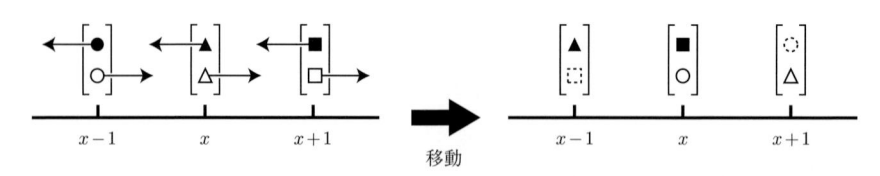

図 1.5　第一成分は左に，第二成分は右に移動する

[*2]　このような分解を行う理由は，物理学的な背景に基づく（column 1「物理学的な視点から見た量子ウォーク」（96 ページ）も参照）.

[*3]　この計算からわかるように，行列 σ_1, σ_2 はそれぞれ，ベクトルの第一成分のみ，第二成分のみの情報を取り出すために導入された作用素である.

ランダムウォーク」（125 ページ）も参照）．しかし，現在は量子ウォークの呼び
名が大半である．それは，ここで説明した確率振幅ベクトルの移動が，ランダ
ムウォーカーのような確率的な移動ではないからである．つまり，量子ウォー
クにおいてランダムな移動は一切行われていない．それを考慮すると，このモ
デルの呼び名にランダムという言葉を含めることは，ときに誤解を生む原因と
なる．また，「量子」という言葉は，そもそも「ランダム」の言葉を前提にして
使われる[*4]．つまり，何かしらに対して「量子」という言葉を使用した時点で，
確率分布に従うある物理量の観測を考えることになる[*5]．したがって，ランダム
という言葉をわざわざ重複して使用する必要はない．繰り返しになるが，ラン
ダムウォークを連想させる時間発展ルールをもつため，量子ウォークは量子ラ
ンダムウォークとよばれることもある．その使い分けは人それぞれであり，両
方の呼び名が量子ウォークの分野では登場する[*6]．

この二段階の操作を終えたのちに各場所で得られるベクトルを，時刻 $t+1$ の
確率振幅ベクトルとするのである．まとめると，図 1.6 のようになり，それを
数式で記述すれば漸化式 (1.2) が得られる．

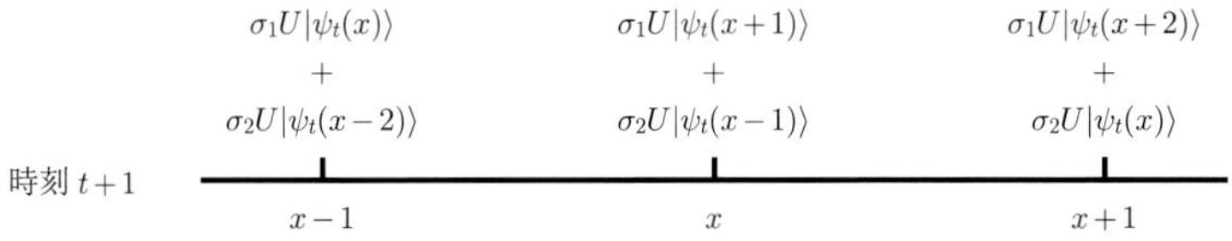

$$\sigma_1 U|\psi_t(x)\rangle \qquad\qquad \sigma_1 U|\psi_t(x+1)\rangle \qquad\qquad \sigma_1 U|\psi_t(x+2)\rangle$$
$$+ \qquad\qquad\qquad + \qquad\qquad\qquad +$$
$$\sigma_2 U|\psi_t(x-2)\rangle \qquad\qquad \sigma_2 U|\psi_t(x-1)\rangle \qquad\qquad \sigma_2 U|\psi_t(x)\rangle$$

時刻 $t+1$ ———|—————————|—————————|———
$x-1$ $\qquad\qquad\qquad x \qquad\qquad\qquad x+1$

図 1.6 時刻 $t+1$ の確率振幅ベクトル

いま，

$$\sigma_1 U = \begin{bmatrix} 1 & 0 \\ 0 & 0 \end{bmatrix} \begin{bmatrix} a & b \\ c & d \end{bmatrix} = \begin{bmatrix} a & b \\ 0 & 0 \end{bmatrix} = P \tag{1.6}$$

[*4] 詳しくは，量子力学や量子物理学の教科書で知ることができる．

[*5] 本書では，観測する物理量として量子ウォーカーの位置を考える．その位置を決める（観
測する）ための確率分布は，次節に登場する（10 ページ）．

[*6] 呼び名自体は，誤解なくその使用の理由を説明できればよいと思う．個人の思想にもよる
ので，呼び名の使用に関してはこれ以上は触れないが，本書では「量子ウォーク」の呼び
名を用いることにする．

$$\sigma_2 U = \begin{bmatrix} 0 & 0 \\ 0 & 1 \end{bmatrix} \begin{bmatrix} a & b \\ c & d \end{bmatrix} = \begin{bmatrix} 0 & 0 \\ c & d \end{bmatrix} = Q \tag{1.7}$$

と置くと，時間発展の漸化式 (1.2) は

$$|\psi_{t+1}(x)\rangle = P|\psi_t(x+1)\rangle + Q|\psi_t(x-1)\rangle \tag{1.8}$$

と書きなおせる（図1.7参照）．ここで，$P + Q = U$ はユニタリ行列である．論文によっては漸化式 (1.8) で量子ウォークの時間発展を定義することがあるが，どちらの漸化式も同じ時間発展を意味する．しかし，式が意味することは若干異なる．漸化式 (1.2) の記述は物理学的な意味を反映しており，漸化式 (1.8) の記述は確率論的な意味を反映している（column 1（96ページ），column 2（125ページ）を参照）．量子ウォークを物理学的に解釈するか，数学的に解釈するかで，時間発展の漸化式の表現は使い分けられることがある．

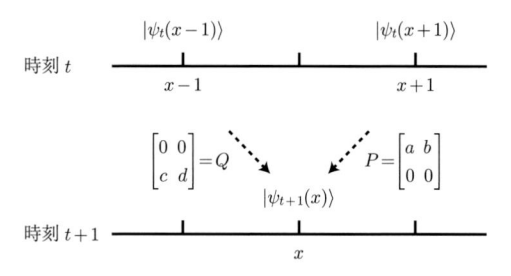

図 1.7　確率振幅の時間発展

ここまでの説明をまとめると，以下のようになる．

- 格子上の各場所に，二次の複素ベクトルが置かれたシステムがある．
- そのシステムが，式 (1.2) に従って時間発展する．

時間発展モデルには初期状態が必要となるので，最後にそれについて述べる．初期状態（時刻 0 における確率振幅ベクトル）は我々が設定しなければならないものであり，本書では

$$|\psi_0(x)\rangle = \begin{cases} {}^T[\alpha,\, \beta] & (x = 0) \\ {}^T[0,\, 0] & (x \neq 0) \end{cases} \tag{1.9}$$

で与えることにする（図 1.8 参照）．ただし，$\alpha, \beta \in \mathbb{C}$ は，$|\alpha|^2 + |\beta|^2 = 1$ を満たすものとする[*7].

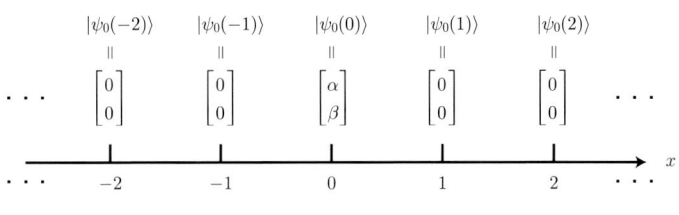

図 1.8 量子ウォークの初期状態（時刻 0）

ここで，この初期状態と時間発展の漸化式 (1.2) から直ちに導かれる確率振幅ベクトルの性質を二つ紹介しよう．一つ目は，$|x| > t$ なる場所 x の確率振幅ベクトルに関することである．

> 初期状態が式 (1.9) で与えられて，漸化式 (1.2) に従って時間発展するとき，すべての時刻 $t = 0, 1, 2, \cdots$ において，
>
> $$|\psi_t(x)\rangle = \begin{bmatrix} 0 \\ 0 \end{bmatrix} \qquad (x = \pm(t+1), \pm(t+2), \cdots) \tag{1.10}$$
>
> が成り立つ．

式 (1.10) は，のちに紹介する量子ウォークの解析で使われる性質でもあり，以下のように数学的帰納法で証明される．

(I) $t = 0$ のとき

式 (1.9) より，式 (1.10) は正しい．

(II) t のとき，式 (1.10) が正しいと仮定する．一方，$x \in \{\pm(t+2), \pm(t+3), \cdots\}$ のとき，

$$x + 1 \in \{-(t+1), -(t+2), \pm(t+3), \pm(t+4), \cdots\} \tag{1.11}$$

$$x - 1 \in \{t+1, t+2, \pm(t+3), \pm(t+4), \cdots\} \tag{1.12}$$

[*7] 条件 $|\alpha|^2 + |\beta|^2 = 1$ は，式 (1.23)（11 ページ）の右辺を確率分布にするために必要な条件の一つである．詳しくは，31 ページで説明されている．

であることを考慮すると，時間発展の漸化式 (1.2) と仮定より，$x = \pm(t + 2), \pm(t + 3), \cdots$ に対して，

$$|\psi_{t+1}(x)\rangle = \sigma_1 U \begin{bmatrix} 0 \\ 0 \end{bmatrix} + \sigma_2 U \begin{bmatrix} 0 \\ 0 \end{bmatrix} = \begin{bmatrix} 0 \\ 0 \end{bmatrix} \tag{1.13}$$

が成り立つ．したがって，式 (1.10) において，t を $t+1$ に置き換えた式も正しい．

以上，(I), (II) と数学的帰納法により，すべての $t = 0, 1, 2, \cdots$ に対して，式 (1.10) は成り立つ．

紹介する二つ目の性質は，時刻と場所の偶奇性による確率振幅ベクトルの情報である．

初期状態が式 (1.9) で与えられて，漸化式 (1.2) に従って時間発展するとき，

（ア）$t = 0, 2, 4, \cdots$ に対して，次が成り立つ．

$$|\psi_t(x)\rangle = \begin{bmatrix} 0 \\ 0 \end{bmatrix} \qquad (x = \pm 1, \pm 3, \pm 5, \cdots) \tag{1.14}$$

（イ）$t = 1, 3, 5, \cdots$ に対して，次が成り立つ．

$$|\psi_t(x)\rangle = \begin{bmatrix} 0 \\ 0 \end{bmatrix} \qquad (x = 0, \pm 2, \pm 4, \cdots) \tag{1.15}$$

これらも数学的帰納法を用いて証明できる．証明の前に一つだけ準備をしておく．時刻 $t + 2$ の確率振幅ベクトルは，式 (1.2) を二回使うことで，

$$\begin{aligned}
|\psi_{t+2}(x)\rangle &= \sigma_1 U |\psi_{t+1}(x+1)\rangle + \sigma_2 U |\psi_{t+1}(x-1)\rangle \\
&= \sigma_1 U \Big\{ \sigma_1 U |\psi_t(x+2)\rangle + \sigma_2 U |\psi_t(x)\rangle \Big\} \\
&\quad + \sigma_2 U \Big\{ \sigma_1 U |\psi_t(x)\rangle + \sigma_2 U |\psi_t(x-2)\rangle \Big\}
\end{aligned} \tag{1.16}$$

となり，時刻 t の確率振幅ベクトルと関係付けられる．それでは，(ア) から証明していこう．

(I) $t = 0$ のとき

式 (1.9) より,式 (1.14) は正しい.

(II) t のとき,式 (1.14) が正しいと仮定する.$x \in \{\pm 1, \pm 3, \pm 5, \cdots\}$ のとき,$x \pm 2 \in \{\pm 1, \pm 3, \pm 5, \cdots\}$ なので,仮定より,

$$|\psi_t(x)\rangle = |\psi_t(x \pm 2)\rangle = \begin{bmatrix} 0 \\ 0 \end{bmatrix} \qquad (x = \pm 1, \pm 3, \pm 5, \cdots) \tag{1.17}$$

である.よって,式 (1.16) より,

$$|\psi_{t+2}(x)\rangle = \begin{bmatrix} 0 \\ 0 \end{bmatrix} \qquad (x = \pm 1, \pm 3, \pm 5, \cdots) \tag{1.18}$$

が成り立つ.したがって,式 (1.14) において,t を $t + 2$ に置き換えた式も正しい.

以上,(I), (II) と数学的帰納法により,すべての $t = 0, 2, 4, \cdots$ に対して,式 (1.14) は成り立つ.

次に,(イ) を証明する.

(I) $t = 1$ のとき

式 (1.2) を用いると,

$$|\psi_1(x)\rangle = \sigma_1 U |\psi_0(x+1)\rangle + \sigma_2 U |\psi_0(x-1)\rangle \tag{1.19}$$

なので,式 (1.9) のもとでは,

$$|\psi_1(x)\rangle = \begin{bmatrix} 0 \\ 0 \end{bmatrix} \qquad (x \neq \pm 1) \tag{1.20}$$

となる.したがって,式 (1.15) は正しい.

(II) t のとき,式 (1.15) が正しいと仮定する.$x \in \{0, \pm 2, \pm 4, \cdots\}$ のとき,$x \pm 2 \in \{0, \pm 2, \pm 4, \cdots\}$ なので,仮定より,

$$|\psi_t(x)\rangle = |\psi_t(x \pm 2)\rangle = \begin{bmatrix} 0 \\ 0 \end{bmatrix} \qquad (x = 0, \pm 2, \pm 4, \cdots) \tag{1.21}$$

である. よって, 式 (1.16) より,

$$|\psi_{t+2}(x)\rangle = \begin{bmatrix} 0 \\ 0 \end{bmatrix} \qquad (x = 0, \pm 2, \pm 4, \cdots) \tag{1.22}$$

が成り立つ. したがって, 式 (1.15) において, t を $t+2$ に置き換えた式も正しい.

以上, (I), (II) と数学的帰納法により, すべての $t = 1, 3, 5, \cdots$ に対して, 式 (1.15) は成り立つ.

1.2 量子ウォーカーの確率分布

ここでは, 本書で注目する観測量について説明する. 量子ウォークの研究で観察する物理量はいくつかあるが, おもに研究対象となっているものは, 量子ウォーカーの位置を決める (観測する) ための確率分布である. 量子ウォーカーの位置は確率的に決まり, その確率分布は確率振幅ベクトルを用いて定義される. 本書では, 時間発展を十分繰り返したあとの量子ウォーカーの確率分布を解析する. 数学的には, $t \to \infty$ としたときの長時間極限における確率分布を計算する. 長時間後の確率分布を理論的に解析することは, 重要な研究になっている. じつは, 量子ウォークを物理システムで実現 (実験) することは, いま現在の技術では難しい. したがって, 長時間後の量子ウォーカーの空間分布を実験により正確に得ることは簡単ではない. 一方, 長時間極限における確率分布は, 有限長時間後の確率分布を近似的に記述する. 長時間極限における確率分布を計算することは, 有限長時間後の量子ウォーカーの位置情報を得ることに相当する (column 4 (155 ページ) を参照). 量子ウォークの実装が難しい現在, そのような理論研究は量子ウォークの挙動を知るために大きな役割を果たしている. 同時に, 理論研究の結果は, 長時間後の量子ウォークの実験が試みられたときに, その実験結果の正当性を判断するために必要な情報を与える. 長時間極限の理論は, 理論分野と実験分野がコミュニケーションを行うための一つの掛け橋になっている.

本題からやや外れてしまったので, 確率分布に話を戻そう. 量子ウォーカーが,

時刻 t において，場所 x に観測される確率 $\mathbb{P}(X_t = x)$ は，$\sum_{x \in \mathbb{Z}} \langle \psi_0(x)|\psi_0(x)\rangle = 1$ が成立するもとで，以下のように確率振幅ベクトルの内積で定義される.

$$\mathbb{P}(X_t = x) = \langle \psi_t(x)|\psi_t(x)\rangle \tag{1.23}$$

ここで，X_t は時刻 t において，量子ウォーカーが観測される位置を表す確率変数である．特に，初期状態が式 (1.9) で与えられて，式 (1.2) に従って時間発展する量子ウォークに対しては，式 (1.10) の性質により，

$$\mathbb{P}(X_t = x) = 0 \qquad (x = \pm(t+1), \pm(t+2), \cdots) \tag{1.24}$$

が成り立つ．同様に，式 (1.14)，(1.15) により，$t = 0, 2, 4, \cdots$ に対しては，

$$\mathbb{P}(X_t = x) = 0 \qquad (x = \pm 1, \pm 3, \pm 5, \cdots) \tag{1.25}$$

が，$t = 1, 3, 5, \cdots$ に対しては，

$$\mathbb{P}(X_t = x) = 0 \qquad (x = 0, \pm 2, \pm 4, \cdots) \tag{1.26}$$

が成立する．また，式 (1.23) の右辺は確率振幅ベクトルの大きさの二乗 $\left\||\psi_t(x)\rangle\right\|^2$ でもあり，その値は確率振幅ベクトルの第一成分の絶対値の二乗と第二成分の絶対値の二乗の和であることを注意しておく（図 1.9 参照）．なお，確率論を勉強したことのある読者は，式 (1.23) の右辺が確率分布になっているのか気になるかもしれないが，きちんと確率分布になっているので安心してほしい（その事実は次節で説明される）．繰り返しになるが，本書では，この確率分布に関して，$t \to \infty$ としたときの挙動を解析するのが目的である．そして，その解析手法として，フーリエ解析を用いるのである.

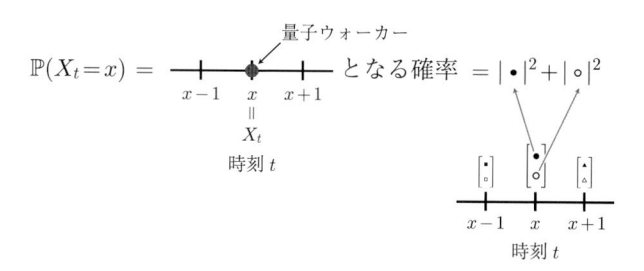

図 1.9 時刻 t において，場所 x に量子ウォーカーが観測される確率

ここまでに説明した量子ウォークについてまとめると，以下のようになる.

- 時刻 t におけるシステムの状態

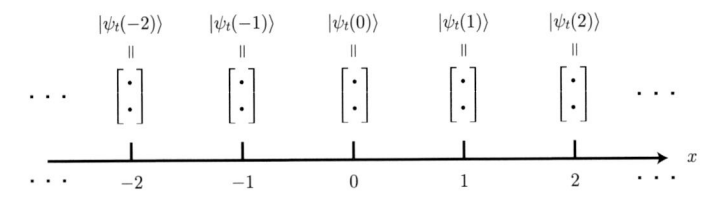

- 時間発展の漸化式

$$|\psi_{t+1}(x)\rangle = \sigma_1 U |\psi_t(x+1)\rangle + \sigma_2 U |\psi_t(x-1)\rangle \tag{1.27}$$

ここで,

$$U = \begin{bmatrix} a & b \\ c & d \end{bmatrix} \in U(2), \quad \sigma_1 = \begin{bmatrix} 1 & 0 \\ 0 & 0 \end{bmatrix}, \quad \sigma_2 = \begin{bmatrix} 0 & 0 \\ 0 & 1 \end{bmatrix} \tag{1.28}$$

である.

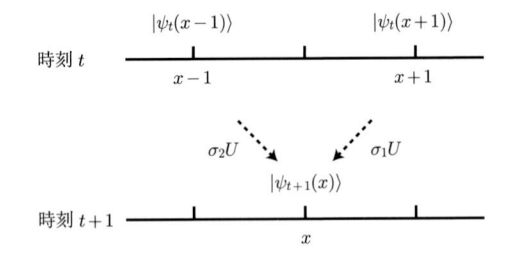

- 初期状態

$$|\psi_0(x)\rangle = \begin{cases} {}^T[\alpha,\ \beta] & (x=0) \\ {}^T[0,\ 0] & (x \neq 0) \end{cases} \tag{1.29}$$

ただし, $\alpha, \beta \in \mathbb{C}$ は, $|\alpha|^2 + |\beta|^2 = 1$ を満たすものとする.

- 確率分布

$$\mathbb{P}(X_t = x) = \langle \psi_t(x) | \psi_t(x) \rangle \tag{1.30}$$

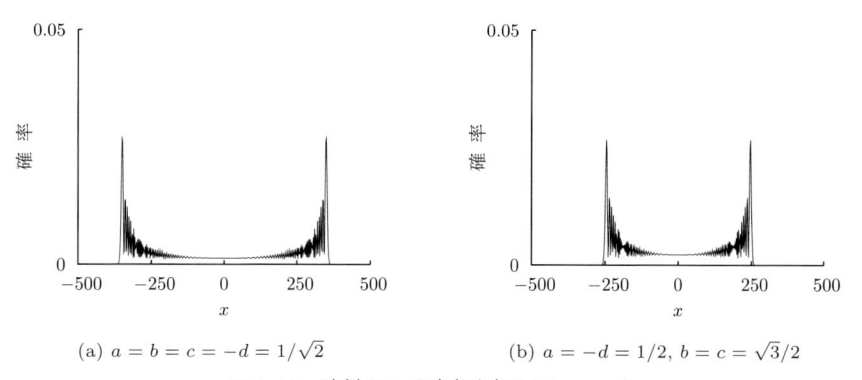

初期状態が式 (1.9) で与えられて時間発展した量子ウォークの確率分布をいくつか紹介して，この節を終えることにする．図 1.10〜1.12 に挙げる時刻 500 の確率分布 $\mathbb{P}(X_{500} = x)$ は，コンピュータを用いた数値計算によるものである．ユニタリ行列 U のパラメタ a, b, c, d は，各図 (a) では $a = b = c = -d = 1/\sqrt{2}$，各図 (b) では $a = -d = 1/2$, $b = c = \sqrt{3}/2$ とした．これらの図では正の確率のみをプロットして，それらを線で結んである．

例 1.1　$\alpha = 1/\sqrt{2}$, $\beta = i/\sqrt{2}$ のとき（図 1.10）

(a) $a = b = c = -d = 1/\sqrt{2}$

(b) $a = -d = 1/2$, $b = c = \sqrt{3}/2$

図 1.10　時刻 500 の確率分布 $\mathbb{P}(X_{500} = x)$

例 1.2 $\alpha = 1$, $\beta = 0$ のとき（図 1.11）

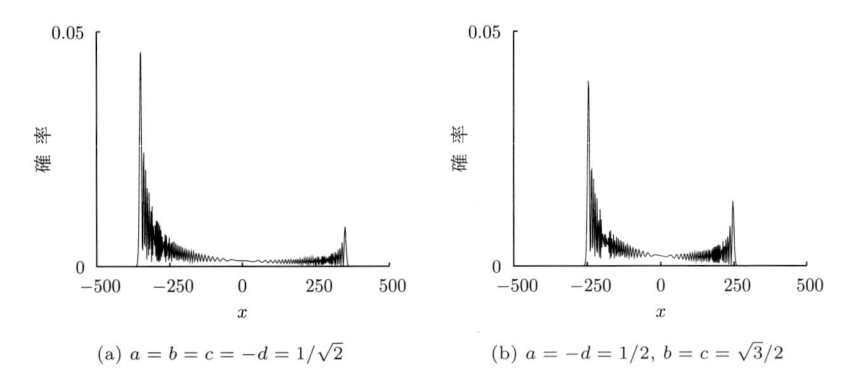

(a) $a = b = c = -d = 1/\sqrt{2}$ (b) $a = -d = 1/2$, $b = c = \sqrt{3}/2$

図 1.11 時刻 500 の確率分布 $\mathbb{P}(X_{500} = x)$

例 1.3 $\alpha = 0$, $\beta = 1$ のとき（図 1.12）

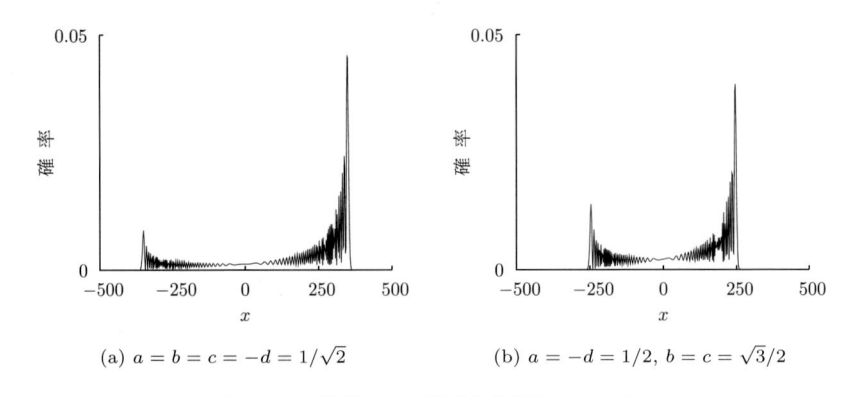

(a) $a = b = c = -d = 1/\sqrt{2}$ (b) $a = -d = 1/2$, $b = c = \sqrt{3}/2$

図 1.12 時刻 500 の確率分布 $\mathbb{P}(X_{500} = x)$

　確率分布の時間発展は図 1.13〜1.15 のようになる．これらの図は，数値計算による結果を密度プロットによって表示したもので，横軸が場所 x，縦軸が時刻 t である．色の濃淡は確率 $\mathbb{P}(X_t = x)$ の値を表しており，白い部分は確率が小さいことを意味する．

例 1.4　$\alpha = 1/\sqrt{2},\ \beta = i/\sqrt{2}$ のとき（図 1.13）

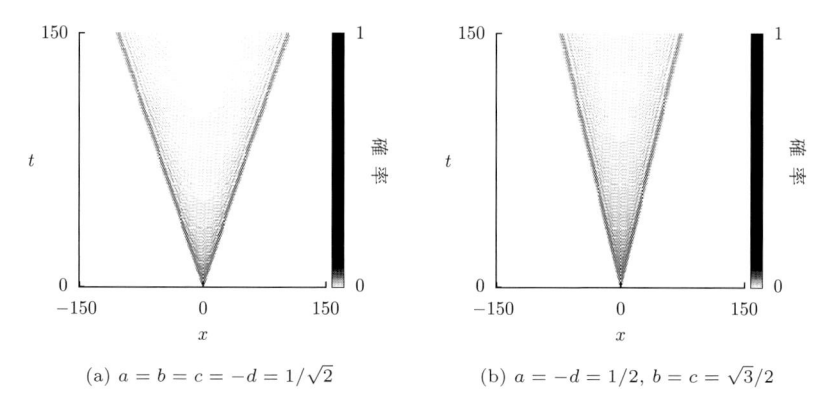

(a) $a = b = c = -d = 1/\sqrt{2}$　　　　　　(b) $a = -d = 1/2,\ b = c = \sqrt{3}/2$

図 1.13　確率分布 $\mathbb{P}(X_t = x)$ の時間発展（密度プロット）

例 1.5　$\alpha = 1,\ \beta = 0$ のとき（図 1.14）

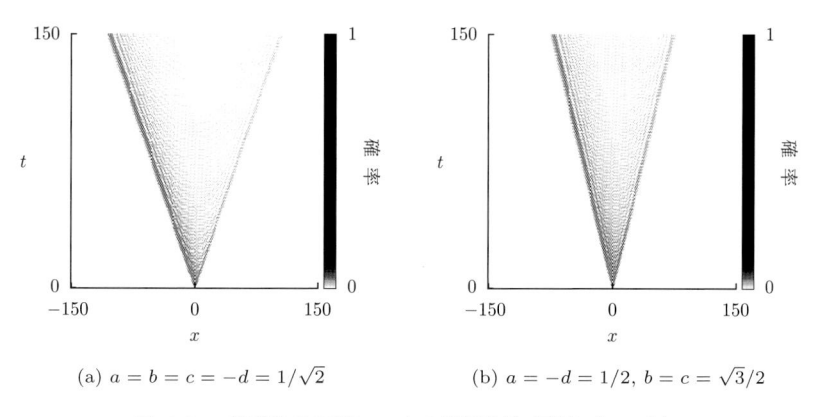

(a) $a = b = c = -d = 1/\sqrt{2}$　　　　　　(b) $a = -d = 1/2,\ b = c = \sqrt{3}/2$

図 1.14　確率分布 $\mathbb{P}(X_t = x)$ の時間発展（密度プロット）

例 1.6　$\alpha = 0,\, \beta = 1$ のとき（図 1.15）

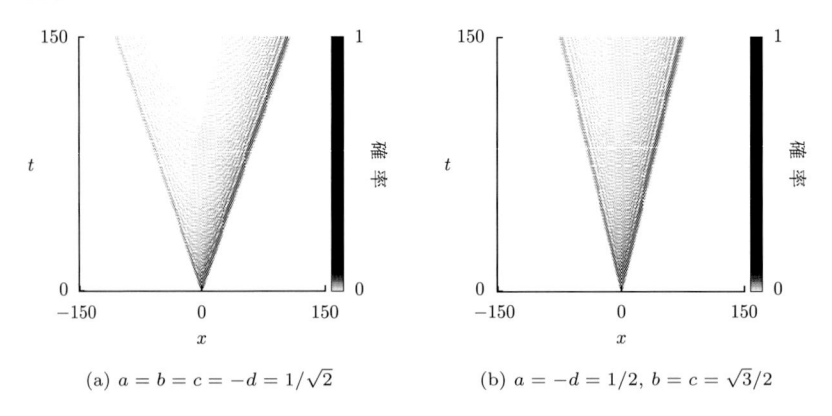

(a) $a = b = c = -d = 1/\sqrt{2}$　　　　(b) $a = -d = 1/2,\, b = c = \sqrt{3}/2$

図 1.15　確率分布 $\mathbb{P}(X_t = x)$ の時間発展（密度プロット）

　ここで，密度プロットで表現されたグラフの見方を簡単に説明しておこう．紹介した密度プロットによる図は，三次元グラフを二次元で表現したものである．図 1.13〜1.15 の場合，場所の x 軸，時刻の t 軸，そして，確率の軸をもつ三次元の空間に各時刻ごとの確率分布 $\mathbb{P}(X_t = x)$ を描いて，その図を x–t 平面に垂直な方向から見ている（図 1.16 参照）．三次元グラフを二次元の紙面に描く場合は，グラフの一部分が隠れてしまったりして，すべての情報を紙面で表現することは難しい．そこで，三次元のグラフに値によって色の濃淡をつけて，その値の軸方向から見てみる．値の軸方向の奥行きが消えてしまってはいるが，色の濃淡が各値を表現しているので，二次元の紙面に描かれた図からはすべての

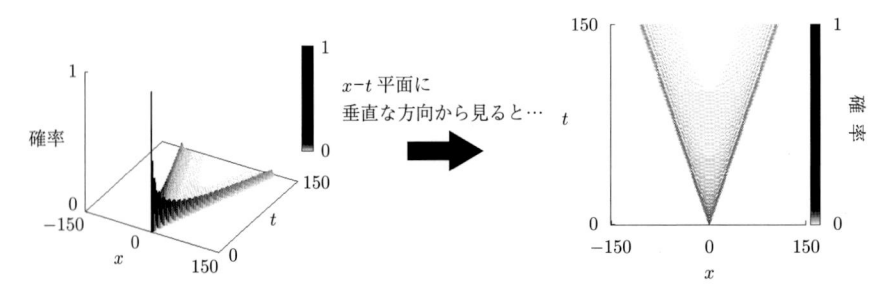

図 1.16　三次元グラフと密度プロットの関係

値の情報を読み取ることができる．これは，三次元の地形を，等高線を用いて二次元の地図で表現する方法と同様である．

したがって，図 1.13〜1.15 に挙げた密度プロットによるグラフは，実際には三次元のグラフであり，ある時刻 t に注目すれば，その時刻におけるグラフの断面図は確率分布 $\mathbb{P}(X_t = x)$ のグラフになっている．先にも述べたように，色の濃淡は確率の値に対応している（図 1.17 参照）．以降で登場する密度プロットの方法を用いた図も，ここで説明したのと同様な方法で見ることができる．

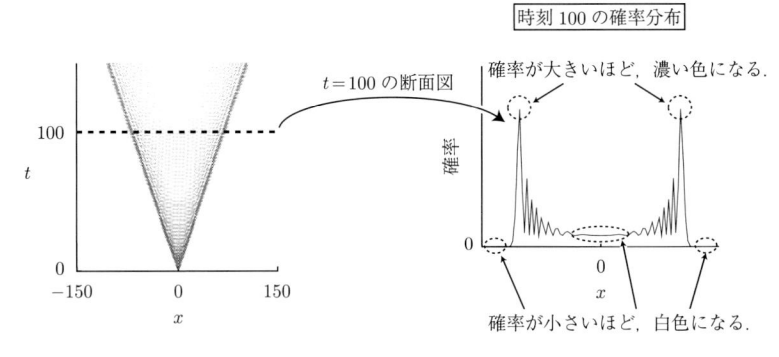

図 1.17 密度プロットの濃淡と確率分布の関係

この節の終わりとして，紹介した確率分布の特徴をまとめておこう．図 1.10〜1.12 で見たように，標準的な量子ウォークの確率分布は二つの鋭いピークをもつ．また，振動も観察される．量子系のモデルから生じる確率分布には振動がしばしば観察されることがあり，量子ウォークの確率分布にも量子系の特徴が現れていると言える．さらに，図 1.13〜1.15 からは，確率分布のメインパートの領域（二つの鋭いピークで挟まれた領域）が時刻 t に比例して拡がっていくことがわかる．これらのうちのいくつかの特徴は，このあとに紹介する極限定理でも見ることができる．

1.3 数学的な記述

この節では，これまでに説明した量子ウォークのモデルを，数式のみで記述

する．量子ウォークのシステムは，二つのヒルベルト空間 $\mathcal{H}_p, \mathcal{H}_c$ のテンソル空間 $\mathcal{H}_p \otimes \mathcal{H}_c$ 上で定義される．ヒルベルト空間 $\mathcal{H}_p$ は無限次元のベクトル空間で，正規直交基底 $\{|x\rangle : x \in \mathbb{Z}\}$ で張られる空間である．一方，ヒルベルト空間 $\mathcal{H}_c$ は二次元のベクトル空間で，正規直交基底 $\{|0\rangle, |1\rangle\}$ で張られる空間である．量子ウォークの分野では，ヒルベルト空間 $\mathcal{H}_p, \mathcal{H}_c$ はそれぞれ，ポジション空間，コイン空間とよばれる[*8]．いま，時刻 $t \in \{0, 1, 2, \cdots\}$ における量子ウォークのシステム $|\Psi_t\rangle$ を

$$|\Psi_t\rangle = \sum_{x \in \mathbb{Z}} |x\rangle \otimes |\psi_t(x)\rangle \in \mathcal{H}_p \otimes \mathcal{H}_c \tag{1.31}$$

と定義する．ベクトル $|\psi_t(x)\rangle \in \mathcal{H}_c$ $(x \in \mathbb{Z})$ は，時刻 t における，場所 x の確率振幅ベクトルである．右辺は，場所の情報と確率振幅ベクトルの情報を同時に表現している．テンソル積が難しいと感じた場合は，$|x\rangle$ の記号を，場所を示すラベルだと思い，そのラベルが $\otimes$ という接着剤で確率振幅ベクトル $|\psi_t(x)\rangle$ に貼り付けられていると思えばよい．そもそも，確率振幅ベクトル $|\psi_t(x)\rangle$ に場所 x の情報が記載されているので，場所の情報を示すラベル $|x\rangle$ をわざわざ貼る必要があるのかと思う人もいるかもしれない．しかし，確率振幅ベクトル $|\psi_t(x)\rangle$ がもつ情報から場所 x を決めることができるわけではないので，場所の情報を与える何かしらの情報を $|\psi_t(x)\rangle$ に付け加える必要があり，そのために $|x\rangle$ というラベルを，$\otimes$ という接着剤を使って貼り付けたのである．そのラベルを付加するという行為を数学的に実現する方法の一つとして，テンソル積が利用できるのである．そして，システム全体を表すために総和 $\sum_{x \in \mathbb{Z}}$ をとり，その総和をもって量子ウォークのシステムを定義しているのである．図 1.18 は，システムの直観的な記述と数学的な記述 $|\Psi_t\rangle$ を対比するのに役に立つであろう．

　次は，確率振幅ベクトルの時間発展の記述である．これは，システムに対する状態遷移作用素と移動作用素によって記述される．時刻 $t+1$ におけるシステ

[*8] ヒルベルト空間 $\mathcal{H}_p$ の下添え字の p は「position（ポジション）」，$\mathcal{H}_c$ の下添え字の c は「coin（コイン）」の頭文字である．空間 $\mathcal{H}_c$ の基底ベクトル $|0\rangle, |1\rangle$ をそれぞれ，コインのおもて，うらと思えば，$\mathcal{H}_c$ がコイン空間とよばれる理由もわかるであろう．

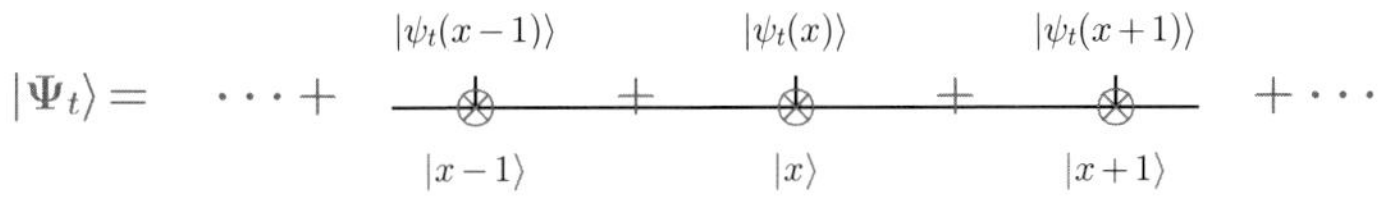

$$|\Psi_t\rangle = \quad \cdots + \quad \underset{|x-1\rangle}{\overset{|\psi_t(x-1)\rangle}{\circledast}} \quad + \quad \underset{|x\rangle}{\overset{|\psi_t(x)\rangle}{\circledast}} \quad + \quad \underset{|x+1\rangle}{\overset{|\psi_t(x+1)\rangle}{\circledast}} \quad + \cdots$$

図 **1.18** システム $|\Psi_t\rangle$ のイメージ

ム $|\Psi_{t+1}\rangle$ は，以下の漸化式に従って，時刻 t のシステム $|\Psi_t\rangle$ から与えられる．

$$|\Psi_{t+1}\rangle = SC\,|\Psi_t\rangle \tag{1.32}$$

ここで，

$$U = a\,|0\rangle\langle0| + b\,|0\rangle\langle1| + c\,|1\rangle\langle0| + d\,|1\rangle\langle1| \tag{1.33}$$

として，

$$C = \sum_{x\in\mathbb{Z}} |x\rangle\langle x| \otimes U \tag{1.34}$$

$$S = \sum_{x\in\mathbb{Z}} |x-1\rangle\langle x| \otimes |0\rangle\langle0| + |x+1\rangle\langle x| \otimes |1\rangle\langle1| \tag{1.35}$$

である．ただし，a, b, c, d は複素数であり，U はユニタリ作用素とする[*9]．漸化式 (1.32) を繰り返し用いれば，

$$|\Psi_t\rangle = SC\,|\Psi_{t-1}\rangle = SCSC\,|\Psi_{t-2}\rangle = \cdots = (SC)^t\,|\Psi_0\rangle \tag{1.36}$$

となり，時刻 t のシステム $|\Psi_t\rangle$ とシステムの初期状態 $|\Psi_0\rangle$ の関係式 $|\Psi_t\rangle = (SC)^t\,|\Psi_0\rangle$ を得ることができる．論文によっては，この関係式をもって量子ウォークの時間発展を定義する場合があるので，覚えておくとよい．さて，式 (1.32) は，はじめに C をシステム $|\Psi_t\rangle$ に作用させ，そのあとに S を作用させるという二段階の作用を意味している．作用素 SC を計算すると，

$$SC = \left(\sum_{x\in\mathbb{Z}} |x-1\rangle\langle x| \otimes |0\rangle\langle0| + |x+1\rangle\langle x| \otimes |1\rangle\langle1|\right) \left(\sum_{y\in\mathbb{Z}} |y\rangle\langle y| \otimes U\right)$$

[*9] 作用素 U にユニタリ性を仮定する理由は，31 ページで説明されている．

$$= \sum_{x \in \mathbb{Z}} \sum_{y \in \mathbb{Z}} \Big(|x-1\rangle\langle x| \otimes |0\rangle\langle 0| + |x+1\rangle\langle x| \otimes |1\rangle\langle 1| \Big) \Big(|y\rangle\langle y| \otimes U \Big)$$

$$= \sum_{x \in \mathbb{Z}} \sum_{y \in \mathbb{Z}} \Big(|x-1\rangle\langle x|y\rangle\langle y| \otimes |0\rangle\langle 0| U + |x+1\rangle\langle x|y\rangle\langle y| \otimes |1\rangle\langle 1| U \Big)$$

$$= \sum_{x \in \mathbb{Z}} \Big(|x-1\rangle\langle x| \otimes |0\rangle\langle 0| U + |x+1\rangle\langle x| \otimes |1\rangle\langle 1| U \Big) \tag{1.37}$$

となる*10. ここで, ベクトル $|x\rangle$ $(x \in \mathbb{Z})$ の正規直交性

$$\langle x|y\rangle = \begin{cases} 1 & (x = y) \\ 0 & (x \neq y) \end{cases} \tag{1.38}$$

を式 (1.37) の計算で用いた. また, 式 (1.37) において, $|0\rangle\langle 0| U = P$, $|1\rangle\langle 1| U = Q$ と置くと,

$$SC = \sum_{x \in \mathbb{Z}} \Big(|x-1\rangle\langle x| \otimes P + |x+1\rangle\langle x| \otimes Q \Big) \tag{1.39}$$

となる. 作用素 P, Q は,

$$P = |0\rangle\langle 0| U = |0\rangle\langle 0| \Big(a|0\rangle\langle 0| + b|0\rangle\langle 1| + c|1\rangle\langle 0| + d|1\rangle\langle 1| \Big)$$

$$= a|0\rangle\langle 0|0\rangle\langle 0| + b|0\rangle\langle 0|0\rangle\langle 1| + c|0\rangle\langle 0|1\rangle\langle 0| + d|0\rangle\langle 0|1\rangle\langle 1|$$

$$= a|0\rangle\langle 0| + b|0\rangle\langle 1| \tag{1.40}$$

$$Q = |1\rangle\langle 1| U = |1\rangle\langle 1| \Big(a|0\rangle\langle 0| + b|0\rangle\langle 1| + c|1\rangle\langle 0| + d|1\rangle\langle 1| \Big)$$

$$= a|1\rangle\langle 1|0\rangle\langle 0| + b|1\rangle\langle 1|0\rangle\langle 1| + c|1\rangle\langle 1|1\rangle\langle 0| + d|1\rangle\langle 1|1\rangle\langle 1|$$

$$= c|1\rangle\langle 0| + d|1\rangle\langle 1| \tag{1.41}$$

と計算される. これらの計算では, ヒルベルト空間 $\mathcal{H}_c$ の基底ベクトル $|0\rangle, |1\rangle$ の正規直交性 $\langle 0|0\rangle = \langle 1|1\rangle = 1$, $\langle 0|1\rangle = \langle 1|0\rangle = 0$ を用いた. 作用素の積 SC を一つの作用素と考えれば, 式 (1.32) は, SC による一段階の作用を意味することになる. 時間発展の式 (1.32) を, C, S による二段階発展と見なすか, SC による一段階発展と見なすかは, 1.1 節で触れた理由と同じで, 量子ウォークを

---

*10　二つ以上の総和の積を計算するときは, それぞれの総和で使う仮変数は異なる種類を用いたほうが間違いがなくてよい.

物理学的視点から解釈するか，数学的視点から解釈するかによる．二段階発展では物理学的な意味合いが表れており，一段階発展では確率論的な意味合いが表れている．なお，ヒルベルト空間 $\mathcal{H}_c$ の正規直交基底ベクトルとして，

$$|0\rangle = \begin{bmatrix} 1 \\ 0 \end{bmatrix}, \quad |1\rangle = \begin{bmatrix} 0 \\ 1 \end{bmatrix} \tag{1.42}$$

をとれば，

$$|0\rangle\langle 0| = \begin{bmatrix} 1 \\ 0 \end{bmatrix} [1,\, 0] = \begin{bmatrix} 1 & 0 \\ 0 & 0 \end{bmatrix}, \quad |0\rangle\langle 1| = \begin{bmatrix} 1 \\ 0 \end{bmatrix} [0,\, 1] = \begin{bmatrix} 0 & 1 \\ 0 & 0 \end{bmatrix}$$
$$\tag{1.43}$$

$$|1\rangle\langle 0| = \begin{bmatrix} 0 \\ 1 \end{bmatrix} [1,\, 0] = \begin{bmatrix} 0 & 0 \\ 1 & 0 \end{bmatrix}, \quad |1\rangle\langle 1| = \begin{bmatrix} 0 \\ 1 \end{bmatrix} [0,\, 1] = \begin{bmatrix} 0 & 0 \\ 0 & 1 \end{bmatrix}$$
$$\tag{1.44}$$

となるので，

$$U = \begin{bmatrix} a & b \\ c & d \end{bmatrix}, \quad P = \begin{bmatrix} a & b \\ 0 & 0 \end{bmatrix}, \quad Q = \begin{bmatrix} 0 & 0 \\ c & d \end{bmatrix} \tag{1.45}$$

である．同時に，$|0\rangle\langle 0| = \sigma_1, |1\rangle\langle 1| = \sigma_2$ にも気がつく（式 (1.1) 参照）．

さて，手を動かして，形式的に時間発展の計算を追ってみよう．まず，$C\,|\Psi_t\rangle$ を計算すると，

$$\begin{aligned} C\,|\Psi_t\rangle &= \left(\sum_{x\in\mathbb{Z}} |x\rangle\langle x| \otimes U \right) \left(\sum_{y\in\mathbb{Z}} |y\rangle \otimes |\psi_t(y)\rangle \right) \\ &= \sum_{x\in\mathbb{Z}} \sum_{y\in\mathbb{Z}} \Big(|x\rangle\langle x| \otimes U \Big) \Big(|y\rangle \otimes |\psi_t(y)\rangle \Big) \\ &= \sum_{x\in\mathbb{Z}} \sum_{y\in\mathbb{Z}} |x\rangle\langle x|y\rangle \otimes U\,|\psi_t(y)\rangle = \sum_{x\in\mathbb{Z}} |x\rangle \otimes U\,|\psi_t(x)\rangle \end{aligned} \tag{1.46}$$

となる．作用素 C によって，$|\psi_t(x)\rangle$ に左から U が作用したことになる．ベクトル $U\,|\psi_t(x)\rangle$ にテンソル積で貼り付いている位置情報のラベル $|x\rangle$ は，C を作用させる前の $|\psi_t(x)\rangle$ に貼り付いていたものと同じである．つまり，すべて

の $|\psi_t(x)\rangle$ に U が作用しただけで，その位置情報は変わっていない．場所 x の確率振幅ベクトル $|\psi_t(x)\rangle$ を，位置はそのままで，ベクトルの状態を $U|\psi_t(x)\rangle$ に遷移させただけである（図 1.19 参照）．

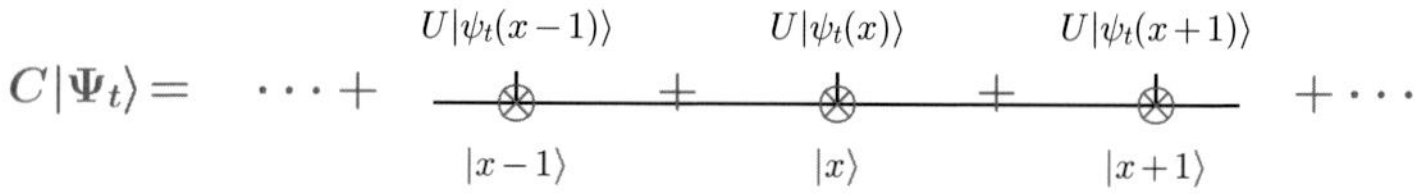

$$C|\Psi_t\rangle = \quad \cdots + \quad \underset{|x-1\rangle}{\overset{U|\psi_t(x-1)\rangle}{\circledast}} \quad + \quad \underset{|x\rangle}{\overset{U|\psi_t(x)\rangle}{\circledast}} \quad + \quad \underset{|x+1\rangle}{\overset{U|\psi_t(x+1)\rangle}{\circledast}} \quad + \cdots$$

図 1.19　C が作用したあとのシステムのイメージ

次に，式 (1.46) に S を作用させて $SC|\Psi_t\rangle$ を計算してみると，

$$
\begin{aligned}
SC|\Psi_t\rangle &= \left(\sum_{x\in\mathbb{Z}} |x-1\rangle\langle x| \otimes |0\rangle\langle 0| + |x+1\rangle\langle x| \otimes |1\rangle\langle 1| \right) \\
&\quad \times \left(\sum_{y\in\mathbb{Z}} |y\rangle \otimes U|\psi_t(y)\rangle \right) \\
&= \sum_{x\in\mathbb{Z}}\sum_{y\in\mathbb{Z}} \Big(|x-1\rangle\langle x| \otimes |0\rangle\langle 0| \Big) \Big(|y\rangle \otimes U|\psi_t(y)\rangle \Big) \\
&\quad + \sum_{x\in\mathbb{Z}}\sum_{y\in\mathbb{Z}} \Big(|x+1\rangle\langle x| \otimes |1\rangle\langle 1| \Big) \Big(|y\rangle \otimes U|\psi_t(y)\rangle \Big) \\
&= \sum_{x\in\mathbb{Z}}\sum_{y\in\mathbb{Z}} |x-1\rangle\langle x|y\rangle \otimes |0\rangle\langle 0| U|\psi_t(y)\rangle \\
&\quad + \sum_{x\in\mathbb{Z}}\sum_{y\in\mathbb{Z}} |x+1\rangle\langle x|y\rangle \otimes |1\rangle\langle 1| U|\psi_t(y)\rangle \\
&= \sum_{x\in\mathbb{Z}} |x-1\rangle \otimes |0\rangle\langle 0| U|\psi_t(x)\rangle + \sum_{x\in\mathbb{Z}} |x+1\rangle \otimes |1\rangle\langle 1| U|\psi_t(x)\rangle \\
&= \sum_{x\in\mathbb{Z}} |x\rangle \otimes |0\rangle\langle 0| U|\psi_t(x+1)\rangle + \sum_{x\in\mathbb{Z}} |x\rangle \otimes |1\rangle\langle 1| U|\psi_t(x-1)\rangle \\
&= \sum_{x\in\mathbb{Z}} \Big(|x\rangle \otimes |0\rangle\langle 0| U|\psi_t(x+1)\rangle + |x\rangle \otimes |1\rangle\langle 1| U|\psi_t(x-1)\rangle \Big) \\
&= \sum_{x\in\mathbb{Z}} |x\rangle \otimes \Big(|0\rangle\langle 0| U|\psi_t(x+1)\rangle + |1\rangle\langle 1| U|\psi_t(x-1)\rangle \Big)
\end{aligned}
$$

$$\tag{1.47}$$

となる（図 1.20 参照）．この式変形では，基底ベクトルの正規直交性（式 (1.38)）

を用いたことに注意されたい. ここで, 式 (1.47) の四つ目の等号直後の式を見ると, 状態遷移直後の確率振幅ベクトル $U\,|\psi_t(x)\rangle$ に貼り付いていた位置情報のラベル $|x\rangle$ が, 左隣あるいは右隣の格子点の位置情報 $|x-1\rangle$, $|x+1\rangle$ に置き換わっていることに気がつく. これより, 作用素 S は場所 x にあるベクトルの情報を, 左隣あるいは右隣の格子点に移動させる役割をしていることが理解できる. よって, 作用素 S が量子ウォークの「ウォーク」を数学的に記述しているといえる.

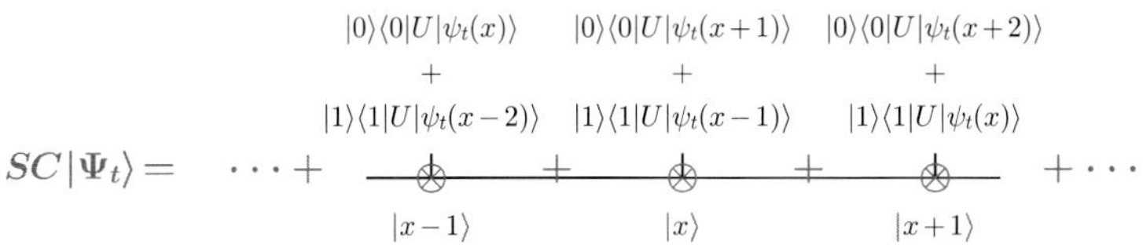

$$SC\,|\Psi_t\rangle = \cdots + \underset{|x-1\rangle}{\underbrace{\begin{array}{c}|0\rangle\langle 0|U|\psi_t(x)\rangle\\+\\|1\rangle\langle 1|U|\psi_t(x-2)\rangle\end{array}}} + \underset{|x\rangle}{\underbrace{\begin{array}{c}|0\rangle\langle 0|U|\psi_t(x+1)\rangle\\+\\|1\rangle\langle 1|U|\psi_t(x-1)\rangle\end{array}}} + \underset{|x+1\rangle}{\underbrace{\begin{array}{c}|0\rangle\langle 0|U|\psi_t(x+2)\rangle\\+\\|1\rangle\langle 1|U|\psi_t(x)\rangle\end{array}}} + \cdots$$

図 1.20 C, S が作用したあとのシステムのイメージ

　式 (1.47) の結果は, 式 (1.37) を用いて計算しても得られるはずなので, 念のため確認してみよう. 式 (1.37) を用いると,

$$\begin{aligned}
SC\,|\Psi_t\rangle &= \left\{\sum_{x\in\mathbb{Z}}\Big(|x-1\rangle\langle x|\otimes|0\rangle\langle 0|\,U + |x+1\rangle\langle x|\otimes|1\rangle\langle 1|\,U\Big)\right\}\\
&\quad\times\left(\sum_{y\in\mathbb{Z}}|y\rangle\otimes|\psi_t(y)\rangle\right)\\
&= \sum_{x\in\mathbb{Z}}\sum_{y\in\mathbb{Z}}\Big(|x-1\rangle\langle x|\otimes|0\rangle\langle 0|\,U + |x+1\rangle\langle x|\otimes|1\rangle\langle 1|\,U\Big)\\
&\quad\times\Big(|y\rangle\otimes|\psi_t(y)\rangle\Big)\\
&= \sum_{x\in\mathbb{Z}}\sum_{y\in\mathbb{Z}}\Big(|x-1\rangle\langle x|y\rangle\otimes|0\rangle\langle 0|\,U\,|\psi_t(y)\rangle\\
&\quad + |x+1\rangle\langle x|y\rangle\otimes|1\rangle\langle 1|\,U\,|\psi_t(y)\rangle\Big)\\
&= \sum_{x\in\mathbb{Z}}\Big(|x-1\rangle\otimes|0\rangle\langle 0|\,U\,|\psi_t(x)\rangle + |x+1\rangle\otimes|1\rangle\langle 1|\,U\,|\psi_t(x)\rangle\Big)\\
&= \sum_{x\in\mathbb{Z}}|x-1\rangle\otimes|0\rangle\langle 0|\,U\,|\psi_t(x)\rangle + \sum_{x\in\mathbb{Z}}|x+1\rangle\otimes|1\rangle\langle 1|\,U\,|\psi_t(x)\rangle
\end{aligned}$$

$$= \sum_{x \in \mathbb{Z}} |x\rangle \otimes |0\rangle\langle 0| U |\psi_t(x+1)\rangle + \sum_{x \in \mathbb{Z}} |x\rangle \otimes |1\rangle\langle 1| U |\psi_t(x-1)\rangle$$

$$= \sum_{x \in \mathbb{Z}} \Big(|x\rangle \otimes |0\rangle\langle 0| U |\psi_t(x+1)\rangle + |x\rangle \otimes |1\rangle\langle 1| U |\psi_t(x-1)\rangle \Big)$$

$$= \sum_{x \in \mathbb{Z}} |x\rangle \otimes \Big(|0\rangle\langle 0| U |\psi_t(x+1)\rangle + |1\rangle\langle 1| U |\psi_t(x-1)\rangle \Big)$$

$$(1.48)$$

となり, 式 (1.47) の結果に一致する.

時間発展の漸化式 (1.32) を思い出すと, $|\Psi_{t+1}\rangle = SC |\Psi_t\rangle$ だったので, 結局,

$$|\Psi_{t+1}\rangle = \sum_{x \in \mathbb{Z}} |x\rangle \otimes \Big(|0\rangle\langle 0| U |\psi_t(x+1)\rangle + |1\rangle\langle 1| U |\psi_t(x-1)\rangle \Big) \quad (1.49)$$

となる. 総和記号の中身を見ると, 場所 x の情報を表すラベル $|x\rangle$ が, $|0\rangle\langle 0| U$ $|\psi_t(x+1)\rangle + |1\rangle\langle 1| U |\psi_t(x-1)\rangle$ に貼り付いている. これは, 時刻 $t+1$ における, 場所 x の確率振幅ベクトルが, $|0\rangle\langle 0| U |\psi_t(x+1)\rangle + |1\rangle\langle 1| U |\psi_t(x-1)\rangle$ であることを意味している. つまり,

$$|\psi_{t+1}(x)\rangle = |0\rangle\langle 0| U |\psi_t(x+1)\rangle + |1\rangle\langle 1| U |\psi_t(x-1)\rangle \quad (1.50)$$

である. 特に, ヒルベルト空間 $\mathcal{H}_c$ の基底として式 (1.42) をとると,

$$|\psi_{t+1}(x)\rangle = \sigma_1 U |\psi_t(x+1)\rangle + \sigma_2 U |\psi_t(x-1)\rangle \quad (1.51)$$

となり, 式 (1.2) と同じ漸化式を得る.

システム $|\Psi_t\rangle$ から場所 x の確率振幅ベクトルを取り出すには, $\langle x| \otimes (|0\rangle\langle 0| + |1\rangle\langle 1|)$ を左からシステムに作用させればよい. それをこれから説明したいのだが, その前に, $|0\rangle\langle 0| + |1\rangle\langle 1|$ の性質を一つ挙げておく. ベクトル $z_0 |0\rangle + z_1 |1\rangle \in \mathcal{H}_c \,(z_0, z_1 \in \mathbb{C})$ に, $|0\rangle\langle 0| + |1\rangle\langle 1|$ を左から作用させると,

$$\Big(|0\rangle\langle 0| + |1\rangle\langle 1| \Big) \Big(z_0 |0\rangle + z_1 |1\rangle \Big)$$

$$= z_0 |0\rangle\langle 0|0\rangle + z_1 |0\rangle\langle 0|1\rangle + z_0 |1\rangle\langle 1|0\rangle + z_1 |1\rangle\langle 1|1\rangle = z_0 |0\rangle + z_1 |1\rangle$$

$$(1.52)$$

となり, $z_0 |0\rangle + z_1 |1\rangle$ は変化しないことがわかる. この事実と $|\psi_t(x)\rangle \in \mathcal{H}_c$

を考慮すると,

$$\left\{ \langle x| \otimes \Big(|0\rangle\langle 0| + |1\rangle\langle 1|\Big) \right\} |\Psi_t\rangle$$
$$= \left\{ \langle x| \otimes \Big(|0\rangle\langle 0| + |1\rangle\langle 1|\Big) \right\} \left(\sum_{y\in\mathbb{Z}} |y\rangle \otimes |\psi_t(y)\rangle \right)$$
$$= \sum_{y\in\mathbb{Z}} \langle x|y\rangle \otimes \Big(|0\rangle\langle 0| + |1\rangle\langle 1|\Big)|\psi_t(y)\rangle = |\psi_t(x)\rangle \tag{1.53}$$

と計算されて, システム $|\Psi_t\rangle$ から場所 x の確率振幅ベクトル $|\psi_t(x)\rangle$ が抽出される.

　本書で扱う初期状態は,

$$|\Psi_0\rangle = |0\rangle \otimes \Big(\alpha|0\rangle + \beta|1\rangle\Big) \tag{1.54}$$

とする. ただし, $\alpha,\beta\in\mathbb{C}$ は, $|\alpha|^2 + |\beta|^2 = 1$ を満たすものとする. いま,

$$\left\{ \langle x| \otimes \Big(|0\rangle\langle 0| + |1\rangle\langle 1|\Big) \right\} |\Psi_0\rangle$$
$$= \left\{ \langle x| \otimes \Big(|0\rangle\langle 0| + |1\rangle\langle 1|\Big) \right\} \left\{ |0\rangle \otimes \Big(\alpha|0\rangle + \beta|1\rangle\Big) \right\}$$
$$= \langle x|0\rangle \otimes \Big(|0\rangle\langle 0| + |1\rangle\langle 1|\Big)\Big(\alpha|0\rangle + \beta|1\rangle\Big) = \langle x|0\rangle \otimes \Big(\alpha|0\rangle + \beta|1\rangle\Big)$$
$$= \begin{cases} \alpha|0\rangle + \beta|1\rangle & (x=0) \\ \mathbf{0} & (x\neq 0) \end{cases} \tag{1.55}$$

なので, 式 (1.53) より,

$$|\psi_0(x)\rangle = \begin{cases} \alpha|0\rangle + \beta|1\rangle & (x=0) \\ \mathbf{0} & (x\neq 0) \end{cases} \tag{1.56}$$

である. ここで, $\mathbf{0}$ はヒルベルト空間 $\mathcal{H}_c$ の零元である. この初期状態から式 (1.32) に従って時間発展する量子ウォークに対しては, 以下が成り立つ.

$$|\psi_t(x)\rangle = \mathbf{0} \qquad (x = \pm(t+1), \pm(t+2), \cdots) \tag{1.57}$$

これは, 初期状態の式 (1.56) と時間発展の式 (1.50) を用いて数学的帰納法で示されるが, 式 (1.10) の証明と同じなので, ここでは証明を省略する. さらに,

時刻の偶奇性によって，$t = 0, 2, 4, \cdots$ に対しては，

$$|\psi_t(x)\rangle = \mathbf{0} \qquad (x = \pm 1, \pm 3, \pm 5, \cdots) \tag{1.58}$$

が，$t = 1, 3, 5, \cdots$ に対しては，

$$|\psi_t(x)\rangle = \mathbf{0} \qquad (x = 0, \pm 2, \pm 4, \cdots) \tag{1.59}$$

が成立する．これも，式 (1.14), (1.15) の証明と同じなので，証明は省略する．また，ヒルベルト空間 $\mathcal{H}_c$ の基底ベクトルが式 (1.42) のときは，式 (1.56) より，

$$|\psi_0(x)\rangle = \begin{cases} {}^{T}[\alpha,\, \beta] & (x = 0) \\ {}^{T}[0,\, 0] & (x \neq 0) \end{cases} \tag{1.60}$$

となり，式 (1.9) に一致する．

　最後に，確率分布を定義する．時刻 t における量子ウォーカーの位置を表す確率変数を X_t とする．このとき，時刻 t において，場所 x に量子ウォーカーが観測される確率は，$\langle \Psi_0 | \Psi_0 \rangle = 1$ のもとで，

$$\mathbb{P}(X_t = x) = \langle \Psi_t | \left\{ |x\rangle\langle x| \otimes \left(|0\rangle\langle 0| + |1\rangle\langle 1| \right) \right\} | \Psi_t \rangle \tag{1.61}$$

と定義される[*11]．初期状態が式 (1.54) で与えられるときは，

$$\begin{aligned}
\langle \Psi_0 | \Psi_0 \rangle &= {}^{\dagger}\left\{ |0\rangle \otimes \left(\alpha |0\rangle + \beta |1\rangle \right) \right\} \left\{ |0\rangle \otimes \left(\alpha |0\rangle + \beta |1\rangle \right) \right\} \\
&= \left\{ \langle 0| \otimes \left(\overline{\alpha} \langle 0| + \overline{\beta} \langle 1| \right) \right\} \left\{ |0\rangle \otimes \left(\alpha |0\rangle + \beta |1\rangle \right) \right\} \\
&= \langle 0|0\rangle \otimes \left(\overline{\alpha} \langle 0| + \overline{\beta} \langle 1| \right)\left(\alpha |0\rangle + \beta |1\rangle \right) \\
&= |\alpha|^2 \langle 0|0\rangle + \overline{\alpha}\beta \langle 0|1\rangle + \alpha\overline{\beta} \langle 1|0\rangle + |\beta|^2 \langle 1|1\rangle \\
&= |\alpha|^2 + |\beta|^2 = 1
\end{aligned} \tag{1.62}$$

となるので，$\langle \Psi_0 | \Psi_0 \rangle = 1$ が成立している．また，式 (1.61) は，右辺に式 (1.36) を代入すれば，初期状態 $|\Psi_0\rangle$ と作用素 C, S を用いて，

$$\mathbb{P}(X_t = x) = \langle \Psi_0 |\, {}^{\dagger}(SC)^t \left\{ |x\rangle\langle x| \otimes \left(|0\rangle\langle 0| + |1\rangle\langle 1| \right) \right\} (SC)^t | \Psi_0 \rangle \tag{1.63}$$

[*11]　初期状態に $\langle \Psi_0 | \Psi_0 \rangle = 1$ の条件を与える理由は，31 ページで説明されている．

とも書ける.

定義式 (1.61) は先に挙げた確率分布の定義式 (1.23) と整合性をもつべきであるので，それを確認しよう．まず，

$$\Big(|0\rangle\langle 0| + |1\rangle\langle 1|\Big)\Big(|0\rangle\langle 0| + |1\rangle\langle 1|\Big)$$

$$= |0\rangle\langle 0|0\rangle\langle 0| + |0\rangle\langle 0|1\rangle\langle 1| + |1\rangle\langle 1|0\rangle\langle 0| + |1\rangle\langle 1|1\rangle\langle 1|$$

$$= |0\rangle\langle 0| + |1\rangle\langle 1| \tag{1.64}$$

が成り立つ．これを用いると，

$$|x\rangle\langle x| \otimes \Big(|0\rangle\langle 0| + |1\rangle\langle 1|\Big)$$

$$= |x\rangle\langle x| \otimes \Big(|0\rangle\langle 0| + |1\rangle\langle 1|\Big)\Big(|0\rangle\langle 0| + |1\rangle\langle 1|\Big)$$

$$= \Big\{|x\rangle \otimes \Big(|0\rangle\langle 0| + |1\rangle\langle 1|\Big)\Big\}\Big\{\langle x| \otimes \Big(|0\rangle\langle 0| + |1\rangle\langle 1|\Big)\Big\} \tag{1.65}$$

と変形できる．式 (1.53) で計算した通り，

$$\Big\{\langle x| \otimes \Big(|0\rangle\langle 0| + |1\rangle\langle 1|\Big)\Big\}|\Psi_t\rangle = |\psi_t(x)\rangle \tag{1.66}$$

である．一方，ベクトル $z_0\langle 0| + z_1\langle 1| \in {}^\dagger\mathcal{H}_c = \{w_0\langle 0| + w_1\langle 1| : w_0, w_1 \in \mathbb{C}\}$ $(z_0, z_1 \in \mathbb{C})$ に対して，

$$\Big(z_0\langle 0| + z_1\langle 1|\Big)\Big(|0\rangle\langle 0| + |1\rangle\langle 1|\Big)$$

$$= z_0\langle 0|0\rangle\langle 0| + z_0\langle 0|1\rangle\langle 1| + z_1\langle 1|0\rangle\langle 0| + z_1\langle 1|1\rangle\langle 1| = z_0\langle 0| + z_1\langle 1| \tag{1.67}$$

であり，$\langle\psi_t(x)| \in {}^\dagger\mathcal{H}_c$ なので，

$$\langle\Psi_t|\Big\{|x\rangle \otimes \Big(|0\rangle\langle 0| + |1\rangle\langle 1|\Big)\Big\}$$

$$= \left(\sum_{y\in\mathbb{Z}}\langle y| \otimes \langle\psi_t(y)|\right)\Big\{|x\rangle \otimes \Big(|0\rangle\langle 0| + |1\rangle\langle 1|\Big)\Big\}$$

$$= \sum_{y\in\mathbb{Z}}\langle y|x\rangle \otimes \langle\psi_t(y)|\Big(|0\rangle\langle 0| + |1\rangle\langle 1|\Big) = \langle\psi_t(x)| \tag{1.68}$$

となる．式 (1.65), (1.68) より，式 (1.61) の右辺は，

$$\langle \Psi_t | \left\{ |x\rangle\langle x| \otimes \left(|0\rangle\langle 0| + |1\rangle\langle 1| \right) \right\} |\Psi_t\rangle = \langle \psi_t(x)|\psi_t(x)\rangle \tag{1.69}$$

となり，

$$\mathbb{P}(X_t = x) = \langle \psi_t(x)|\psi_t(x)\rangle \tag{1.70}$$

が導かれる．ゆえに，式 (1.23) と同じ定義式にたどり着く．特に，式 (1.54) で与えられる初期状態が，式 (1.32) に従って時間発展する場合は，式 (1.57) より，

$$\mathbb{P}(X_t = x) = 0 \qquad (x = \pm(t+1), \pm(t+2), \cdots) \tag{1.71}$$

が成立する．

整合性が示せたところで，次は，式 (1.61) の右辺が確率分布になっていることを説明したい．そのためには，以下の二項目が成り立つことを示せばよい[*12]．

- 非負性

$$\langle \Psi_t | \left\{ |x\rangle\langle x| \otimes \left(|0\rangle\langle 0| + |1\rangle\langle 1| \right) \right\} |\Psi_t\rangle \geq 0 \tag{1.72}$$

- 総和が 1

$$\sum_{x \in \mathbb{Z}} \langle \Psi_t | \left\{ |x\rangle\langle x| \otimes \left(|0\rangle\langle 0| + |1\rangle\langle 1| \right) \right\} |\Psi_t\rangle = 1 \tag{1.73}$$

式 (1.69) を見れば，非負性は明らかである[*13]．一方，総和については計算が必要となる．まず，

$$\sum_{x \in \mathbb{Z}} \left\{ |x\rangle\langle x| \otimes \left(|0\rangle\langle 0| + |1\rangle\langle 1| \right) \right\} |\Psi_t\rangle$$

$$= \sum_{x \in \mathbb{Z}} \left\{ |x\rangle\langle x| \otimes \left(|0\rangle\langle 0| + |1\rangle\langle 1| \right) \right\} \left(\sum_{y \in \mathbb{Z}} |y\rangle \otimes |\psi_t(y)\rangle \right)$$

$$= \sum_{x \in \mathbb{Z}} \sum_{y \in \mathbb{Z}} \left\{ |x\rangle\langle x| \otimes \left(|0\rangle\langle 0| + |1\rangle\langle 1| \right) \right\} \left(|y\rangle \otimes |\psi_t(y)\rangle \right)$$

[*12]　確率分布の定義については，確率論の教科書を参照していただきたい．いまは，式 (1.72), (1.73) のことである．

[*13]　同じベクトルどうしの内積は非負値である．

$$= \sum_{x \in \mathbb{Z}} \sum_{y \in \mathbb{Z}} |x\rangle\langle x|y\rangle \otimes \Big(|0\rangle\langle 0| + |1\rangle\langle 1|\Big) |\psi_t(y)\rangle$$

$$= \sum_{x \in \mathbb{Z}} |x\rangle \otimes \Big(|0\rangle\langle 0| + |1\rangle\langle 1|\Big) |\psi_t(x)\rangle = \sum_{x \in \mathbb{Z}} |x\rangle \otimes |\psi_t(x)\rangle = |\Psi_t\rangle$$

$$(1.74)$$

である．これより，

$$\sum_{x \in \mathbb{Z}} \langle\Psi_t| \left\{ |x\rangle\langle x| \otimes \Big(|0\rangle\langle 0| + |1\rangle\langle 1|\Big) \right\} |\Psi_t\rangle$$

$$= \langle\Psi_t| \sum_{x \in \mathbb{Z}} \left\{ |x\rangle\langle x| \otimes \Big(|0\rangle\langle 0| + |1\rangle\langle 1|\Big) \right\} |\Psi_t\rangle = \langle\Psi_t|\Psi_t\rangle \tag{1.75}$$

が成り立つ．一方，すべての時刻 $t = 0, 1, 2, \cdots$ に対して，$\langle\Psi_t|\Psi_t\rangle = 1$ が成り立つことを以下に示す．式 (1.37) を思い出して，作用素の積 $^\dagger(SC)SC$ を計算すると，

$$^\dagger(SC)SC = \left\{ \sum_{x \in \mathbb{Z}} \Big(|x\rangle\langle x-1| \otimes {}^\dagger U |0\rangle\langle 0| + |x\rangle\langle x+1| \otimes {}^\dagger U |1\rangle\langle 1| \Big) \right\}$$

$$\times \left\{ \sum_{y \in \mathbb{Z}} \Big(|y-1\rangle\langle y| \otimes |0\rangle\langle 0| U + |y+1\rangle\langle y| \otimes |1\rangle\langle 1| U \Big) \right\}$$

$$= \sum_{x \in \mathbb{Z}} \sum_{y \in \mathbb{Z}} \Big(|x\rangle\langle x-1| \otimes {}^\dagger U |0\rangle\langle 0| + |x\rangle\langle x+1| \otimes {}^\dagger U |1\rangle\langle 1| \Big)$$

$$\times \Big(|y-1\rangle\langle y| \otimes |0\rangle\langle 0| U + |y+1\rangle\langle y| \otimes |1\rangle\langle 1| U \Big)$$

$$= \sum_{x \in \mathbb{Z}} \sum_{y \in \mathbb{Z}} \Big(|x\rangle\langle x-1|y-1\rangle\langle y| \otimes {}^\dagger U |0\rangle\langle 0|0\rangle\langle 0| U$$

$$+ |x\rangle\langle x-1|y+1\rangle\langle y| \otimes {}^\dagger U |0\rangle\langle 0|1\rangle\langle 1| U$$

$$+ |x\rangle\langle x+1|y-1\rangle\langle y| \otimes {}^\dagger U |1\rangle\langle 1|0\rangle\langle 0| U$$

$$+ |x\rangle\langle x+1|y+1\rangle\langle y| \otimes {}^\dagger U |1\rangle\langle 1|1\rangle\langle 1| U \Big)$$

$$= \sum_{x \in \mathbb{Z}} \sum_{y \in \mathbb{Z}} \Big(|x\rangle\langle x-1|y-1\rangle\langle y| \otimes {}^\dagger U |0\rangle\langle 0| U$$

$$+ |x\rangle\langle x+1|y+1\rangle\langle y| \otimes {}^\dagger U |1\rangle\langle 1| U \Big)$$

$$= \sum_{x \in \mathbb{Z}} |x\rangle\langle x| \otimes {}^\dagger U\Big(|0\rangle\langle 0| + |1\rangle\langle 1|\Big)U \tag{1.76}$$

となるので,

$$
\begin{aligned}
&{}^\dagger(SC)SC\,|\Psi_t\rangle \\
&= \left\{ \sum_{x \in \mathbb{Z}} |x\rangle\langle x| \otimes {}^\dagger U\Big(|0\rangle\langle 0| + |1\rangle\langle 1|\Big)U \right\} \left(\sum_{y \in \mathbb{Z}} |y\rangle \otimes |\psi_t(y)\rangle \right) \\
&= \sum_{x \in \mathbb{Z}} \sum_{y \in \mathbb{Z}} \left\{ |x\rangle\langle x| \otimes {}^\dagger U\Big(|0\rangle\langle 0| + |1\rangle\langle 1|\Big)U \right\} \Big(|y\rangle \otimes |\psi_t(y)\rangle \Big) \\
&= \sum_{x \in \mathbb{Z}} \sum_{y \in \mathbb{Z}} \left\{ |x\rangle\langle x|y\rangle \otimes {}^\dagger U\Big(|0\rangle\langle 0| + |1\rangle\langle 1|\Big)U\,|\psi_t(y)\rangle \right\} \\
&= \sum_{x \in \mathbb{Z}} \left\{ |x\rangle \otimes {}^\dagger U\Big(|0\rangle\langle 0| + |1\rangle\langle 1|\Big)U\,|\psi_t(x)\rangle \right\}
\end{aligned} \tag{1.77}
$$

がわかる. ここで,

$$
\begin{aligned}
&\Big(|0\rangle\langle 0| + |1\rangle\langle 1|\Big)U \\
&= \Big(|0\rangle\langle 0| + |1\rangle\langle 1|\Big)\Big(a\,|0\rangle\langle 0| + b\,|0\rangle\langle 1| + c\,|1\rangle\langle 0| + d\,|1\rangle\langle 1|\Big) \\
&= a\,|0\rangle\langle 0|0\rangle\langle 0| + b\,|0\rangle\langle 0|0\rangle\langle 1| + c\,|0\rangle\langle 0|1\rangle\langle 0| + d\,|0\rangle\langle 0|1\rangle\langle 1| \\
&\quad + a\,|1\rangle\langle 1|0\rangle\langle 0| + b\,|1\rangle\langle 1|0\rangle\langle 1| + c\,|1\rangle\langle 1|1\rangle\langle 0| + d\,|1\rangle\langle 1|1\rangle\langle 1| \\
&= a\,|0\rangle\langle 0| + b\,|0\rangle\langle 1| + c\,|1\rangle\langle 0| + d\,|1\rangle\langle 1| = U
\end{aligned} \tag{1.78}
$$

なので, 式 (1.78) は

$$
{}^\dagger(SC)SC\,|\Psi_t\rangle = \sum_{x \in \mathbb{Z}} |x\rangle \otimes {}^\dagger UU\,|\psi_t(x)\rangle = \sum_{x \in \mathbb{Z}} |x\rangle \otimes |\psi_t(x)\rangle = |\Psi_t\rangle
\tag{1.79}
$$

と変形できる. この等号変形では, 作用素 U のユニタリ性を用いた. この結果を用いると, 時間発展の式 (1.32) より,

$$
\langle \Psi_{t+1}|\Psi_{t+1}\rangle = \langle \Psi_t|\,{}^\dagger(SC)SC\,|\Psi_t\rangle = \langle \Psi_t|\Psi_t\rangle
\tag{1.80}
$$

なので, 保存則 $\langle \Psi_{t+1}|\Psi_{t+1}\rangle = \langle \Psi_t|\Psi_t\rangle$ $(t = 0, 1, 2, \cdots)$ を得る. いまは, 条件

$\langle \Psi_0 | \Psi_0 \rangle = 1$ のもとで考えているので，すべての $t = 0, 1, 2, \cdots$ に対して，

$$\langle \Psi_t | \Psi_t \rangle = 1 \tag{1.81}$$

が成り立つ．この結果と式 (1.75) を組み合わせることにより，

$$\sum_{x \in \mathbb{Z}} \langle \Psi_t | \left\{ |x\rangle\langle x| \otimes \left(|0\rangle\langle 0| + |1\rangle\langle 1| \right) \right\} | \Psi_t \rangle = 1 \tag{1.82}$$

がわかる．よって，式 (1.73) が示された．以上より，式 (1.61) の右辺が確率分布になっていることがわかった．したがって，式 (1.61) の右辺をもって量子ウォーカーの位置を決めるための確率分布を定義することは，数学的に正しい[*14]．

　ここで示した計算過程は，作用素 U の満たすべき条件にユニタリ性を仮定する理由を教えてくれる．保存則の式 (1.80) が成り立つためには式 (1.79) の成立が必要であり，その成立には作用素 U のユニタリ性が必要となる．つまり，保存則を成り立たせるために，作用素 U にユニタリ性を仮定していることがわかる．一方，式 (1.61) の右辺を確率分布にするためには，その右辺の総和が 1 にならなければならない．式 (1.75) より，時刻 t におけるその総和は $\langle \Psi_t | \Psi_t \rangle$ であり，保存則が成り立つもとでは，$\langle \Psi_t | \Psi_t \rangle = \langle \Psi_0 | \Psi_0 \rangle$ となる．したがって，初期状態に $\langle \Psi_0 | \Psi_0 \rangle = 1$ の条件を与えれば，任意の時刻 t に対して，$\langle \Psi_t | \Psi_t \rangle = 1$ となり，式 (1.61) の右辺は確率分布になる．まとめると，作用素 U の満たすべき条件であるユニタリ性と初期状態の満たすべき条件 $\langle \Psi_0 | \Psi_0 \rangle = 1$ は，式 (1.61) の右辺を確率分布にするために十分な条件である．なお，量子ウォーカーの位置を決めるための確率分布を式 (1.61) で定義する限り，これら二つの条件が両方満たされなければならないことを注意しておく．両方の条件がそろわないと，式 (1.61) の右辺が確率分布になる保証はない．

　特に重要ではないので，ここまでの説明では紹介しなかったが，ヒルベルト空間 $\mathcal{H}_p$ の基底ベクトルとしては，例えば，

$$|x\rangle = {}^T[\cdots, 0, 0, \overset{\overset{x}{\vee}}{1}, 0, 0, \cdots] \tag{1.83}$$

のような，第 x 成分のみが 1 で，その他の成分はすべて 0 となっている無限次

[*14] 数学では "well–defined" と言われる．

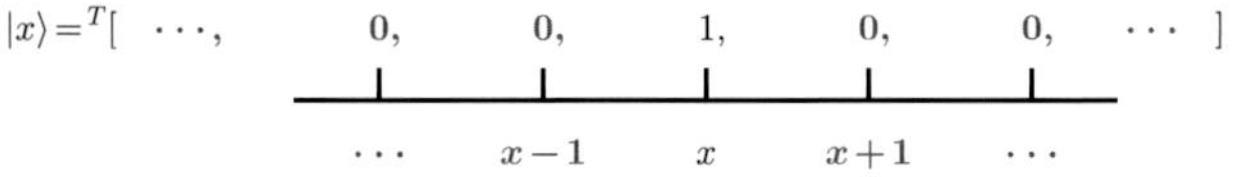

$$|x\rangle = {}^T[\ \cdots,\quad 0,\quad 0,\quad 1,\quad 0,\quad 0,\quad \cdots\ ]$$

$$\cdots \quad x-1 \quad x \quad x+1 \quad \cdots$$

図 1.21 ベクトル $|x\rangle$ と位置 x の関係

元ベクトルをとることができる．図 1.21 は，このベクトルと位置の関係を理解するのに役に立つであろう．具体的にイメージすることは理解を促すので，ここで短く紹介した．

量子ウォークの数学的な記述をまとめると，以下のようになる．

- 時刻 t におけるシステムの状態

$$|\Psi_t\rangle = \sum_{x\in\mathbb{Z}} |x\rangle \otimes |\psi_t(x)\rangle \in \mathcal{H}_p \otimes \mathcal{H}_c \tag{1.84}$$

- 時間発展の漸化式

$$|\Psi_{t+1}\rangle = SC\,|\Psi_t\rangle \tag{1.85}$$

ここで，

$$U = a\,|0\rangle\langle 0| + b\,|0\rangle\langle 1| + c\,|1\rangle\langle 0| + d\,|1\rangle\langle 1| \tag{1.86}$$

として，

$$C = \sum_{x\in\mathbb{Z}} |x\rangle\langle x| \otimes U \tag{1.87}$$

$$S = \sum_{x\in\mathbb{Z}} |x-1\rangle\langle x| \otimes |0\rangle\langle 0| + |x+1\rangle\langle x| \otimes |1\rangle\langle 1| \tag{1.88}$$

である．ただし，U はユニタリ作用素とする．

- 初期状態

$$|\Psi_0\rangle = |0\rangle \otimes \Big(\alpha\,|0\rangle + \beta\,|1\rangle\Big) \tag{1.89}$$

ただし，$\alpha, \beta \in \mathbb{C}$ は，$|\alpha|^2 + |\beta|^2 = 1$ を満たすものとする．

- 確率分布

  初期状態が $\langle \Psi_0 | \Psi_0 \rangle = 1$ を満たすもとで,

  $$\mathbb{P}(X_t = x) = \langle \Psi_t | \left\{ |x\rangle\langle x| \otimes \left(|0\rangle\langle 0| + |1\rangle\langle 1| \right) \right\} |\Psi_t \rangle \quad (1.90)$$

1.4　フーリエ解析

　フーリエ解析は,フーリエ（J. Fourier, 1768–1830）による熱伝導の理論研究から始まったもので,長い歴史をもつ研究分野である.その長い歴史の中での産物は,これまでの数理科学の進歩に大きな貢献をしてきた.その解析手法は,ある情報を,三角関数を用いた波の情報に変換して,変換後の情報を解析して得られる結果からオリジナルの情報を引き出すという方法である.波の情報への変換はフーリエ変換とよばれ,オリジナルの情報を引き出す操作は逆フーリエ変換とよばれる.この解析手法は様々な研究分野で使われており,例えば,数学では弦の振動,熱拡散,電気回路などを記述する微分方程式を解くために用いられ,統計学では与えられたデータの特徴を抜き出すために使われている.量子物理学との相性もよく,その分野では種々のモデルに対してフーリエ解析が使われている.もちろん,確率論の分野でも強力な解析手法として,その地位を確立している.フーリエ解析の理論を理解するには,様々な数学の専門知識が必要となるが,この節では,その一般論ではなく,本書で扱う量子ウォークのモデルに沿ったフーリエ解析についての計算が書かれている.読み進めるうえでは,微積分の基本的な知識があれば十分である.フーリエ解析には,おもに「フーリエ級数」と「フーリエ変換」の二種類の扱いがあるが,本書で扱うのはフーリエ級数である.しかし,以降では,フーリエ級数のことをフーリエ変換とよんでいるので,注意されたい.なお,フーリエ級数は,D. ベルヌーイ（Daniel Bernoulli, 1700–1782）によって導出された弦の振動問題に対する一般解として,世にその姿をはじめて現したと言われている.

　量子ウォークの分野では,極限定理を導出するためにフーリエ解析の手法がはじめて導入されたのは,2004 年に発表された Grimmett *et al.* [8] の研究に

おいてであった．この論文では 1.5 節で解説するほど細かくはフーリエ解析について触れられていないが，特殊な初期状態と，あるユニタリ作用素で定義された量子ウォークの極限分布が見事に導出されている．また，かなりまれではあるが，論文によっては量子ウォークの定義を波数空間上で行う場合もある．あとで説明するが，波数空間とはフーリエ変換に現れる変数がとりうる値の範囲のことである．量子ウォークをテンソル空間上で定義するにせよ，波数空間上で定義するにせよ，相互に移り合うことができるので，どちらの空間で定義するかは大きな問題ではない．見た目（表現方法）が異なるだけであって，どちらの空間にあっても量子ウォークは量子ウォークである．この節では，それら二つの空間上における量子ウォークの表現について，その対応関係も細かく解説してある．その解説を理解すれば，たとえ量子ウォークが波数空間上で定義されている場合でも，自身でテンソル空間上の表示に焼きなおせるようになる．それは同時に，直観的なモデルの理解にもつながるであろう．ここでのフーリエ解析の説明は，論文を読み解くうえでも役に立つ．

さて，時刻 t における量子ウォークのシステムのフーリエ変換 $|\hat{\psi}_t(k)\rangle$ $(k \in [-\pi, \pi))$ とは，

$$|\hat{\psi}_t(k)\rangle = \sum_{x \in \mathbb{Z}} e^{-ikx} |\psi_t(x)\rangle \tag{1.91}$$

で定義される変数 k の関数である[*15]．右辺は複素フーリエ級数ではあるが，量子ウォークの分野では，$|\hat{\psi}_t(k)\rangle$ のことをフーリエ変換とよぶのが普通である．また，変数 k は波数とよばれ，波数 k がとりうる値の範囲は波数空間とよばれる．本書では，波数空間を $[-\pi, \pi)$ ととるが，三角関数の周期性から，長さが 2π の区間であれば，どのようなものでもよい（例えば，$[0, 2\pi)$）．

ここで，細かいことを一つ述べる．いまは，式 (1.54) で与えられる初期状態に注目しているので，式 (1.57) が成り立つ．つまり，$x = \pm(t+1), \pm(t+2), \cdots$

[*15] フーリエ変換を

$$|\hat{\psi}_t(k)\rangle = \sum_{x \in \mathbb{Z}} e^{ikx} |\psi_t(x)\rangle$$

で定義する場合もある．二つの定義式の右辺は $k \to -k$ の変換で相互に移り合うことができる．本書では，式 (1.91) の定義を採用する．

に対しては，$|\psi_t(x)\rangle = \mathbf{0}$ である（$\mathbf{0}$ はヒルベルト空間 $\mathcal{H}_c$ の零元）．したがって，右辺の無限級数は実際には有限級数であり，右辺は存在する．つまり，初期状態を式 (1.54) で与える限り，

$$|\hat{\psi}_t(k)\rangle = \sum_{x=-t}^{t} e^{-ikx} |\psi_t(x)\rangle \tag{1.92}$$

と書きなおせる*16．

突然フーリエ変換を定義してしまったが，これからその詳細を見ていくことにしよう．まず，量子ウォークのフーリエ変換 $|\hat{\psi}_t(k)\rangle$ と，テンソル積で記述したシステム $|\Psi_t\rangle$ の定義式 (1.31) を見比べると，よく似ていることに気がつく．

- $|\Psi_t\rangle$ の定義式

$$|\Psi_t\rangle = \sum_{x\in\mathbb{Z}} |x\rangle \otimes |\psi_t(x)\rangle \tag{1.93}$$

- $|\hat{\psi}_t(k)\rangle$ の定義式

$$|\hat{\psi}_t(k)\rangle = \sum_{x\in\mathbb{Z}} e^{-ikx} |\psi_t(x)\rangle \tag{1.94}$$

右辺どうしを比較すると，式 (1.93) において，位置情報を教えるラベル $|x\rangle$ を複素数 e^{-ikx} に，接着剤 $\otimes$ をスカラー積 $\times$ に置き換えると，フーリエ変換の式 (1.94) になることがわかる*17．つまり，フーリエ変換の表記では，位置情報のラベルとして e^{-ikx} を，接着剤としてスカラー積 $\times$ を使っているのである．論文によっては，$e^{-ik} = z \in \{z \in \mathbb{C} : |z| = 1\}$ と置いて，位置情報のラベルとして z^x を使うこともあるので覚えておくとよい．図 1.22 は，フーリエ変換 $|\hat{\psi}_t(k)\rangle$ をイメージするのに役に立つであろう．

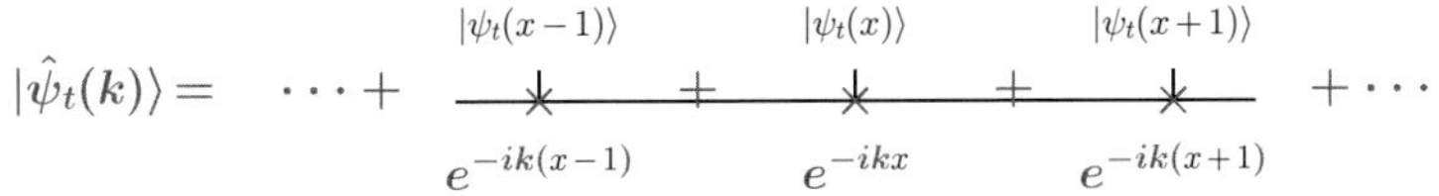

$$|\hat{\psi}_t(k)\rangle = \quad \cdots + \quad \underset{e^{-ik(x-1)}}{\overset{|\psi_t(x-1)\rangle}{\bigstar}} + \underset{e^{-ikx}}{\overset{|\psi_t(x)\rangle}{\bigstar}} + \underset{e^{-ik(x+1)}}{\overset{|\psi_t(x+1)\rangle}{\bigstar}} \quad + \cdots$$

図 1.22 フーリエ変換 $|\hat{\psi}_t(k)\rangle$ のイメージ

---

*16 無限和の形式でのみ考えていくと，フーリエ級数の収束を議論しなければならない．話の流れをすっきりさせるために，有限和で書きなおせることを述べた．

*17 スカラー積の記号 $\times$ は，省略されるか，$\cdot$（ドット）で表されることが多い．

　方便的ではあるが，表 1.1 と図 1.23 に，各空間ごとのシステム表記，その表記のために使われる位置情報表記，そして，位置情報を確率振幅ベクトルに貼り付けるための接着剤をまとめておく．

表 1.1　各空間におけるシステム表記，位置情報，接着剤の比較

空間	システム	位置情報	接着剤
テンソル空間	$\lvert\Psi_t\rangle$	$\lvert x\rangle$	$\otimes$（テンソル積）
波数空間	$\lvert\hat{\psi}_t(k)\rangle$	e^{-ikx}	$\times$（スカラー積）

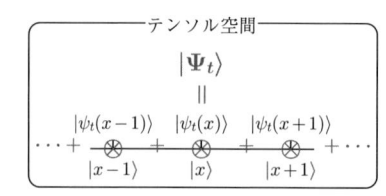 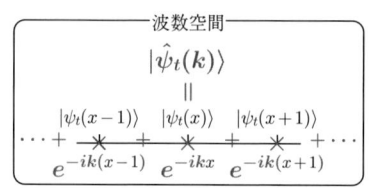

図 1.23　量子ウォークのシステム

　変換して解析するからには，変換後の情報から変換前のすべての情報（確率振幅ベクトル）が復元されなければ意味がない．しかし，今しがた述べたように，フーリエ変換は位置情報のラベルをもっているので，すべての場所の確率振幅ベクトルは抽出できるはずである．つまり，逆フーリエ変換が存在する．実際，場所 x の確率振幅ベクトルをフーリエ変換 $\lvert\hat{\psi}_t(k)\rangle$ から抽出するには，以下のような積分計算を行えばよい．

$$\frac{1}{2\pi}\int_{-\pi}^{\pi}e^{ikx}\lvert\hat{\psi}_t(k)\rangle\,dk = \frac{1}{2\pi}\int_{-\pi}^{\pi}e^{ikx}\sum_{y\in\mathbb{Z}}e^{-iky}\lvert\psi_t(y)\rangle\,dk$$

$$=\frac{1}{2\pi}\int_{-\pi}^{\pi}e^{ikx}\sum_{y=-t}^{t}e^{-iky}\lvert\psi_t(y)\rangle\,dk = \frac{1}{2\pi}\sum_{y=-t}^{t}\int_{-\pi}^{\pi}e^{ik(x-y)}\lvert\psi_t(y)\rangle\,dk$$

$$=\frac{1}{2\pi}\sum_{y\in\mathbb{Z}}\left(\int_{-\pi}^{\pi}e^{ik(x-y)}\,dk\right)\lvert\psi_t(y)\rangle \tag{1.95}$$

上記計算では，積分と総和の順序交換を行うために，$\lvert\psi_t(x)\rangle=\mathbf{0}$ $(x=\pm(t+1),\pm(t+2),\cdots)$ を用いて，総和記号を無限和と有限和で適宜使い分けているこ

とに注意されたい（式 (1.92) も参照）．ここで，$x, y \in \mathbb{Z}$ なので，$x - y \in \mathbb{Z}$ となることに注意すると，$x \neq y$ のとき，

$$
\int_{-\pi}^{\pi} e^{ik(x-y)} \, dk = \left[-\frac{i}{x-y} e^{ik(x-y)} \right]_{-\pi}^{\pi} = -\frac{i}{x-y} \left\{ e^{i\pi(x-y)} - e^{-i\pi(x-y)} \right\}
$$
$$
= \frac{2}{x-y} \sin(\pi(x-y)) = 0 \tag{1.96}
$$

である．一方，$x = y$ のときは，

$$
\int_{-\pi}^{\pi} e^{ik(x-y)} \, dk = \int_{-\pi}^{\pi} e^{i \cdot 0} \, dk = \int_{-\pi}^{\pi} 1 \, dk = 2\pi \tag{1.97}
$$

となる．したがって，

$$
\frac{1}{2\pi} \int_{-\pi}^{\pi} e^{ikx} |\hat{\psi}_t(k)\rangle \, dk = |\psi_t(x)\rangle \tag{1.98}
$$

となり，確率振幅ベクトル $|\psi_t(x)\rangle$ が得られる．これより，式 (1.98) の積分操作が逆フーリエ変換であることがわかる．

　さて，システムのテンソル空間での表現において，ベクトル $|x\rangle$ を複素数 e^{-ikx} に，テンソル積 $\otimes$ をスカラー積 $\times$ に置き換えたものが量子ウォークのシステムのフーリエ変換であると説明した．しかし，これは方便的な説明であり，フーリエ変換が式 (1.91) の形で定義される理由を述べてはいない．以下では，確率振幅ベクトル $|\psi_t(x)\rangle$ $(x \in \mathbb{Z})$ からフーリエ変換の定義式 (1.91) が導出される様子を，数式を用いて示したい．導出のヒントは式 (1.95) の計算過程を逆にたどるところにあり，その逆過程でポイントとなるのは，式 (1.96), (1.97) から得られる

$$
\frac{1}{2\pi} \int_{-\pi}^{\pi} e^{ik(x-y)} \, dk = \begin{cases} 1 & (x = y) \\ 0 & (x \neq y) \end{cases} \tag{1.99}
$$

という関係式である．ただし，$x, y \in \mathbb{Z}$ である．いま，確率振幅ベクトルを

$$
|\psi_t(x)\rangle = \cdots + 0 \cdot |\psi_t(x-1)\rangle + 1 \cdot |\psi_t(x)\rangle + 0 \cdot |\psi_t(x+1)\rangle + \cdots \tag{1.100}
$$

と見て，式 (1.99) を用いて係数の $0, 1$ を表現しなおすと，

$$|\psi_t(x)\rangle = \sum_{y\in\mathbb{Z}} \left(\frac{1}{2\pi}\int_{-\pi}^{\pi} e^{ik(x-y)}\,dk\right)|\psi_t(y)\rangle$$

$$= \sum_{y\in\mathbb{Z}}\frac{1}{2\pi}\int_{-\pi}^{\pi} e^{ik(x-y)}|\psi_t(y)\rangle\,dk = \sum_{y=-t}^{t}\frac{1}{2\pi}\int_{-\pi}^{\pi} e^{ik(x-y)}|\psi_t(y)\rangle\,dk$$

$$= \frac{1}{2\pi}\int_{-\pi}^{\pi} e^{ikx}\left(\sum_{y=-t}^{t} e^{-iky}|\psi_t(y)\rangle\right)dk$$

$$= \frac{1}{2\pi}\int_{-\pi}^{\pi} e^{ikx}\left(\sum_{y\in\mathbb{Z}} e^{-iky}|\psi_t(y)\rangle\right)dk \tag{1.101}$$

となる．よって，ベクトル値関数 $|\hat{\psi}_t(k)\rangle \in \mathbb{C}^2$ を

$$|\hat{\psi}_t(k)\rangle = \sum_{y\in\mathbb{Z}} e^{-iky}|\psi_t(y)\rangle \tag{1.102}$$

と定義すれば，

$$|\psi_t(x)\rangle = \frac{1}{2\pi}\int_{-\pi}^{\pi} e^{ikx}|\hat{\psi}_t(k)\rangle\,dk \tag{1.103}$$

となり，フーリエ変換の定義式 (1.91) を見ることができた[*18]．式 (1.91) の変換

$$\sum_{x\in\mathbb{Z}}|x\rangle\otimes|\psi_t(x)\rangle \longmapsto \sum_{x\in\mathbb{Z}} e^{-ikx}|\psi_t(x)\rangle \tag{1.104}$$

をシステムに対するフーリエ変換とよぶことにする．逆に，フーリエ変換の像からシステムを得るための変換は，式 (1.103) より，

$$|\hat{\psi}_t(k)\rangle \longmapsto \sum_{x\in\mathbb{Z}}|x\rangle\otimes\frac{1}{2\pi}\int_{-\pi}^{\pi} e^{ikx}|\hat{\psi}_t(k)\rangle\,dk \tag{1.105}$$

で与えられる．この変換によりフーリエ変換の像を変換前の状態に戻すことができるので，式 (1.105) の変換を，フーリエ変換に対して，(システムの) 逆フーリエ変換とよぶことにする．なお，変換とは写像を表す言葉であるが，慣例的にフーリエ変換の像 $|\hat{\psi}_t(k)\rangle$ のこともフーリエ変換とよぶことがある．

　以上の計算をたどると，フーリエ変換 $|\hat{\psi}_t(k)\rangle$ の波数空間 (変数 k のとりうる

[*18]　式 (1.102) では仮変数として y を用いているが，x を用いれば式 (1.91) の表記になる．

値の範囲) が区間 $[-\pi, \pi)$ である理由が，式 (1.99) の積分範囲に基づいている
ことに気がつく．同時に，積分区間は $[-\pi, \pi)$ 以外でもよいことがわかる．例
えば，式 (1.99) の積分範囲として区間 $[0, 2\pi)$ をとったとしても，三角関数の
周期性から積分値は変わらない．

　量子ウォークのシステムに対するフーリエ変換の説明は以上となる．モデル
の説明で述べたように，量子ウォークは時間発展モデルである．したがって，
フーリエ解析を用いて量子ウォークを解析するには，変換先である波数空間で
の時間発展を考えねばならない．確率振幅ベクトル $|\psi_t(x)\rangle$ の時間発展を表す
式 (1.50) は時刻 t と時刻 $t+1$ における確率振幅ベクトルの関係式を表してい
るので，フーリエ変換 $|\hat{\psi}_t(k)\rangle$ にも同様な関係式があると想定される．実際，式
(1.50) を用いて，$|\hat{\psi}_{t+1}(k)\rangle$ を時刻 t の情報に結びつけると，

$$
\begin{aligned}
|\hat{\psi}_{t+1}(k)\rangle &= \sum_{x \in \mathbb{Z}} e^{-ikx} |\psi_{t+1}(x)\rangle \\
&= \sum_{x \in \mathbb{Z}} e^{-ikx} \Big(|0\rangle\langle 0| U |\psi_t(x+1)\rangle + |1\rangle\langle 1| U |\psi_t(x-1)\rangle \Big) \\
&= \sum_{x \in \mathbb{Z}} e^{-ikx} |0\rangle\langle 0| U |\psi_t(x+1)\rangle + \sum_{x \in \mathbb{Z}} e^{-ikx} |1\rangle\langle 1| U |\psi_t(x-1)\rangle \\
&= \sum_{x \in \mathbb{Z}} e^{-ik(x-1)} |0\rangle\langle 0| U |\psi_t(x)\rangle + \sum_{x \in \mathbb{Z}} e^{-ik(x+1)} |1\rangle\langle 1| U |\psi_t(x)\rangle \\
&= e^{ik} |0\rangle\langle 0| U \sum_{x \in \mathbb{Z}} e^{-ikx} |\psi_t(x)\rangle + e^{-ik} |1\rangle\langle 1| U \sum_{x \in \mathbb{Z}} e^{-ikx} |\psi_t(x)\rangle \\
&= e^{ik} |0\rangle\langle 0| U |\hat{\psi}_t(k)\rangle + e^{-ik} |1\rangle\langle 1| U |\hat{\psi}_t(k)\rangle \\
&= \Big(e^{ik} |0\rangle\langle 0| + e^{-ik} |1\rangle\langle 1| \Big) U |\hat{\psi}_t(k)\rangle \qquad (1.106)
\end{aligned}
$$

となる．つまり，フーリエ変換の時間発展を表す漸化式

$$
|\hat{\psi}_{t+1}(k)\rangle = \Big(e^{ik} |0\rangle\langle 0| + e^{-ik} |1\rangle\langle 1| \Big) U |\hat{\psi}_t(k)\rangle \qquad (1.107)
$$

を得る．ここで，

$$
R(k) = e^{ik} |0\rangle\langle 0| + e^{-ik} |1\rangle\langle 1| \qquad (1.108)
$$

と置くと，式 (1.107) は

$$|\hat{\psi}_{t+1}(k)\rangle = R(k)U\,|\hat{\psi}_t(k)\rangle \tag{1.109}$$

と書ける．この漸化式を繰り返し用いれば，

$$|\hat{\psi}_t(k)\rangle = R(k)U\,|\hat{\psi}_{t-1}(k)\rangle = R(k)U R(k)U\,|\hat{\psi}_{t-2}(k)\rangle$$
$$= \cdots = (R(k)U)^t\,|\hat{\psi}_0(k)\rangle \tag{1.110}$$

となり，時刻 t におけるフーリエ変換 $|\hat{\psi}_t(k)\rangle$ を初期状態のフーリエ変換 $|\hat{\psi}_0(k)\rangle$ に結びつける関係式

$$|\hat{\psi}_t(k)\rangle = (R(k)U)^t\,|\hat{\psi}_0(k)\rangle \tag{1.111}$$

を得る．

漸化式 (1.109) を量子ウォークのシステム $|\Psi_t\rangle$ の時間発展の漸化式 (1.32) と比較すると，よく似ていることがわかる．式 (1.32) において，

$$|\Psi_t\rangle \to |\hat{\psi}_t(k)\rangle, \quad C \to U, \quad S \to R(k) \tag{1.112}$$

と置き換えれば，フーリエ変換の時間発展の式 (1.109) が得られる．1.3 節で解説したように，作用素 C は確率振幅ベクトルの状態を遷移させる役割を，作用素 S は遷移後の確率振幅ベクトルの情報を左右隣の場所に移動させる役割を果たす．式 (1.112) の対応からも察することができるように，じつは，波数空間では，U が状態遷移の作用素，$R(k)$ が移動の作用素の役割をしている．このことについて，もう少し詳しく説明しよう．いま，$|0\rangle\langle0|\,U = P$，$|1\rangle\langle1|\,U = Q$ と置くと，

$$R(k)U = \left(e^{ik}\,|0\rangle\langle0| + e^{-ik}\,|1\rangle\langle1|\right)U = e^{ik}\,|0\rangle\langle0|\,U + e^{-ik}\,|1\rangle\langle1|\,U$$
$$= e^{ik}P + e^{-ik}Q \tag{1.113}$$

となる．式 (1.8)，(1.39) は，P を作用させて左隣に，Q を作用させて右隣に移動させることを意味しているので，式 (1.113) に見られる複素数 e^{ik}，e^{-ik} はそれぞれ，左隣と右隣への移動を表す作用と解釈できる[*19]．より詳細には，フーリエ変換に対して，$e^{-ikl}\ (l \in \mathbb{Z})$ を掛けるという操作は，位置情報を正の方向に l だけ移

[*19] 細かくは述べなかったが，作用素 SC の表示式 (1.39) の中にある作用素 $|x-1\rangle\langle x|$，$|x+1\rangle\langle x|$ はそれぞれ，場所 x から場所 $x-1$（左隣）に，場所 x から場所 $x+1$（右隣）に移動することを意味する．

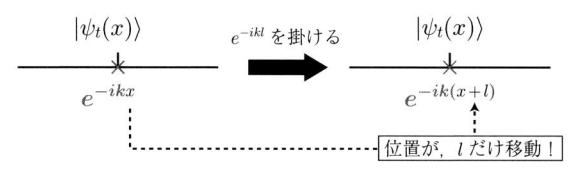

図 1.24 複素数 e^{-ikl} が作用することの意味

動させる操作に対応する（図 1.24 参照）．よって，$e^{ik} = e^{-ik \cdot (-1)}$, $e^{-ik} = e^{-ik \cdot 1}$ と見れば，それぞれの複素数を掛けるという操作は -1, $+1$ の移動に対応する．したがって，複素数 e^{ik}, e^{-ik} から構成されている作用素 $R(k)$ は，移動の作用素と見なせるのである．一方，作用素 U は波数 k には関係なく，移動を表す e^{ik}, e^{-ik} のような複素数も含んでいない．つまり，移動は起こさず，確率振幅ベクトルの状態を遷移させるだけの作用素と考えることができる．

　波数空間における移動の作用素が理解できると，フーリエ変換の定義式 (1.91) の意味も理解できるようになる．モデルの直観的理解では，場所 x に確率振幅ベクトル $|\psi_t(x)\rangle$ が置いてあると述べた．これは，確率振幅ベクトル $|\psi_t(x)\rangle$ が原点から正の方向に x だけ移動させられた結果と再解釈できる．今しがた述べたように，位置情報を正の方向に x だけ移動させる操作は，波数空間では複素数 e^{-ikx} を乗じることで実現される．よって，場所 x に置かれた確率振幅ベクトルは，波数空間では $e^{-ikx} |\psi_t(x)\rangle$ と表現される．さらに，システム全体を表現するために総和をとって，$\sum_{x \in \mathbb{Z}} e^{-ikx} |\psi_t(x)\rangle$ となる．つまり，フーリエ変換 $|\hat{\psi}_t(k)\rangle$ はシステム全体を波数空間上で表現したものである．もちろん，e^{-ikx} を位置情報のラベルとして解釈してもよいが，移動の作用素と解釈すれば時間発展における移動作用素との対応もつくので，量子ウォークにおけるフーリエ解析の意味を理解する助けになるであろう．

　テンソル空間と波数空間におけるシステム表記と時間発展に使われる作用素を比較するために，表 1.2 にそれらをまとめておく．

　ここで，位置情報のラベルの置き換え $|x\rangle \to e^{-ikx}$ と接着剤記号の置き換え $\otimes \to \times$ によっても，作用素 C, S から作用素 $U, R(k)$ を得ることができる．それをこれから説明するのだが，その説明は理論的ではなく，方便的な説明であ

表 1.2 各空間におけるシステム表記と時間発展の作用素の比較

空間	システム	状態遷移作用素	移動作用素
テンソル空間	$\lvert \Psi_t \rangle$	C	S
波数空間	$\lvert \hat{\psi}_t(k) \rangle$	U	$R(k)$

ることを強く注意しておく.あくまで,作用素の対応関係を覚えるのに役に立つだけである.作用素 C, S の表記から作用素 $U, R(k)$ を得るには,作用素 C, S の総和記号 $\sum_{x \in \mathbb{Z}}$ の中身に対して記号の置き換えを行えばよい.実際,$\langle x \rvert = {}^\dagger \lvert x \rangle$ と ${}^\dagger e^{-ikx} = \overline{e^{-ikx}} = e^{ikx}$ であることを考慮して,式 (1.34),(1.35) の $\sum_{x \in \mathbb{Z}}$ の中身の記号をフーリエ変換の表記で使用している位置情報のラベルと接着剤の記号に置き換えると $(\lvert x \rangle \to e^{-ikx}, \otimes \to \times)$,

$$\lvert x \rangle \langle x \rvert \otimes U \quad \to \quad e^{-ikx} e^{ikx} \times U = U \tag{1.114}$$

$$\lvert x-1 \rangle \langle x \rvert \otimes \lvert 0 \rangle \langle 0 \rvert + \lvert x+1 \rangle \langle x \rvert \otimes \lvert 1 \rangle \langle 1 \rvert$$

$$\to \quad e^{-ik(x-1)} e^{ikx} \times \lvert 0 \rangle \langle 0 \rvert + e^{-ik(x+1)} e^{ikx} \times \lvert 1 \rangle \langle 1 \rvert$$

$$= e^{ik} \lvert 0 \rangle \langle 0 \rvert + e^{-ik} \lvert 1 \rangle \langle 1 \rvert = R(k) \tag{1.115}$$

となり,フーリエ変換に対する作用素 $U, R(k)$ が得られる.

さて,フーリエ変換の時間発展がわかったので,その時間発展を開始するために必要な初期状態を考察しよう.本書では式 (1.56) のような初期状態を考えているので,フーリエ変換の定義式 (1.91) から,

$$\lvert \hat{\psi}_0(k) \rangle = \sum_{x \in \mathbb{Z}} e^{-ikx} \lvert \psi_0(x) \rangle = \alpha \lvert 0 \rangle + \beta \lvert 1 \rangle \tag{1.116}$$

となる.ただし,$\alpha, \beta \in \mathbb{C}$ は,$\lvert \alpha \rvert^2 + \lvert \beta \rvert^2 = 1$ を満たすものとする.

確率分布のフーリエ変換による表示は,確率分布の式 (1.70) と逆フーリエ変換の式 (1.98) より,

$$\mathbb{P}(X_t = x) = {}^\dagger \left(\frac{1}{2\pi} \int_{-\pi}^{\pi} e^{ikx} \lvert \hat{\psi}_t(k) \rangle \, dk \right) \left(\frac{1}{2\pi} \int_{-\pi}^{\pi} e^{ikx} \lvert \hat{\psi}_t(k) \rangle \, dk \right) \tag{1.117}$$

となる．式 (1.111) を用いれば，

$$\mathbb{P}(X_t = x) = {}^{\dagger}\left\{\frac{1}{2\pi}\int_{-\pi}^{\pi} e^{ikx}(R(k)U)^t \,|\hat{\psi}_0(k)\rangle\, dk\right\}$$

$$\times \left\{\frac{1}{2\pi}\int_{-\pi}^{\pi} e^{ikx}(R(k)U)^t \,|\hat{\psi}_0(k)\rangle\, dk\right\} \tag{1.118}$$

とも書ける．論文によっては，

$$\mathbb{P}(X_t = x) = {}^{\dagger}\left(\frac{1}{2\pi}\int_{-\pi}^{\pi} e^{ik_1 x}\,|\hat{\psi}_t(k_1)\rangle\, dk_1\right)\left(\frac{1}{2\pi}\int_{-\pi}^{\pi} e^{ik_2 x}\,|\hat{\psi}_t(k_2)\rangle\, dk_2\right)$$

$$= \left(\frac{1}{2\pi}\int_{-\pi}^{\pi} e^{-ik_1 x}\,\langle\hat{\psi}_t(k_1)|\, dk_1\right)\left(\frac{1}{2\pi}\int_{-\pi}^{\pi} e^{ik_2 x}\,|\hat{\psi}_t(k_2)\rangle\, dk_2\right)$$

$$= \frac{1}{4\pi^2}\int_{-\pi}^{\pi}\int_{-\pi}^{\pi} e^{-i(k_1-k_2)x}\,\langle\hat{\psi}_t(k_1)|\hat{\psi}_t(k_2)\rangle\, dk_1 dk_2$$

$$= \frac{1}{4\pi^2}\int_{-\pi}^{\pi}\int_{-\pi}^{\pi} e^{-i(k_1-k_2)x}\,\langle\hat{\psi}_0(k_1)|\,({}^{\dagger}UR(-k_2))^t (R(k_1)U)^t\,|\hat{\psi}_0(k_2)\rangle\, dk_1 dk_2$$

$$\tag{1.119}$$

まで変形して，最後の二重積分の形式で確率を表記する場合もある[*20]．ここで，

$$\langle\hat{\psi}_t(k)| = {}^{\dagger}|\hat{\psi}_t(k)\rangle = {}^{\dagger}\{(R(k)U)^t\,|\hat{\psi}_0(k)\rangle\} = \langle\hat{\psi}_0(k)|\,{}^{\dagger}\{(R(k)U)^t\}$$

$$= \langle\hat{\psi}_0(k)|\,({}^{\dagger}U^{\dagger}R(k))^t = \langle\hat{\psi}_0(k)|\,({}^{\dagger}UR(-k))^t \tag{1.120}$$

の計算を用いたことを念のため注意しておく[*21]．

　この節で紹介した量子ウォークのフーリエ変換についてまとめると，以下のようになる．

- フーリエ変換

$$|\hat{\psi}_t(k)\rangle = \sum_{x\in\mathbb{Z}} e^{-ikx}\,|\psi_t(x)\rangle \qquad (k \in [-\pi, \pi)) \tag{1.121}$$

- 逆フーリエ変換

$$|\psi_t(x)\rangle = \frac{1}{2\pi}\int_{-\pi}^{\pi} e^{ikx}\,|\hat{\psi}_t(k)\rangle\, dk \tag{1.122}$$

[*20]　二つ以上の積分の積を多重積分で表記するときは，それぞれの積分で使う仮変数は異なる種類を用いたほうが間違いがなくてよい．

[*21]　${}^{\dagger}R(k) = {}^{\dagger}(e^{ik}\,|0\rangle\langle 0| + e^{-ik}\,|1\rangle\langle 1|) = e^{-ik}\,|0\rangle\langle 0| + e^{ik}\,|1\rangle\langle 1| = R(-k)$.

- フーリエ変換に対する時間発展の漸化式

$$|\hat{\psi}_{t+1}(k)\rangle = R(k)U\,|\hat{\psi}_t(k)\rangle \tag{1.123}$$

ここで,

$$R(k) = e^{ik}\,|0\rangle\langle0| + e^{-ik}\,|1\rangle\langle1| \tag{1.124}$$

$$U = a\,|0\rangle\langle0| + b\,|0\rangle\langle1| + c\,|1\rangle\langle0| + d\,|1\rangle\langle1| \tag{1.125}$$

である. ただし, U はユニタリ作用素とする.

- 初期状態

$$|\hat{\psi}_0(k)\rangle = \alpha\,|0\rangle + \beta\,|1\rangle \tag{1.126}$$

ただし, $\alpha, \beta \in \mathbb{C}$ は, $|\alpha|^2 + |\beta|^2 = 1$ を満たすものとする.

- 確率分布

$$\mathbb{P}(X_t = x) = {}^{\dagger}\!\left(\frac{1}{2\pi}\int_{-\pi}^{\pi} e^{ikx}\,|\hat{\psi}_t(k)\rangle\,dk\right)\left(\frac{1}{2\pi}\int_{-\pi}^{\pi} e^{ikx}\,|\hat{\psi}_t(k)\rangle\,dk\right) \tag{1.127}$$

なお, ヒルベルト空間 $\mathcal{H}_c$ の基底ベクトルを式 (1.42) のようにとると, $|\psi_t(x)\rangle$ は二次の複素ベクトル表示になるので, その線形結合であるフーリエ変換 $|\hat{\psi}_t(k)\rangle = \sum_{x\in\mathbb{Z}} e^{-ikx}\,|\psi_t(x)\rangle$ も二次の複素ベクトル表示になる. さらに, 時間発展の漸化式と初期状態は, 以下のような行列表示になる.

- フーリエ変換に対する時間発展の漸化式

$$|\hat{\psi}_{t+1}(k)\rangle = R(k)U\,|\hat{\psi}_t(k)\rangle \tag{1.128}$$

ここで,

$$R(k) = \begin{bmatrix} e^{ik} & 0 \\ 0 & e^{-ik} \end{bmatrix}, \quad U = \begin{bmatrix} a & b \\ c & d \end{bmatrix} \tag{1.129}$$

である．ただし，U はユニタリ行列とする．

- 初期状態

$$|\hat{\psi}_0(k)\rangle = \begin{bmatrix} \alpha \\ \beta \end{bmatrix} \tag{1.130}$$

ただし，$\alpha, \beta \in \mathbb{C}$ は，$|\alpha|^2 + |\beta|^2 = 1$ を満たすものとする．

　冒頭でも少し触れたが，フーリエ変換は三角関数を用いた波の関数への変換である．式 (1.91)，(1.104) で，離散一次元空間 $\mathbb{Z}$ に配置された確率振幅ベクトル $|\psi_t(x)\rangle$ の情報を，連続一次元空間 $[-\pi, \pi)$ に流動する波 $|\hat{\psi}_t(k)\rangle$ に変換したのである．一般に，離散空間上の物理量より，連続空間上の物理量のほうが数学的には扱いやすい．なぜなら，連続空間上で定義される関数に対しては，微積分が大きな力を発揮するからである．微積分の力を借りるために離散空間上の情報を連続空間上の情報に変換しようとする試みが，自然と我々の視点をフーリエ変換に向けてくれるのである．これから紹介する量子ウォークの解析では，量子ウォークを扱いやすい空間にもっていって，そこでの解析結果からもとの空間の情報を抽出するというアイディアに基づいている．その際，扱いやすい空間で得た情報から，もとの離散空間の情報を抽出するという操作が，逆フーリエ変換となる．フーリエ解析の手順を大雑把にまとめると，図 1.25 となる．筆者の経験上，量子ウォークでは逆フーリエ変換が大変な作業となる．しかし，扱いやすい空間上で物理量を解析しても，その結果からオリジナルの物理量の情報を引き出さなければ変換の意味がないことを最後に述べておく．

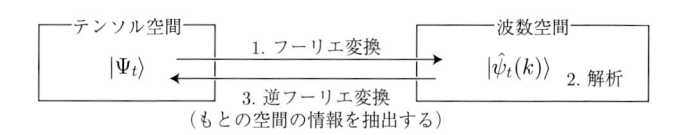

図 1.25　フーリエ解析の手順の概要

1.5 極限定理

　量子ウォークの長時間極限定理は，2002 年に Konno [9] の研究により，はじめてその姿を現した．その極限定理は，量子ウォーカーの位置 X_t を時刻 t でスケールした確率変数 X_t/t に対する分布収束定理であり，それは組合せ論的手法で導出された．その後，同様の収束定理が，2004 年に Grimmett *et al.* [8] によりフーリエ解析を用いて再び計算された．以降，量子ウォークの様々なモデルに対して極限定理が導出されてきた．また，量子ウォークのモデルは海外で生まれたものであるが，量子ウォークの長時間極限定理は日本ではじめて生み出された．

　いま現在，量子ウォークの（形式的ではなく，）具体的な長時間極限定理の導出は，二次元格子上のモデルに対する定理が限界である．一次元格子上のモデルに対しては，計算は煩雑なものの，これまでに種々の極限定理が得られている．次元が上がれば計算量も増えるため，二次元格子上のモデルに対しては，限られたクラスに対してしか極限定理は得られていない．三次元以上の格子上のモデルに対しては未知である．

　極限定理の導出方法については，フーリエ解析，組合せ論的手法，スペクトル解析，停留位相法などがあるが，本書ではフーリエ解析を用いる．量子ウォークにおいてこの解析手法がメリットとなる点は，有限サイズの正方行列の解析に帰着できることである．この章で紹介した量子ウォークのモデルであれば，このあとに見るように 2×2 の行列の解析になる．テンソル空間上での表記のままでも解析は可能ではあるが，ヒルベルト空間 $\mathcal{H}_c, \mathcal{H}_p$ の基底ベクトルをそれぞれ式 (1.42), (1.83) のようにとってモデルを行列表示すると，じつは無限次元ベクトルと無限サイズの正方行列を用いた記述になる．したがって，テンソル空間上で量子ウォークの解析を行う場合は，無限サイズの行列の解析となる．有限サイズの行列を解析するか，無限サイズの行列を解析するかは研究者の専門知識や好みにもよるが，一般にはサイズの小さい行列のほうが扱いやすく，実際，これまでに発表された極限定理を扱う論文では，フーリエ解析による証明が比較的多い．しかし，フーリエ解析の手法は，現時点では，格子のような正則な無限グラフ上の量子ウォークで，かつ時間発展ルールが空間的に一様な場

合に対して，その力を発揮している．有限グラフ上の量子ウォークや時間発展ルールが空間的に非一様な場合でもフーリエ解析は使えるが，極限定理の導出には到達していないのが現状である．高次元格子上のモデルに対してフーリエ解析で極限定理を導出するのも魅力的な研究課題ではあるが，有限グラフや空間非一様なダイナミクスに対してフーリエ解析を用いた極限定理の研究を行うのも，また魅力的である．

　さて，この章で紹介した量子ウォークの極限定理に焦点を移すことにするが，定理を紹介する前に二つほど準備をしておく．この節では極限定理の証明も行うので，具体的な計算が必要となる．そのために，以降はヒルベルト空間 $\mathcal{H}_c$ の基底ベクトルを，式 (1.42) のようにとる．したがって，この節では，確率振幅ベクトル $|\psi_t(x)\rangle$ は二次の複素ベクトル，作用素 $U, R(k)$ は 2×2 の行列である．また，以下の関数を定義しておく．実数 $a, b\,(a < b)$ に対して，関数 $I_{(a,b)}(x)$ を

$$I_{(a,b)}(x) = \begin{cases} 1 & (a < x < b) \\ 0 & (その他) \end{cases} \tag{1.131}$$

と定義する[*22]．

　準備が整ったので，極限定理を紹介しよう．最終的には一般のユニタリ作用素 $U \in U(2)$ に対する極限定理を紹介するのだが，まずは，以下の極限定理に注目する．

定理 1　時間発展作用素であるユニタリ行列を

$$U = \begin{bmatrix} \cos\theta & \sin\theta \\ \sin\theta & -\cos\theta \end{bmatrix} \qquad (\theta \in [0, \pi)) \tag{1.132}$$

ととる．パラメタ θ が，$\theta \neq 0, \pi/2$ のとき，任意の実数 x に対して，次が成り立つ．

[*22] 関数 $I_{(a,b)}(x)$ のように，$x \in (a, b)$ なら 1，$x \notin (a, b)$ なら 0 であるような関数は，「定義関数」あるいは「指示関数」とよばれる．

$$\lim_{t \to \infty} \mathbb{P}\left(\frac{X_t}{t} \leq x\right) = \int_{-\infty}^{x} \frac{\sin\theta}{\pi(1-y^2)\sqrt{\cos^2\theta - y^2}}$$

$$\times \left[1 - \left\{|\alpha|^2 - |\beta|^2 + \frac{\sin\theta(\alpha\overline{\beta} + \overline{\alpha}\beta)}{\cos\theta}\right\}y\right] I_{(-|\cos\theta|, |\cos\theta|)}(y)\, dy$$

$$(1.133)$$

これから，式 (1.133) の極限定理を導出していくが，その道のりは短くはない．したがって，最終目標とそれに向かうための中間目標を設定して，ひとつひとつの目標をクリアしながら極限定理に近づいていくことにする．

最終目標 確率変数 X_t/t の r 次モーメント（$r = 0, 1, 2, \cdots$）に対する長時間極限 $\lim_{t \to \infty} \mathbb{E}[(X_t/t)^r]$ を，積分を用いて表現する．具体的には，

$$\lim_{t \to \infty} \mathbb{E}[(X_t/t)^r] = \int_{-\infty}^{\infty} x^r f(x)\, dx \tag{1.134}$$

となるような確率密度関数 $f(x)$ を見つける．

このような収束を目標とする理由は，以下の事実に基づく．

ある一次元確率変数 Z と一次元確率変数列 $\{Y_t\}_{t=0,1,2,\cdots}$ を考える．確率変数 Z, Y_t $(t = 0, 1, 2, \cdots)$ の r 次モーメント $\mathbb{E}(Z^r), \mathbb{E}(Y_t^r)$ $(r = 0, 1, 2, \cdots)$ が有限値として存在して，$\mathbb{E}(|Y_t|^r) < \infty$, $\sum_{r=1}^{\infty} \mathbb{E}(|Y_t|^r)^{-1/r} = \infty$ であると仮定する．このとき，

$$\lim_{t \to \infty} \mathbb{E}(Y_t^r) = \mathbb{E}(Z^r) \tag{1.135}$$

であれば，累積分布関数 $\mathbb{P}(X_t \leq x)$ の任意の連続点 $x \in \mathbb{R}$ で，

$$\lim_{t \to \infty} \mathbb{P}(Y_t \leq x) = \mathbb{P}(Z \leq x) \tag{1.136}$$

が成り立つ．つまり，確率変数列 $\{Y_t\}_{t=0,1,2,\cdots}$ は，$t \to \infty$ で確率変数 Z に分布収束する．

この事実は，例えば，『岩波　数学辞典（第4版）』，149 ページの左コラム，16

〜20 行目で見ることができる[*23]. 特に, 累積分布関数 $F(x) = \mathbb{P}(Z \leq x)$ が微分可能なときは, その導関数を $f(x)$ と置くと (つまり, $(d/dx)F(x) = f(x)$), $\mathbb{E}(Z^r) = \int_{-\infty}^{\infty} x^r f(x)\,dx$, $\mathbb{P}(Z \leq x) = \int_{-\infty}^{x} f(y)\,dy$ と書けるので, 式 (1.135), (1.136) は各々,

$$\lim_{t \to \infty} \mathbb{E}(Y_t^r) = \int_{-\infty}^{\infty} x^r f(x)\,dx \tag{1.137}$$

$$\lim_{t \to \infty} \mathbb{P}(Y_t \leq x) = \int_{-\infty}^{x} f(y)\,dy \tag{1.138}$$

で置き換えることができる. なお, 関数 $f(x)$ は, 確率変数 Z の確率密度関数とよばれ, 非負値の性質 (つまり, $f(x) \geq 0$) や

$$\int_{-\infty}^{\infty} f(x)\,dx = 1 \tag{1.139}$$

という性質をもつ[*24].

よって, $Y_t = X_t/t$ ととって, ここで紹介したモーメントの収束と分布収束の関係を見直せば, 量子ウォークの極限分布関数 $\lim_{t \to \infty} \mathbb{P}(X_t/t \leq x)$ を計算するためには, 式 (1.134) の導出を試みればよいことが理解できる. ただし, モーメントにかかわる条件が満たされている必要があるので, これからチェックしていく. いまは, 初期状態が式 (1.54) であるような量子ウォークを考えているので, 式 (1.71) が成り立ち, 確率変数 X_t/t の確率分布は, $|y| > 1\,(y \in \mathbb{R})$ に対しては, $\mathbb{P}(X_t/t = y) = 0$ となる. したがって, 期待値の基本不等式 $|\mathbb{E}(X)| \leq \mathbb{E}(|X|)$ (X は確率変数) を用いると,

$$\left|\mathbb{E}\left[\left(\frac{X_t}{t}\right)^r\right]\right| \leq \mathbb{E}\left[\left|\frac{X_t}{t}\right|^r\right] = \sum_{x=-\infty}^{\infty} \left|\frac{x}{t}\right|^r \mathbb{P}(X_t = x)$$

$$= \sum_{x=-t}^{t} \left|\frac{x}{t}\right|^r \mathbb{P}(X_t = x)$$

$$\leq \sum_{x=-t}^{t} 1^r \cdot \mathbb{P}(X_t = x) = 1 \tag{1.140}$$

[*23] ここでは, 確率変数, 期待値, 分布収束の言葉で記述したが,『岩波 数学辞典 (第4版)』では, 分布, 積分, 弱収束の言葉を用いて記述されている.

[*24] 「確率変数 Z は, 確率密度関数 $f(x)$ をもつ」とも言う.

がわかり，$0 \leq |\mathbb{E}[(X_t/t)^r]|$, $\mathbb{E}[|X_t/t|^r] \leq 1$ と評価できる*25．式 (1.140) の最後の行にある不等号は，$|x| \leq t$ のもとでは，$|x/t| \leq 1$ が成り立つという事実から導かれる．この評価式 (1.140) は同時に，

$$\sum_{r=1}^{\infty} \left\{ \frac{1}{\mathbb{E}[|X_t/t|^r]} \right\}^{\frac{1}{r}} \geq \sum_{r=1}^{\infty} 1^{\frac{1}{r}} = \infty \tag{1.141}$$

であることを教えてくれる．なぜなら，$1/\mathbb{E}[|X_t/t|^r] \geq 1$ が式 (1.140) より得られるからである．まとめると，初期状態が式 (1.54) で与えられる量子ウォークに対しては，以下のことがわかる．

- 確率変数 X_t/t の r 次モーメント $\mathbb{E}[(X_t/t)^r]$ は，有限値として存在する．（式 (1.140)）

- $\mathbb{E}[|X_t/t|^r] < \infty$ である．（式 (1.140)）

- $\sum_{r=1}^{\infty} \mathbb{E}[|X_t/t|^r]^{-\frac{1}{r}} = \infty$ である．（式 (1.141)）

一方，先取りしてしまうが，本書で紹介する量子ウォークの極限定理では，式 (1.137), (1.139) に現れる積分の積分区間 $(-\infty, \infty)$ は，$0 < c < 1$ を満たす正の実数 c を用いて，有限開区間 $(-c, c)$ で置き換えることができる．これは，具体的な計算を追っていくことでわかるので，ここではいったん認めて読み進めてもらいたい．もし，式 (1.137) の右辺の積分に対して，ここで述べたような積分区間の置き換えが仮定できるならば，積分の基本不等式 $\left| \int_a^b g(x)\,dx \right| \leq \int_a^b |g(x)|\,dx$ を用いて，

$$\left| \int_{-\infty}^{\infty} x^r f(x)\,dx \right| = \left| \int_{-c}^{c} x^r f(x)\,dx \right| \leq \int_{-c}^{c} |x|^r f(x)\,dx < \int_{-c}^{c} 1^r f(x)\,dx = 1 \tag{1.142}$$

と評価される．ここで，$-c < x < c$ $(c \in (0,1))$ ならば，$|x| < 1$ であることを用いて，式 (1.142) の最後の不等号を導いた．ところで，式 (1.137) の右辺は，確率変数の言葉を用いて言いなおせば，「確率密度関数 $f(x)$ をもつ，ある確率変

---

*25　$0 \leq |\mathbb{E}[(X_t/t)^r]| \leq 1 \iff -1 \leq \mathbb{E}[(X_t/t)^r] \leq 1.$

数の r 次モーメント」である．つまり，$\int_{-\infty}^{\infty} x^r f(x)\,dx = \mathbb{E}[(\text{ある確率変数})^r]$ と解釈できる．ここで登場した "ある確率変数" こそが，まさに 48 ページで紹介したモーメントの収束と分布収束の関係に現れる確率変数 Z と見なせるのである．実際，評価式 (1.142) に戻れば，この確率変数 Z の r 次モーメント $\mathbb{E}(Z^r)$ は有限値として存在するので，モーメントの条件を満たしている．

　以上の議論をもとに，極限分布 $\lim_{t \to \infty} \mathbb{P}(X_t/t \le x)$ を得るために，これからは式 (1.134) の導出に集中していく．

中間目標 1　確率変数 X_t の r 次モーメント

$$\mathbb{E}(X_t^r) = \sum_{x=-\infty}^{\infty} x^r \mathbb{P}(X_t = x) \tag{1.143}$$

をフーリエ変換で表現する．

　この目標を達成するために，いくつかの準備計算を行う．まず，式 (1.57) により，フーリエ変換は

$$|\hat{\psi}_t(k)\rangle = \sum_{x=-\infty}^{\infty} e^{-ikx} |\psi_t(x)\rangle = \sum_{x=-t}^{t} e^{-ikx} |\psi_t(x)\rangle \tag{1.144}$$

となり，有限和で書きなおせることを思い出そう．ここで，突然ではあるが，フーリエ変換の r 次導関数を計算する．

$$\frac{d^r}{dk^r} |\hat{\psi}_t(k)\rangle = \frac{d^r}{dk^r} \sum_{x=-t}^{t} e^{-ikx} |\psi_t(x)\rangle$$

$$= \sum_{x=-t}^{t} \frac{d^r}{dk^r} e^{-ikx} |\psi_t(x)\rangle = \sum_{x=-t}^{t} (-ix)^r e^{-ikx} |\psi_t(x)\rangle \tag{1.145}$$

この結果に，i^r を乗じれば，

$$i^r \frac{d^r}{dk^r} |\hat{\psi}_t(k)\rangle = \sum_{x=-t}^{t} x^r e^{-ikx} |\psi_t(x)\rangle \tag{1.146}$$

を得る．さらに，両辺に左から $\langle \hat{\psi}_t(k)|$ を掛けると，

$$\langle \hat{\psi}_t(k)| \, i^r \frac{d^r}{dk^r} \, |\hat{\psi}_t(k)\rangle = \left(\sum_{x=-t}^{t} e^{ikx} \langle \psi_t(x)| \right) \left(\sum_{y=-t}^{t} y^r e^{-iky} |\psi_t(y)\rangle \right)$$

$$= \sum_{x=-t}^{t} \sum_{y=-t}^{t} y^r e^{ik(x-y)} \langle \psi_t(x)|\psi_t(y)\rangle \qquad (1.147)$$

が得られる．ここで，式 (1.99) を思い出しつつ，式 (1.147) を区間 $[-\pi, \pi)$ 上で積分すると，

$$\int_{-\pi}^{\pi} \langle \hat{\psi}_t(k)| \, i^r \frac{d^r}{dk^r} \, |\hat{\psi}_t(k)\rangle \, dk$$

$$= \int_{-\pi}^{\pi} \sum_{x=-t}^{t} \sum_{y=-t}^{t} y^r e^{ik(x-y)} \langle \psi_t(x)|\psi_t(y)\rangle \, dk$$

$$= \sum_{x=-t}^{t} \sum_{y=-t}^{t} \int_{-\pi}^{\pi} y^r e^{ik(x-y)} \langle \psi_t(x)|\psi_t(y)\rangle \, dk$$

$$= \sum_{x=-t}^{t} \sum_{y=-t}^{t} y^r \langle \psi_t(x)|\psi_t(y)\rangle \left(\int_{-\pi}^{\pi} e^{ik(x-y)} \, dk \right)$$

$$= \sum_{x=-t}^{t} \left\{ x^r \langle \psi_t(x)|\psi_t(x)\rangle \left(\int_{-\pi}^{\pi} e^{ik(x-x)} \, dk \right) \right.$$

$$\left. + \sum_{\substack{y=-t \\ (y \neq x)}}^{t} y^r \langle \psi_t(x)|\psi_t(y)\rangle \left(\int_{-\pi}^{\pi} e^{ik(x-y)} \, dk \right) \right\}$$

$$= 2\pi \sum_{x=-t}^{t} x^r \langle \psi_t(x)|\psi_t(x)\rangle = 2\pi \sum_{x=-\infty}^{\infty} x^r \langle \psi_t(x)|\psi_t(x)\rangle$$

$$= 2\pi \sum_{x=-\infty}^{\infty} x^r \mathbb{P}(X_t = x) = 2\pi \, \mathbb{E}(X_t^r) \qquad (1.148)$$

となる．この計算では，総和記号を無限和で表現するために，式 (1.57) を再び用いた．よって，r 次モーメントのフーリエ変換での表現

$$\mathbb{E}(X_t^r) = \frac{1}{2\pi} \int_{-\pi}^{\pi} \langle \hat{\psi}_t(k)| \, i^r \frac{d^r}{dk^r} \, |\hat{\psi}_t(k)\rangle \, dk \qquad (1.149)$$

を得る．以上の一連の計算を振り返ると，フーリエ変換の r 次導関数 (式 (1.145)) を突然計算した理由は，x^r の項を作り出すためであることがわかる．

中間目標 2 フーリエ変換 $|\hat{\psi}_t(k)\rangle$ を，行列 $R(k)U$ の固有空間で表現する．

中間目標 1 で得られたモーメントのフーリエ変換による表示を，与えられた情報（初期状態と時間発展作用素のユニタリ行列）に結びつける．式 (1.111) が成立しており，初期状態のフーリエ変換は式 (1.116) で与えられているので，あとは $R(k)U$ の t 乗がわかればよい．線形代数学で学ぶように，行列のべき乗を計算する場合は，その行列の固有値と固有ベクトルを用いて計算するのが王道である．ここでも，その方針に従って解析を進めることにする．まず，2×2 の行列 $R(k)U$ の固有値を $\lambda_j(k)\,(j=1,2)$，その固有値に対する正規化固有ベクトルを $|v_j(k)\rangle\,(j=1,2)$ とする．異なる固有値に対する固有ベクトルは線形独立であるから，$\{|v_1(k)\rangle, |v_2(k)\rangle\}$ は，$\mathbb{C}^2$ の基底になる．したがって，

$$|\hat{\psi}_0(k)\rangle = z_1(k)\,|v_1(k)\rangle + z_2(k)\,|v_2(k)\rangle \tag{1.150}$$

となる複素数 $z_1(k), z_2(k)$ が存在する．この式の両辺と固有ベクトル $|v_1(k)\rangle$，$|v_2(k)\rangle$ の内積をとると，

$$\langle v_1(k)|\hat{\psi}_0(k)\rangle = z_1(k)\,\langle v_1(k)|v_1(k)\rangle + z_2(k)\,\langle v_1(k)|v_2(k)\rangle \tag{1.151}$$

$$\langle v_2(k)|\hat{\psi}_0(k)\rangle = z_1(k)\,\langle v_2(k)|v_1(k)\rangle + z_2(k)\,\langle v_2(k)|v_2(k)\rangle \tag{1.152}$$

となる．ユニタリ行列の固有ベクトルに関しては，異なる固有値に対する固有ベクトルは直交することが知られている．よって，$\langle v_1(k)|v_2(k)\rangle = \langle v_2(k)|v_1(k)\rangle = 0$ が成り立つ．さらに，正規化固有ベクトルをとっているので，$\langle v_1(k)|v_1(k)\rangle = \langle v_2(k)|v_2(k)\rangle = 1$ である．ゆえに，式 (1.151), (1.152) より，

$$z_1(k) = \langle v_1(k)|\hat{\psi}_0(k)\rangle, \qquad z_2(k) = \langle v_2(k)|\hat{\psi}_0(k)\rangle \tag{1.153}$$

がわかる．したがって，式 (1.150) に戻れば，初期状態は

$$|\hat{\psi}_0(k)\rangle = \langle v_1(k)|\hat{\psi}_0(k)\rangle\,|v_1(k)\rangle + \langle v_2(k)|\hat{\psi}_0(k)\rangle\,|v_2(k)\rangle \tag{1.154}$$

と分解されて，行列 $R(k)U$ の固有空間 $\{|v_1(k)\rangle, |v_2(k)\rangle\}$ 上で表現される[*26]．固有値，固有ベクトルの定義より，$R(k)U|v_j(k)\rangle = \lambda_j(k)|v_j(k)\rangle$ が成り立つので，

$$
\begin{aligned}
(R(k)U)^t|\hat{\psi}_0(k)\rangle = {} & \lambda_1(k)^t \langle v_1(k)|\hat{\psi}_0(k)\rangle |v_1(k)\rangle \\
& + \lambda_2(k)^t \langle v_2(k)|\hat{\psi}_0(k)\rangle |v_2(k)\rangle
\end{aligned}
\tag{1.155}
$$

なる固有空間での表示を得る．式 (1.111), (1.155) より，

$$
|\hat{\psi}_t(k)\rangle = \lambda_1(k)^t \langle v_1(k)|\hat{\psi}_0(k)\rangle |v_1(k)\rangle + \lambda_2(k)^t \langle v_2(k)|\hat{\psi}_0(k)\rangle |v_2(k)\rangle
\tag{1.156}
$$

となり，$|\hat{\psi}_t(k)\rangle$ を初期状態 $|\hat{\psi}_0(k)\rangle$ と行列 $R(k)U$ の情報（固有値 $\lambda_j(k)$, 正規化固有ベクトル $|v_j(k)\rangle$）で表示することができた．いま，$\alpha|0\rangle + \beta|1\rangle = |\phi\rangle$ と置くと，式 (1.116) より

$$
|\hat{\psi}_0(k)\rangle = \alpha|0\rangle + \beta|1\rangle = |\phi\rangle
\tag{1.157}
$$

であるから，

$$
|\hat{\psi}_t(k)\rangle = \lambda_1(k)^t \langle v_1(k)|\phi\rangle |v_1(k)\rangle + \lambda_2(k)^t \langle v_2(k)|\phi\rangle |v_2(k)\rangle
\tag{1.158}
$$

となる．ここで，ベクトル $|\phi\rangle \in \mathcal{H}_c$ は波数 k に無関係なベクトルであることを注意しておく．

中間目標 3　フーリエ変換 $|\hat{\psi}_t(k)\rangle$ の式 (1.158) による表示に対して，r 次導関数を計算する．

　時間スケール変換 X_t/t に対して，$t \to \infty$ としたときの収束定理を導出することが最終目標であるので，十分大きな t に対して，$(d^r/dk^r)|\hat{\psi}_t(k)\rangle$ を時刻 t のオーダーで整理すると，

[*26] ここでは，$\lambda_j(k)$, $|v_j(k)\rangle$ の下添え字の仮変数に，j を用いた．下添え字の仮変数は，j である必要はないが，量子ウォークの研究では下添え字の仮変数として，i を使用することは避けたほうがよい．なぜなら，複素数の使用が必須であり，i は虚数単位 $i = \sqrt{-1}$ の意味で使われることが多いからである．

$$\frac{d^r}{dk^r}\,|\hat{\psi}_t(k)\rangle = (t)_r\Big(\lambda_1(k)^{t-r}\lambda_1'(k)^r\,\langle v_1(k)|\phi\rangle\,|v_1(k)\rangle$$

$$+\,\lambda_2(k)^{t-r}\lambda_2'(k)^r\,\langle v_2(k)|\phi\rangle\,|v_2(k)\rangle\Big)$$

$$+\,O(t^{r-1})\,|0\rangle + O(t^{r-1})\,|1\rangle \tag{1.159}$$

を得る. ここで, $(t)_r = t(t-1)(t-2)\times\cdots\times(t-r+1) = \prod_{j=t-r+1}^{t} j$,
$\lambda_j'(k) = (d/dk)\lambda_j(k)$ である. また, $O(t^{r-1})$ は, $\lim_{t\to\infty} O(t^{r-1})/t^{r-1} < \infty$ と
なるような t の関数である. つまり, t^r のオーダーの項とそれより小さい次数
オーダーの項に分別して, $(d^r/dk^r)\,|\hat{\psi}_t(k)\rangle$ を整理したのである. 以降の計算
で, $O(t^{r-1})$ の記号はたびたび登場するが, 数式変形の過程で, $O(t^{r-1})$ の具
体的な関数形は適宜変わっていく. しかし, 我々の目標とする極限定理では, t^r
のオーダーの項のみが重要になるので, $O(t^{r-1})$ の項は, たとえ, その形を変
えても, $\lim_{t\to\infty} O(t^{r-1})/t^{r-1} < \infty$ である限り, 極限定理には影響しない. した
がって, 計算過程で具体的な形を変えても, 同じ記号 $O(t^{r-1})$ を使用し続ける
ことにするので, それを念頭に入れつつ以下を読み進めてもらいたい.

中間目標 4　形式的な極限定理の導出.

　ここからは, 形式的に極限定理を得る段階に突入する. まず, 式 (1.158) に
おいて両辺の共役転置をとると,

$$\langle\hat{\psi}_t(k)| = \overline{\lambda_1(k)}^t\cdot\overline{\langle v_1(k)|\phi\rangle}\,\langle v_1(k)| + \overline{\lambda_2(k)}^t\cdot\overline{\langle v_2(k)|\phi\rangle}\,\langle v_2(k)|$$

$$\tag{1.160}$$

となる. ここで, 次の計算を行うために, 固有値 $\lambda_j(k)$ と正規化固有ベクトル
$|v_j(k)\rangle$ の性質を確認しておこう. 行列 $R(k), U$ はともにユニタリ行列なので,
その積 $R(k)U$ もユニタリ行列である. ユニタリ行列の固有値は複素平面上で原
点を中心とする単位円周上に分布することが, 一般論として知られている. つ
まり, $|\lambda_j(k)| = 1$ である. したがって, $\overline{\lambda_j(k)}\lambda_j(k) = \lambda_j(k)\overline{\lambda_j(k)} = 1$ が成立
する. また, 中間目標 2 でも触れたことだが, ベクトル $|v_1(k)\rangle, |v_2(k)\rangle$ はユニ
タリ行列 $R(k)U$ の正規化固有ベクトルなので,

$$\langle v_1(k)|v_1(k)\rangle = \langle v_2(k)|v_2(k)\rangle = 1, \quad \langle v_1(k)|v_2(k)\rangle = \langle v_2(k)|v_1(k)\rangle = 0$$
$$(1.161)$$

が成立する．式 (1.161) も，ユニタリ行列に対する一般論によるものである．固有値 $\lambda_j(k)$，正規化固有ベクトル $|v_j(k)\rangle$ に関するこれらの性質を考慮すると，式 (1.159)，(1.160) より，

$$
\begin{aligned}
&\langle \hat{\psi}_t(k)| \frac{d^r}{dk^r} |\hat{\psi}_t(k)\rangle \\
&= (t)_r \left(\overline{\lambda_1(k)}^t \cdot \overline{\langle v_1(k)|\phi\rangle} \langle v_1(k)| + \overline{\lambda_2(k)}^t \cdot \overline{\langle v_2(k)|\phi\rangle} \langle v_2(k)| \right) \\
&\quad \times \left(\lambda_1(k)^{t-r} \lambda_1'(k)^r \langle v_1(k)|\phi\rangle |v_1(k)\rangle + \lambda_2(k)^{t-r} \lambda_2'(k)^r \langle v_2(k)|\phi\rangle |v_2(k)\rangle \right) \\
&\quad + O(t^{r-1}) \\
&= (t)_r \left\{ \left(\frac{\lambda_1'(k)}{\lambda_1(k)} \right)^r \left| \langle v_1(k)|\phi\rangle \right|^2 + \left(\frac{\lambda_2'(k)}{\lambda_2(k)} \right)^r \left| \langle v_2(k)|\phi\rangle \right|^2 \right\} + O(t^{r-1})
\end{aligned}
$$
$$(1.162)$$

と計算される．この計算結果に，i^r を掛けた式を用いて，式 (1.149) の右辺を書きかえると，

$$
\begin{aligned}
\mathbb{E}(X_t^r) &= \frac{1}{2\pi} \int_{-\pi}^{\pi} \langle \hat{\psi}_t(k)| \, i^r \frac{d^r}{dk^r} |\hat{\psi}_t(k)\rangle \, dk \\
&= (t)_r \cdot \frac{1}{2\pi} \int_{-\pi}^{\pi} \left\{ \left(\frac{i\lambda_1'(k)}{\lambda_1(k)} \right)^r \left| \langle v_1(k)|\phi\rangle \right|^2 + \left(\frac{i\lambda_2'(k)}{\lambda_2(k)} \right)^r \left| \langle v_2(k)|\phi\rangle \right|^2 \right\} dk \\
&\quad + O(t^{r-1})
\end{aligned}
$$
$$(1.163)$$

となる．よって，十分大きな t をとって，式 (1.163) の両辺を t^r で割ると，

$$
\begin{aligned}
&\frac{\mathbb{E}(X_t^r)}{t^r} \\
&= \frac{(t)_r}{t^r} \cdot \frac{1}{2\pi} \int_{-\pi}^{\pi} \left\{ \left(\frac{i\lambda_1'(k)}{\lambda_1(k)} \right)^r \left| \langle v_1(k)|\phi\rangle \right|^2 + \left(\frac{i\lambda_2'(k)}{\lambda_2(k)} \right)^r \left| \langle v_2(k)|\phi\rangle \right|^2 \right\} dk \\
&\quad + \frac{O(t^{r-1})}{t^r}
\end{aligned}
$$
$$(1.164)$$

となる．極限移行

$$\lim_{t\to\infty} \frac{(t)_r}{t^r} = \lim_{t\to\infty} \frac{t(t-1)(t-2) \times \cdots \times (t-r+1)}{t^r} = 1 \qquad (1.165)$$

$$\lim_{t \to \infty} \frac{O(t^{r-1})}{t^r} = \lim_{t \to \infty} \frac{O(t^{r-1})}{t^{r-1}} \cdot \frac{1}{t} = 0 \tag{1.166}$$

を考慮すると，以下の収束を得る．

$$\lim_{t \to \infty} \frac{\mathbb{E}(X_t^r)}{t^r}$$
$$= \frac{1}{2\pi} \int_{-\pi}^{\pi} \left\{ \left(\frac{i\lambda_1'(k)}{\lambda_1(k)} \right)^r \left| \langle v_1(k)|\phi \rangle \right|^2 + \left(\frac{i\lambda_2'(k)}{\lambda_2(k)} \right)^r \left| \langle v_2(k)|\phi \rangle \right|^2 \right\} dk \tag{1.167}$$

ここで，t^r は確率法則 $\mathbb{P}$ には関係のない数なので，期待値記号 $\mathbb{E}(\cdot)$ の括弧の中に入れることができる．つまり，$\mathbb{E}(X_t^r)/t^r = \mathbb{E}(X_t^r/t^r) = \mathbb{E}[(X_t/t)^r]$ と変形できるので，式 (1.167) は，

$$\lim_{t \to \infty} \mathbb{E}\left[\left(\frac{X_t}{t} \right)^r \right]$$
$$= \frac{1}{2\pi} \int_{-\pi}^{\pi} \left\{ \left(\frac{i\lambda_1'(k)}{\lambda_1(k)} \right)^r \left| \langle v_1(k)|\phi \rangle \right|^2 + \left(\frac{i\lambda_2'(k)}{\lambda_2(k)} \right)^r \left| \langle v_2(k)|\phi \rangle \right|^2 \right\} dk \tag{1.168}$$

と書ける．この収束は，時刻 t における量子ウォーカーの位置 X_t を時刻 t でスケーリングした確率変数 X_t/t に対するモーメント収束を意味している．つまり，確率変数 X_t/t に対する，$t \to \infty$ としたときの，ある極限定理が形式的に導かれる．

中間目標 5　置換積分を行う．

さて，式 (1.168) を見ると，被積分関数が $(i\lambda_1'(k)/\lambda_1(k))^r$, $(i\lambda_2'(k)/\lambda_2(k))^r$ の項を含んでいることがわかる．我々の最終目標でも，x^r が被積分関数の中に含まれており，形式的には，その最終目標に近づいていることが感じられる．そこで，式 (1.168) を

$$\frac{1}{2\pi} \int_{-\pi}^{\pi} \left(\frac{i\lambda_1'(k)}{\lambda_1(k)} \right)^r \left| \langle v_1(k)|\phi \rangle \right|^2 dk + \frac{1}{2\pi} \int_{-\pi}^{\pi} \left(\frac{i\lambda_2'(k)}{\lambda_2(k)} \right)^r \left| \langle v_2(k)|\phi \rangle \right|^2 dk \tag{1.169}$$

のように二つの積分に分けて，被積分関数に x^r の項を作り出すために，第 1 項

では $i\lambda_1'(k)/\lambda_1(k) = x$, 第 2 項では $i\lambda_2'(k)/\lambda_2(k) = x$ の置換積分を行う. この置換積分によって, 波数空間の情報から実空間の情報を取り出すことができ, その情報がまさに長時間後の量子ウォークの挙動を教えてくれる極限定理なのである. 被積分関数の置換が終わると目的の極限分布が導出できるのだが, じつは, この置換積分の計算が一番大変な作業となる.

さて, 具体的な計算を実行していこう. いま, 式 (1.108) を思い出すと,

$$
R(k)U = \begin{bmatrix} e^{ik} & 0 \\ 0 & e^{-ik} \end{bmatrix} \begin{bmatrix} \cos\theta & \sin\theta \\ \sin\theta & -\cos\theta \end{bmatrix} = \begin{bmatrix} e^{ik}\cos\theta & e^{ik}\sin\theta \\ e^{-ik}\sin\theta & -e^{-ik}\cos\theta \end{bmatrix}
$$

$$(1.170)$$

と計算される. ここで, 以降の計算における計算式を見やすくするために, $\cos\theta = c, \sin\theta = s$ と略記することにする. また, $\theta \in (0,\pi), \theta \neq \pi/2$ を考えているので,

$$
-1 < c < 1, \quad c \neq 0, \quad 0 < s < 1 \tag{1.171}
$$

であることに注意しよう. 行列 $R(k)U$ の二つの固有値 $\lambda_j(k)\,(j=1,2)$ は, $R(k)U$ の固有方程式を

$$
\det \begin{bmatrix} e^{ik}c - \lambda & e^{ik}s \\ e^{-ik}s & -e^{-ik}c - \lambda \end{bmatrix} = 0
$$

$$
\Longleftrightarrow (e^{ik}c - \lambda)(-e^{-ik}c - \lambda) - s^2 = 0
$$

$$
\Longleftrightarrow \lambda^2 - (e^{ik} - e^{-ik})c\,\lambda - c^2 - s^2 = 0
$$

$$
\Longleftrightarrow \lambda^2 - 2ic\sin k \cdot \lambda - 1 = 0
$$

$$
\Longleftrightarrow \lambda = \pm\sqrt{1 - c^2\sin^2 k} + ic\sin k \tag{1.172}
$$

と解くことで,

$$
\lambda_1(k) = \sqrt{1 - c^2\sin^2 k} + ic\sin k, \quad \lambda_2(k) = -\sqrt{1 - c^2\sin^2 k} + ic\sin k
$$

$$(1.173)$$

となる. 式 (1.171) より, $c^2\sin^2 k < \sin^2 k \leq 1$ と評価できるので, 式 (1.173)

に見られる根号の中身は正値（つまり，$1 - c^2 \sin^2 k > 0$）である．先に述べたように，$|\lambda_j(k)| = 1$ が成り立つ（55 ページ参照）．式 (1.173) の固有値の大きさも計算してみると，

$$
\begin{aligned}
|\lambda_1(k)| &= \sqrt{\left(\sqrt{1 - c^2 \sin^2 k}\right)^2 + (c \sin k)^2} \\
&= \sqrt{1 - c^2 \sin^2 k + c^2 \sin^2 k} = 1
\end{aligned}
\tag{1.174}
$$

$$
\begin{aligned}
|\lambda_2(k)| &= \sqrt{\left(-\sqrt{1 - c^2 \sin^2 k}\right)^2 + (c \sin k)^2} \\
&= \sqrt{1 - c^2 \sin^2 k + c^2 \sin^2 k} = 1
\end{aligned}
\tag{1.175}
$$

となり，確かに $|\lambda_1(k)| = |\lambda_2(k)| = 1$ となっている．計算量の多い計算を行う場合は，初期段階での計算間違いは大きな時間のロスになる．量子ウォークの計算では，このような小さなチェックも踏まえつつ計算を進めたい．固有値の導関数は，

$$
\lambda_1'(k) = \frac{d}{dk} \lambda_1(k) = \frac{ic \cos k}{\sqrt{1 - c^2 \sin^2 k}} \left(\sqrt{1 - c^2 \sin^2 k} + ic \sin k\right)
\tag{1.176}
$$

$$
\lambda_2'(k) = \frac{d}{dk} \lambda_2(k) = -\frac{ic \cos k}{\sqrt{1 - c^2 \sin^2 k}} \left(-\sqrt{1 - c^2 \sin^2 k} + ic \sin k\right)
\tag{1.177}
$$

となる．よって，

$$
\frac{i\lambda_1'(k)}{\lambda_1(k)} = -\frac{c \cos k}{\sqrt{1 - c^2 \sin^2 k}}, \qquad \frac{i\lambda_2'(k)}{\lambda_2(k)} = \frac{c \cos k}{\sqrt{1 - c^2 \sin^2 k}}
\tag{1.178}
$$

となる．ここで，$i\lambda_j'(k)/\lambda_j(k)$ は必ず実関数となっていることを確認されたい．なぜなら，先にも述べたように，ユニタリ行列の固有値は複素平面上で原点を中心とする単位円周上にある．したがって，ある実関数 $\nu_j(k)\,(j = 1, 2)$ が存在して，$\lambda_j(k) = e^{i\nu_j(k)}$ と書けるはずである．この表記に対する固有値の導関数は，$\lambda_j'(k) = i\nu_j'(k)e^{i\nu_j(k)}$ となるので，$i\lambda_j'(k)/\lambda_j(k) = i \cdot i\nu_j'(k)e^{i\nu_j(k)}/e^{i\nu_j(k)} = -\nu_j'(k)$ を得る．関数 $\nu_j(k)$ は実関数なので，その導関数 $\nu_j'(k)$ も実関数である．よって，$i\lambda_j'(k)/\lambda_j(k)$ は実関数になる．この事実に式 (1.178) の計算結果は矛

盾しないので，一般論との整合性が確認される．

また，正規化固有ベクトルを求めるために，$x_j, y_j\,(j \in \{1,2\})$ の連立方程式

$$
\begin{bmatrix} e^{ik}c & e^{ik}s \\ e^{-ik}s & -e^{-ik}c \end{bmatrix} \begin{bmatrix} x_j \\ y_j \end{bmatrix} = \lambda_j(k) \begin{bmatrix} x_j \\ y_j \end{bmatrix}
$$

$$
\Longleftrightarrow \begin{cases} e^{ik}c\,x_j & + & e^{ik}s\,y_j & = & \lambda_j(k)\,x_j \\ e^{-ik}s\,x_j & - & e^{-ik}c\,y_j & = & \lambda_j(k)\,y_j \end{cases}
$$

$$
\Longleftrightarrow \begin{cases} (e^{ik}c - \lambda_j(k))\,x_j & + & e^{ik}s\,y_j & & & = & 0 \\ e^{-ik}s\,x_j & & & - & (e^{-ik}c + \lambda_j(k))\,y_j & = & 0 \end{cases} \tag{1.179}
$$

を解く．ここで，

$$
e^{ik}c - \left(\pm\sqrt{1 - c^2\sin^2 k} + ic\sin k \right) = c\cos k \mp \sqrt{1 - c^2\sin^2 k} \tag{1.180}
$$

$$
e^{-ik}c + \left(\pm\sqrt{1 - c^2\sin^2 k} + ic\sin k \right) = c\cos k \pm \sqrt{1 - c^2\sin^2 k} \tag{1.181}
$$

なので，式 (1.173) を思い出せば，$j = 1, 2$ に対して，

$$
(e^{ik}c - \lambda_j(k))(e^{-ik}c + \lambda_j(k)) = c^2\cos^2 k - (1 - c^2\sin^2 k)
$$

$$
= c^2(\cos^2 k + \sin^2 k) - 1 = c^2 - 1 = -s^2 \tag{1.182}
$$

が成り立つ．いまは，式 (1.171) が成立しているので，式 (1.182) より，$e^{ik}c - \lambda_j(k)$, $e^{-ik}c + \lambda_j(k) \neq 0$ がわかる．このことを踏まえて，式 (1.179) を解くことに話を戻す．式 (1.179) の第二方程式の両辺に，$e^{ik}c - \lambda_j(k)$ を掛けて，式 (1.182) の計算結果を用いると，

$$
(e^{ik}c - \lambda_j(k))\{ e^{-ik}s\,x_j - (e^{-ik}c + \lambda_j(k))\,y_j \} = 0
$$

$$
\Longleftrightarrow (e^{ik}c - \lambda_j(k))e^{-ik}s\,x_j - (e^{ik}c - \lambda_j(k))(e^{-ik}c + \lambda_j(k))\,y_j = 0
$$

$$
\Longleftrightarrow (e^{ik}c - \lambda_j(k))e^{-ik}s\,x_j + s^2\,y_j = 0 \tag{1.183}
$$

となり，さらに両辺に e^{ik}/s を掛けることで，

$$
(e^{ik}c - \lambda_j(k))\,x_j + e^{ik}s\,y_j = 0 \tag{1.184}
$$

を得る. 先ほど議論したように $e^{ik}c - \lambda_j(k) \neq 0$ であり, しかも, $e^{ik}/s \neq 0$ であるから, この方程式は式 (1.179) の第二方程式と同値である. つまり, 式 (1.184) の両辺に, $s/e^{ik}, 1/(e^{ik}c - \lambda_j(k)) \neq 0$ の二つを掛けることで, 式 (1.179) の第二方程式を得ることができる. この同値変形で得られた式 (1.184) は, 式 (1.179) の第一方程式と同じであるから,

$$\begin{cases} (e^{ik}c - \lambda_j(k))\,x_j & + & e^{ik}s\,y_j & = & 0 \\ e^{-ik}s\,x_j & - & (e^{-ik}c + \lambda_j(k))\,y_j & = & 0 \end{cases}$$
$$\Longleftrightarrow (e^{ik}c - \lambda_j(k))\,x_j + e^{ik}s\,y_j = 0 \tag{1.185}$$

がわかり, 一本の方程式を解くことに帰着される. この一本の方程式には, 二元 x_j, y_j が含まれているので, 解の扱いには気をつけなくてはならない. 方程式 (1.185) を

$$x_j = \frac{e^{ik}s}{e^{ik}c - \lambda_j(k)}y_j \tag{1.186}$$

と変形すると, $A_j\,(j \in \{1,2\})$ を任意の定数として,

$$x_j = A_j e^{ik}s, \quad y_j = A_j(e^{ik}c - \lambda_j(k)) \tag{1.187}$$

が式 (1.186) を満たすことはすぐわかる[*27]. 定数 A_j は任意にとれるので, 解は一意には決まらず無数にある. じつは, 解が一意に決まらないことは, 線形代数学の一般論からもわかる. それは以下のように説明される. 式 (1.179) を行列で再表示すれば,

$$\begin{bmatrix} e^{ik}c - \lambda_j(k) & e^{ik}s \\ e^{-ik}s & -e^{-ik}c - \lambda_j(k) \end{bmatrix} \begin{bmatrix} x_j \\ y_j \end{bmatrix} = \begin{bmatrix} 0 \\ 0 \end{bmatrix} \tag{1.188}$$

であり, 固有値 $\lambda_j(k)$ は式 (1.172) を満たすので, 左辺にある係数行列の行列式は

[*27]　任意定数 $A_j\,(j = 1, 2)$ は, 変数 k, θ を含んでも構わない. いまは, k, θ を固定して考えているので, その意味で定数である.

$$\det \begin{bmatrix} e^{ik}c - \lambda_j(k) & e^{ik}s \\ e^{-ik}s & -e^{-ik}c - \lambda_j(k) \end{bmatrix} = 0 \tag{1.189}$$

となる．線形代数学の知識より，ある行列が逆行列をもたないための必要十分条件は，その行列の行列式 $= 0$ であるから，係数行列

$$\begin{bmatrix} e^{ik}c - \lambda_j(k) & e^{ik}s \\ e^{-ik}s & -e^{-ik}c - \lambda_j(k) \end{bmatrix} \tag{1.190}$$

は逆行列をもたない[*28]．つまり，この係数行列は正則ではない[*29]．さらに，係数行列が正則ではない場合，連立方程式は解をもたないか，あるいは解を無数にもつことが知られている．いまの場合，式 (1.188) の右辺は零ベクトルなので，明らかに $x_j = y_j = 0$ はこの連立方程式を満たす．したがって，自明な解（自明解）$x_j = y_j = 0$ をもつので，連立方程式が解をもたない場合は排除される．つまり，式 (1.187) の結果は，方程式が解を無数にもつ場合であり，一般論と整合性をもつ．

さて，式 (1.187) に，式 (1.173) を代入すれば，

$$x_1 = A_1 e^{ik}s, \qquad y_1 = A_1 \left(-c\cos k + \sqrt{1 - c^2 \sin^2 k} \right) \tag{1.191}$$

$$x_2 = A_2 e^{ik}s, \qquad y_2 = A_2 \left(-c\cos k - \sqrt{1 - c^2 \sin^2 k} \right) \tag{1.192}$$

となる．固有値 $\lambda_j(k)$ に対する行列 $R(k)U$ の正規化固有ベクトル $|v_j(k)\rangle$ $(j = 1, 2)$ は，$R(k)U |v_j(k)\rangle = \lambda_j(k) |v_j(k)\rangle$ を満たすベクトルなので，式 (1.191)，(1.192) より，その表現として，

$$|v_1(k)\rangle = \frac{1}{\sqrt{N_1(k)}} \begin{bmatrix} se^{ik} \\ -c\cos k + \sqrt{1 - c^2 \sin^2 k} \end{bmatrix} \tag{1.193}$$

$$|v_2(k)\rangle = \frac{1}{\sqrt{N_2(k)}} \begin{bmatrix} se^{ik} \\ -c\cos k - \sqrt{1 - c^2 \sin^2 k} \end{bmatrix} \tag{1.194}$$

[*28] ある行列が逆行列をもつための必要十分条件は，その行列の行列式 $\neq 0$ である．この命題の対偶が本文に書かれていることである．

[*29] ある行列が逆行列をもつとき，その行列は正則であると言われる．

がとれる[*30]. ただし, $N_j(k)\,(j=1,2)$ は正規化因子であり,

$$N_1(k) = 2\left(1 - c^2\sin^2 k - c\cos k\sqrt{1 - c^2\sin^2 k}\right) \tag{1.195}$$

$$N_2(k) = 2\left(1 - c^2\sin^2 k + c\cos k\sqrt{1 - c^2\sin^2 k}\right) \tag{1.196}$$

である. つまり, $\langle v_j(k)|v_j(k)\rangle = 1$ となるように, $N_j(k)$ をとってある. ここで, 式 (1.171) のもとでは, $N_j(k) > 0\,(k \in [-\pi, \pi))$ が保証される. また, 式 (1.161) より, $\langle v_1(k)|v_2(k)\rangle = \langle v_2(k)|v_1(k)\rangle = 0$ が成り立っているはずである. 実際に, 式 (1.193), (1.194) を用いて, $\langle v_1(k)|v_2(k)\rangle$, $\langle v_2(k)|v_1(k)\rangle$ を計算してみると,

$$
\begin{aligned}
&\langle v_1(k)|v_2(k)\rangle \\
&= \frac{1}{\sqrt{N_1(k)N_2(k)}}\begin{bmatrix} se^{ik} \\ -c\cos k + \sqrt{1 - c^2\sin^2 k} \end{bmatrix}^{\dagger}\begin{bmatrix} se^{ik} \\ -c\cos k - \sqrt{1 - c^2\sin^2 k} \end{bmatrix} \\
&= \frac{1}{\sqrt{N_1(k)N_2(k)}}\begin{bmatrix} se^{-ik} \\ -c\cos k + \sqrt{1 - c^2\sin^2 k} \end{bmatrix}^{T}\begin{bmatrix} se^{ik} \\ -c\cos k - \sqrt{1 - c^2\sin^2 k} \end{bmatrix} \\
&= \frac{1}{\sqrt{N_1(k)N_2(k)}}\left\{ se^{-ik}\cdot se^{ik} + \left(-c\cos k + \sqrt{1 - c^2\sin^2 k}\right)\right. \\
&\hspace{4cm}\left.\times\left(-c\cos k - \sqrt{1 - c^2\sin^2 k}\right)\right\} \\
&= \frac{1}{\sqrt{N_1(k)N_2(k)}}\left\{ s^2 + c^2\cos^2 k - (1 - c^2\sin^2 k)\right\} \\
&= \frac{1}{\sqrt{N_1(k)N_2(k)}}(s^2 + c^2 - 1) = 0 \tag{1.197}
\end{aligned}
$$

$$
\begin{aligned}
&\langle v_2(k)|v_1(k)\rangle \\
&= \frac{1}{\sqrt{N_1(k)N_2(k)}}\begin{bmatrix} se^{ik} \\ -c\cos k - \sqrt{1 - c^2\sin^2 k} \end{bmatrix}^{\dagger}\begin{bmatrix} se^{ik} \\ -c\cos k + \sqrt{1 - c^2\sin^2 k} \end{bmatrix}
\end{aligned}
$$

[*30]　固有ベクトルの表現は一意ではない. 固有ベクトルの定数倍も, 固有ベクトルとなるからである. 上記以外の表現もあるが, 今回はこのような正規化固有ベクトルによる表現を採用する.

$$= \frac{1}{\sqrt{N_1(k)N_2(k)}} \begin{bmatrix} se^{-ik} \\ -c\cos k - \sqrt{1-c^2\sin^2 k} \end{bmatrix}^T \begin{bmatrix} se^{ik} \\ -c\cos k + \sqrt{1-c^2\sin^2 k} \end{bmatrix}$$

$$= \frac{1}{\sqrt{N_1(k)N_2(k)}} \left\{ se^{-ik} \cdot se^{ik} + \left(-c\cos k - \sqrt{1-c^2\sin^2 k}\right) \right.$$
$$\left. \times \left(-c\cos k + \sqrt{1-c^2\sin^2 k}\right) \right\}$$

$$= \frac{1}{\sqrt{N_1(k)N_2(k)}} \left\{ s^2 + c^2\cos^2 k - (1-c^2\sin^2 k) \right\}$$

$$= \frac{1}{\sqrt{N_1(k)N_2(k)}} (s^2 + c^2 - 1) = 0 \tag{1.198}$$

となり，両方ともに 0 になるので，固有ベクトルの計算結果に対するチェックが完了する.

次に，$\left|\langle v_j(k)|\phi\rangle\right|^2$ の計算を行うのだが，そのために以下の計算をしておく.

$$\left| \begin{bmatrix} se^{-ik} \\ -c\cos k \pm \sqrt{1-c^2\sin^2 k} \end{bmatrix} \cdot \begin{bmatrix} \alpha \\ \beta \end{bmatrix} \right|^2$$

$$= \left| s\alpha e^{-ik} + \left(-c\cos k \pm \sqrt{1-c^2\sin^2 k}\right)\beta \right|^2$$

$$= s^2|\alpha|^2 + \left(-c\cos k \pm \sqrt{1-c^2\sin^2 k}\right)^2 |\beta|^2$$
$$+ 2\Re\left(s\alpha e^{-ik} \left(-c\cos k \pm \sqrt{1-c^2\sin^2 k}\right)\overline{\beta} \right)$$

$$= s^2|\alpha|^2 + \left(-c\cos k \pm \sqrt{1-c^2\sin^2 k}\right)^2 |\beta|^2$$
$$+ 2s\left(-c\cos k \pm \sqrt{1-c^2\sin^2 k}\right)\left\{ \Re(\alpha\overline{\beta})\cos k + \Im(\alpha\overline{\beta})\sin k \right\} \tag{1.199}$$

ここで，複素数 $z_1 = x_1 + iy_1$, $z_2 = x_2 + iy_2$ (x_1, y_1, x_2, y_2 は実数) に対して，

$$\Re(z_1 z_2) = \Re((x_1 + iy_1)(x_2 + iy_2))$$
$$= \Re(x_1 x_2 - y_1 y_2 + i(x_1 y_2 + y_1 y_2)) = x_1 x_2 - y_1 y_2$$
$$= \Re(z_1)\Re(z_2) - \Im(z_1)\Im(z_2) \tag{1.200}$$

という関係があるので，この関係を式 (1.199) の変形で用いた．したがって，

$$\left|\langle v_1(k)|\phi\rangle\right|^2$$

$$= \frac{1}{N_1(k)} \left| \begin{bmatrix} se^{-ik} \\ -c\cos k + \sqrt{1 - c^2 \sin^2 k} \end{bmatrix} \cdot \begin{bmatrix} \alpha \\ \beta \end{bmatrix} \right|^2$$

$$= \frac{1}{N_1(k)} \left[s^2 |\alpha|^2 + \left(-c\cos k + \sqrt{1 - c^2 \sin^2 k}\right)^2 |\beta|^2 \right.$$

$$\left. + 2s \left(-c\cos k + \sqrt{1 - c^2 \sin^2 k}\right) \left\{ \Re(\alpha\overline{\beta})\cos k + \Im(\alpha\overline{\beta})\sin k \right\} \right]$$

$$\text{(1.201)}$$

$$\left|\langle v_2(k)|\phi\rangle\right|^2$$

$$= \frac{1}{N_2(k)} \left| \begin{bmatrix} se^{-ik} \\ -c\cos k - \sqrt{1 - c^2 \sin^2 k} \end{bmatrix} \cdot \begin{bmatrix} \alpha \\ \beta \end{bmatrix} \right|^2$$

$$= \frac{1}{N_2(k)} \left[s^2 |\alpha|^2 + \left(-c\cos k - \sqrt{1 - c^2 \sin^2 k}\right)^2 |\beta|^2 \right.$$

$$\left. + 2s \left(-c\cos k - \sqrt{1 - c^2 \sin^2 k}\right) \left\{ \Re(\alpha\overline{\beta})\cos k + \Im(\alpha\overline{\beta})\sin k \right\} \right]$$

$$\text{(1.202)}$$

と計算される．以上の情報を得たので置換積分は実行可能になるのだが，その前処理として，得られた各関数の対称性を利用して積分区間の縮小を行う（縮小する理由は，あとで述べる）．まず，$h(k) = c\cos k / \sqrt{1 - c^2 \sin^2 k}$ と置く．すると，$i\lambda_1'(k)/\lambda_1(k) = -h(k)$, $i\lambda_2'(k)/\lambda_2(k) = h(k)$ と書ける．この関数 $h(k)$ の挙動を調べるために，$y = h(k)\,(k \in [-\pi, \pi))$ のグラフを描いてみよう．導関数を計算すると，

$$h'(k) = \frac{d}{dk} h(k) = -\frac{cs^2 \sin k}{(1 - c^2 \sin^2 k)^{\frac{3}{2}}} \tag{1.203}$$

となり，$h'(k) = 0$ となる $k \in [-\pi, \pi)$ の値は，$k = -\pi, 0$ であることがわかる．これらの k に対する $h(k)$ の値は，$h(-\pi) = -c$, $h(0) = c$ と計算される．パラメタ $\theta \in (0, \pi)\,(\theta \neq \pi/2)$ の値によって，$c = \cos\theta$ の正負が変わることに注意すると，増減表として表 1.3 が得られて，図 1.26 のように $y = h(k)$ のグラフが描ける（参考のため，$y = h'(k)$ のグラフも図 1.27 に併せて挙げてお

表 1.3　関数 $h(k)$ の増減表

(a) $0 < \theta < \pi/2$ のとき

k	$-\pi$		0		(π)
$h'(k)$	0	$+$	0	$-$	(0)
$h(k)$	$-c$	↗	c	↘	$(-c)$

(b) $\pi/2 < \theta < \pi$ のとき

k	$-\pi$		0		(π)
$h'(k)$	0	$-$	0	$+$	(0)
$h(k)$	$-c$	↘	c	↗	$(-c)$

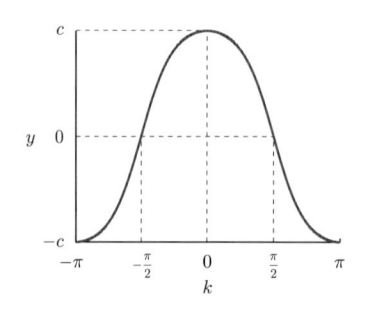

(a) $0 < \theta < \pi/2$ のとき

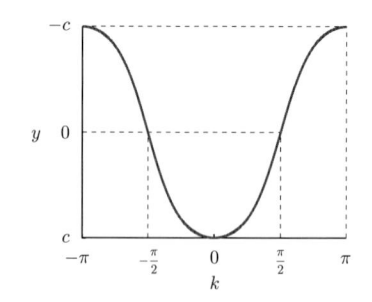

(b) $\pi/2 < \theta < \pi$ のとき

図 1.26　$y = h(k)$ のグラフの例

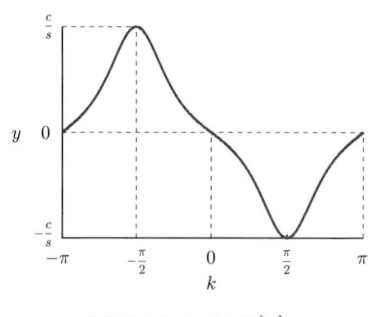

(a) $0 < \theta < \pi/2$ のとき

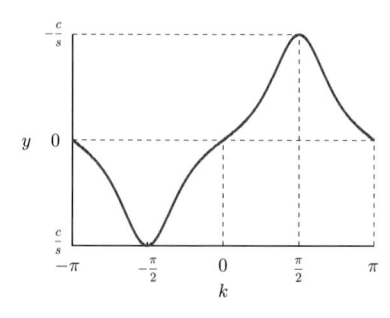

(b) $\pi/2 < \theta < \pi$ のとき

図 1.27　$y = h'(k)$ のグラフの例

く）．なお，$h(-k) = h(k)$ が成り立つので，関数 $h(k)$ は $k = 0$ に関して偶関数である．さらに，$h(k - \pi/2) = -h(k + \pi/2)$ も成り立つので，$h(-k) = h(k)$ の関係式を併せれば，関数 $h(k)$ は $k = \pm\pi/2$ に関して奇関数であることもわかる．

関数 $h(k)$ のもつ性質 $h(-k) = h(k)$ を利用して，積分区間の縮小を実行す

ると,

$$\int_{-\pi}^{\pi} \left(\frac{i\lambda_1'(k)}{\lambda_1(k)}\right)^r \left|\langle v_1(k)|\phi\rangle\right|^2 dk = \int_{-\pi}^{\pi} (-h(k))^r \left|\langle v_1(k)|\phi\rangle\right|^2 dk$$

$$= \int_0^{\pi} + \int_{-\pi}^0$$

$$= \int_0^{\pi} + \int_{\pi}^0 (-h(-k))^r \left|\langle v_1(-k)|\phi\rangle\right|^2 (-dk)$$

$$= \int_0^{\pi} + \int_0^{\pi} (-h(k))^r \left|\langle v_1(-k)|\phi\rangle\right|^2 dk$$

$$= \int_0^{\pi} (-h(k))^r \left\{ \left|\langle v_1(k)|\phi\rangle\right|^2 + \left|\langle v_1(-k)|\phi\rangle\right|^2 \right\} dk \tag{1.204}$$

となる. 同様の計算により,

$$\int_{-\pi}^{\pi} \left(\frac{i\lambda_2'(k)}{\lambda_2(k)}\right)^r \left|\langle v_2(k)|\phi\rangle\right|^2 dk = \int_{-\pi}^{\pi} h(k)^r \left|\langle v_2(k)|\phi\rangle\right|^2 dk$$

$$= \int_0^{\pi} h(k)^r \left\{ \left|\langle v_2(k)|\phi\rangle\right|^2 + \left|\langle v_2(-k)|\phi\rangle\right|^2 \right\} dk \tag{1.205}$$

となり, 積分区間が $[-\pi, \pi)$ から $[0, \pi)$ に縮小される. 関数 $N_j(k)\,(j = 1, 2)$ が, $N_j(-k) = N_j(k)$ の性質をもつことを考慮して, 式 (1.201), (1.202) を用いると,

$$\left|\langle v_1(k)|\phi\rangle\right|^2 + \left|\langle v_1(-k)|\phi\rangle\right|^2$$

$$= \frac{2}{N_1(k)} \Big\{ s^2|\alpha|^2 + \left(-c\cos k + \sqrt{1 - c^2\sin^2 k}\right)^2 |\beta|^2$$

$$+ 2s\Re(\alpha\overline{\beta}) \left(-c\cos k + \sqrt{1 - c^2\sin^2 k}\right) \cos k \Big\} \tag{1.206}$$

$$\left|\langle v_2(k)|\phi\rangle\right|^2 + \left|\langle v_2(-k)|\phi\rangle\right|^2$$

$$= \frac{2}{N_2(k)} \Big\{ s^2|\alpha|^2 + \left(-c\cos k - \sqrt{1 - c^2\sin^2 k}\right)^2 |\beta|^2$$

$$+ 2s\Re(\alpha\overline{\beta}) \left(-c\cos k - \sqrt{1 - c^2\sin^2 k}\right) \cos k \Big\} \tag{1.207}$$

と計算される.

これから, $0 \le k < \pi$ のもとで, $h(k) = x$ の変数変換を行い, 置換積分を実行する. 置換積分を行うには, $h(k)$ の逆関数 h^{-1} が必要となるので, あらか

じめ求めておこう．なお，$h(k)\,(k \in [0,\pi))$ は 1 対 1 の関数であるので，関数 h の逆関数 h^{-1} は存在する（図 1.26 参照）．逆関数 h^{-1} を求めるには，方程式 $x = h(k)$ を満たす k を求めればよいので，そのためにまず，

$$x = \frac{c \cos k}{\sqrt{1 - c^2 \sin^2 k}} \tag{1.208}$$

の両辺を二乗して，

$$
\begin{aligned}
x^2 = \frac{c^2 \cos^2 k}{1 - c^2 \sin^2 k} &\Longleftrightarrow x^2(1 - c^2 \sin^2 k) = c^2 \cos^2 k \\
&\Longleftrightarrow x^2\left\{1 - c^2(1 - \cos^2 k)\right\} = c^2 \cos^2 k \\
&\Longleftrightarrow x^2(s^2 + c^2 \cos^2 k) = c^2 \cos^2 k \\
&\Longleftrightarrow \cos^2 k = \frac{s^2 x^2}{c^2(1 - x^2)}
\end{aligned}
\tag{1.209}
$$

を得る．よって，式 (1.208) の必要条件として，

$$\cos k = \pm \frac{sx}{c\sqrt{1 - x^2}} \tag{1.210}$$

を得るが，$k \in [0,\pi)$ なので，逆三角関数を用いて，式 (1.210) は

$$k = \arccos\left(\pm \frac{sx}{c\sqrt{1 - x^2}}\right) \tag{1.211}$$

のように，変数 k について解くことができる．式 (1.208) を満たす k は，もし存在するのであれば，その必要条件を満たす k の集合

$$\left\{\arccos\left(-\frac{sx}{c\sqrt{1 - x^2}}\right),\ \arccos\left(\frac{sx}{c\sqrt{1 - x^2}}\right)\right\} \tag{1.212}$$

に含まれているので，パラメタ θ の範囲（$0 < \theta < \pi$）に注意して，この集合から式 (1.208) を満たす k を探すと，

$$k = \arccos\left(\frac{sx}{c\sqrt{1 - x^2}}\right) \tag{1.213}$$

のみが式 (1.208) を満たすことがわかる．したがって，

$$h^{-1}(x) = \arccos\left(\frac{sx}{c\sqrt{1 - x^2}}\right) \tag{1.214}$$

である．

　この逆関数を求めたプロセスを通過すると，積分区間を $[0, \pi)$ に縮小した理由がわかる．もし，積分区間を $[-\pi, \pi)$ のままで計算を進めると，置換積分を行うときに，$h(k) = x$ の変換を，$k \in [-\pi, \pi)$ で考えなければならなくなる．関数 $h(k) = x\,(k \in [-\pi, \pi))$（定義域に注意）は，2 対 1 の関数なので逆関数は存在しなくなり，置換積分がそのような変換のままでは実行できないことに気がつく（図 1.26 参照）．これより，置換積分を実行するために，関数 $h(k)$ の逆関数が存在するように積分区間を分けるというアイディアにたどり着くのである．関数 $h(k) = x$ は，$[-\pi, 0), [0, \pi)$ のそれぞれの区間では 1 対 1 対応なので逆関数が存在する．したがって，式 (1.204) の計算過程で，$\displaystyle\int_{-\pi}^{\pi} = \int_{0}^{\pi} + \int_{-\pi}^{0}$ のように積分を二つに分割したのである．その後，三角関数 $\cos k, \sin k$ の $k = 0$ に関する対称性を用いることで，第 2 項の積分区間を $[0, \pi)$ に変換して，再び一つの積分にまとめた．

　さて，式 (1.204) の計算結果に対して，$h(k) = x$ の置換積分を行うと，

$$
\int_{-\pi}^{\pi} \left(\frac{i\lambda_1'(k)}{\lambda_1(k)} \right)^r \left| \langle v_1(k)|\phi\rangle \right|^2 dk
$$
$$
= \int_{c}^{-c} (-x)^r \left\{ \left| \langle v_1(h^{-1}(x))|\phi\rangle \right|^2 + \left| \langle v_1(-h^{-1}(x))|\phi\rangle \right|^2 \right\} \frac{dh^{-1}(x)}{dx}\, dx
$$

$$
\tag{1.215}
$$

となる．同様の置換積分を式 (1.205) で行うと，

$$
\int_{-\pi}^{\pi} \left(\frac{i\lambda_2'(k)}{\lambda_2(k)} \right)^r \left| \langle v_2(k)|\phi\rangle \right|^2 dk
$$
$$
= \int_{c}^{-c} x^r \left\{ \left| \langle v_2(h^{-1}(x))|\phi\rangle \right|^2 + \left| \langle v_2(-h^{-1}(x))|\phi\rangle \right|^2 \right\} \frac{dh^{-1}(x)}{dx}\, dx
$$

$$
\tag{1.216}
$$

となる．ここで，

$$
\frac{dh^{-1}(x)}{dx} = \frac{d}{dx} \arccos\left(\frac{sx}{c\sqrt{1-x^2}} \right)
$$
$$
= -\frac{1}{\sqrt{1 - \left(\frac{sx}{c\sqrt{1-x^2}} \right)^2}} \cdot \frac{d}{dx}\left(\frac{sx}{c\sqrt{1-x^2}} \right)
$$

$$= -\frac{|c|s}{c(1-x^2)\sqrt{c^2-x^2}} \tag{1.217}$$

と計算される[*31]. また,式 (1.214) より

$$\cos h^{-1}(x) = \frac{sx}{c\sqrt{1-x^2}} \tag{1.218}$$

なので,

$$1 - c^2 \sin^2 h^{-1}(x) = 1 - c^2(1 - \cos^2 h^{-1}(x)) = s^2 + c^2 \cos^2 h^{-1}(x)$$
$$= s^2 + \frac{s^2 x^2}{1-x^2} = \frac{s^2}{1-x^2} \tag{1.219}$$

である.いまは,$0 < \theta < \pi$ なので,

$$\sqrt{1 - c^2 \sin^2 h^{-1}(x)} = \frac{s}{\sqrt{1-x^2}} \tag{1.220}$$

となる.加えて,

$$-c\cos h^{-1}(x) \pm \sqrt{1 - c^2 \sin^2 h^{-1}(x)} = -\frac{sx}{\sqrt{1-x^2}} \pm \frac{s}{\sqrt{1-x^2}}$$
$$= \frac{s(-x \pm 1)}{\sqrt{1-x^2}} \tag{1.221}$$

である.これらの関係式を用いると,式 (1.206), (1.207) より,

$$\left|\langle v_1(h^{-1}(x))|\phi\rangle\right|^2 + \left|\langle v_1(-h^{-1}(x))|\phi\rangle\right|^2$$
$$= \frac{2}{N_1(h^{-1}(x))}\left\{ s^2|\alpha|^2 + \frac{s^2(-x+1)^2}{1-x^2}|\beta|^2 \right.$$
$$\left. + 2s\Re(\alpha\overline{\beta})\frac{s(-x+1)}{\sqrt{1-x^2}} \cdot \frac{sx}{c\sqrt{1-x^2}} \right\}$$
$$= \frac{2}{N_1(h^{-1}(x))} \cdot \frac{s^2}{1-x^2}\left\{ (1-x^2)|\alpha|^2 + (1-x)^2|\beta|^2 + \frac{2s\Re(\alpha\overline{\beta})}{c}x(1-x) \right\} \tag{1.222}$$

[*31] $\dfrac{d}{dx}\arccos x = -\dfrac{1}{\sqrt{1-x^2}}$.

$$\left|\langle v_2(h^{-1}(x))|\phi\rangle\right|^2 + \left|\langle v_2(-h^{-1}(x))|\phi\rangle\right|^2$$

$$= \frac{2}{N_2(h^{-1}(x))}\left\{ s^2|\alpha|^2 + \frac{s^2(-x-1)^2}{1-x^2}|\beta|^2 \right.$$

$$\left. + 2s\Re(\alpha\overline{\beta})\frac{s(-x-1)}{\sqrt{1-x^2}}\cdot\frac{sx}{c\sqrt{1-x^2}} \right\}$$

$$= \frac{2}{N_2(h^{-1}(x))}\cdot\frac{s^2}{1-x^2}\left\{ (1-x^2)|\alpha|^2 + (1+x)^2|\beta|^2 - \frac{2s\Re(\alpha\overline{\beta})}{c}x(1+x) \right\}$$

$$(1.223)$$

となる. ここで, 式 (1.195), (1.196) より,

$$N_1(h^{-1}(x)) = 2\left(\frac{s^2}{1-x^2} - \frac{s^2 x}{1-x^2} \right) = \frac{2s^2}{1+x}$$

$$(1.224)$$

$$N_2(h^{-1}(x)) = 2\left(\frac{s^2}{1-x^2} + \frac{s^2 x}{1-x^2} \right) = \frac{2s^2}{1-x}$$

$$(1.225)$$

と計算される. 以上の計算結果より,

$$\left\{ \left|\langle v_1(h^{-1}(x))|\phi\rangle\right|^2 + \left|\langle v_1(-h^{-1}(x))|\phi\rangle\right|^2 \right\}\frac{dh^{-1}(x)}{dx}$$

$$= -\frac{|c|s}{c(1-x^2)\sqrt{c^2-x^2}}\left\{ (1+x)|\alpha|^2 + (1-x)|\beta|^2 + \frac{2s\Re(\alpha\overline{\beta})}{c}x \right\}$$

$$(1.226)$$

$$\left\{ \left|\langle v_2(h^{-1}(x))|\phi\rangle\right|^2 + \left|\langle v_2(-h^{-1}(x))|\phi\rangle\right|^2 \right\}\frac{dh^{-1}(x)}{dx}$$

$$= -\frac{|c|s}{c(1-x^2)\sqrt{c^2-x^2}}\left\{ (1-x)|\alpha|^2 + (1+x)|\beta|^2 - \frac{2s\Re(\alpha\overline{\beta})}{c}x \right\}$$

$$(1.227)$$

とまとめられる. 再び積分計算に戻ると, 式 (1.215), (1.226) より,

$$\int_{-\pi}^{\pi} \left(\frac{i\lambda_1'(k)}{\lambda_1(k)} \right)^r \left| \langle v_1(k)|\phi \rangle \right|^2 dk$$

$$= \int_c^{-c} (-x)^r \left[-\frac{|c|s}{c(1-x^2)\sqrt{c^2-x^2}} \right.$$

$$\left. \times \left\{ (1+x)|\alpha|^2 + (1-x)|\beta|^2 + \frac{2s\Re(\alpha\overline{\beta})}{c}x \right\} \right] dx$$

$$= \int_{-c}^c x^r \frac{|c|s}{c(1-x^2)\sqrt{c^2-x^2}} \left\{ (1-x)|\alpha|^2 + (1+x)|\beta|^2 - \frac{2s\Re(\alpha\overline{\beta})}{c}x \right\} dx$$

$$(1.228)$$

である. 同様に, 式 (1.216), (1.227) より,

$$\int_{-\pi}^{\pi} \left(\frac{i\lambda_2'(k)}{\lambda_2(k)} \right)^r \left| \langle v_2(k)|\phi \rangle \right|^2 dk$$

$$= \int_c^{-c} x^r \left[-\frac{|c|s}{c(1-x^2)\sqrt{c^2-x^2}} \right.$$

$$\left. \times \left\{ (1-x)|\alpha|^2 + (1+x)|\beta|^2 - \frac{2s\Re(\alpha\overline{\beta})}{c}x \right\} \right] dx$$

$$= \int_{-c}^c x^r \frac{|c|s}{c(1-x^2)\sqrt{c^2-x^2}} \left\{ (1-x)|\alpha|^2 + (1+x)|\beta|^2 - \frac{2s\Re(\alpha\overline{\beta})}{c}x \right\} dx$$

$$(1.229)$$

となる. よって,

$$\int_{-\pi}^{\pi} \left(\frac{i\lambda_1'(k)}{\lambda_1(k)} \right)^r \left| \langle v_1(k)|\phi \rangle \right|^2 dk + \int_{-\pi}^{\pi} \left(\frac{i\lambda_2'(k)}{\lambda_2(k)} \right)^r \left| \langle v_2(k)|\phi \rangle \right|^2 dk$$

$$= \int_{-c}^c x^r \frac{2|c|s}{c(1-x^2)\sqrt{c^2-x^2}} \left\{ (1-x)|\alpha|^2 + (1+x)|\beta|^2 - \frac{2s\Re(\alpha\overline{\beta})}{c}x \right\} dx$$

$$(1.230)$$

であり, $|\alpha|^2 + |\beta|^2 = 1$, $\Re(\alpha\overline{\beta}) = (\alpha\overline{\beta} + \overline{\alpha}\beta)/2$ であることを考慮すると,

$$\frac{1}{2\pi} \int_{-\pi}^{\pi} \left(\frac{i\lambda_1'(k)}{\lambda_1(k)} \right)^r \left| \langle v_1(k)|\phi \rangle \right|^2 dk + \frac{1}{2\pi} \int_{-\pi}^{\pi} \left(\frac{i\lambda_2'(k)}{\lambda_2(k)} \right)^r \left| \langle v_2(k)|\phi \rangle \right|^2 dk$$

$$= \int_{-c}^{c} x^r \frac{|c|s}{\pi c(1-x^2)\sqrt{c^2-x^2}} \left[1 - \left\{|\alpha|^2 - |\beta|^2 + \frac{s(\alpha\overline{\beta}+\overline{\alpha}\beta)}{c}\right\}x\right] dx$$

$$(1.231)$$

を得る. ここで,

$$|c| = \begin{cases} c & \left(0 < \theta < \frac{\pi}{2}\right) \\ -c & \left(\frac{\pi}{2} < \theta < \pi\right) \end{cases}$$

$$(1.232)$$

を用いると,

$$\int_{-c}^{c} x^r \frac{|c|s}{\pi c(1-x^2)\sqrt{c^2-x^2}} \left[1 - \left\{|\alpha|^2 - |\beta|^2 + \frac{s(\alpha\overline{\beta}+\overline{\alpha}\beta)}{c}\right\}x\right] dx$$

$$= \int_{-|c|}^{|c|} x^r \frac{s}{\pi(1-x^2)\sqrt{c^2-x^2}} \left[1 - \left\{|\alpha|^2 - |\beta|^2 + \frac{s(\alpha\overline{\beta}+\overline{\alpha}\beta)}{c}\right\}x\right] dx$$

$$(1.233)$$

となるので, 式 (1.168) より,

$$\lim_{t\to\infty} \mathbb{E}\left[\left(\frac{X_t}{t}\right)^r\right]$$

$$= \int_{-|c|}^{|c|} x^r \frac{s}{\pi(1-x^2)\sqrt{c^2-x^2}} \left[1 - \left\{|\alpha|^2 - |\beta|^2 + \frac{s(\alpha\overline{\beta}+\overline{\alpha}\beta)}{c}\right\}x\right] dx$$

$$(1.234)$$

が導出される. さらに, 関数 $I_{(-|c|,|c|)}(x)$ を用いると,

$$\lim_{t\to\infty} \mathbb{E}\left[\left(\frac{X_t}{t}\right)^r\right] = \int_{-\infty}^{\infty} x^r \frac{s}{\pi(1-x^2)\sqrt{c^2-x^2}}$$

$$\times \left[1 - \left\{|\alpha|^2 - |\beta|^2 + \frac{s(\alpha\overline{\beta}+\overline{\alpha}\beta)}{c}\right\}x\right] I_{(-|c|,|c|)}(x)\, dx$$

$$(1.235)$$

と書ける. ここで,

$$f(x) = \frac{s}{\pi(1-x^2)\sqrt{c^2-x^2}}$$

$$\times \left[1 - \left\{|\alpha|^2 - |\beta|^2 + \frac{s(\alpha\overline{\beta}+\overline{\alpha}\beta)}{c}\right\}x\right] I_{(-|c|,|c|)}(x) \quad (1.236)$$

の性質を調べると，関数 $f(x)$ は非負値関数であることがわかる．また，

$$\mathbb{E}\left[\left(\frac{X_t}{t}\right)^0\right] = \mathbb{E}(1) = \sum_{x=-\infty}^{\infty} 1 \cdot \mathbb{P}(X_t = x) = 1 \tag{1.237}$$

なので，式 (1.235) において，$r = 0$ の場合を考えれば，$\displaystyle\int_{-\infty}^{\infty} f(x)\,dx = 1$ がわかる．よって，$f(x)$ は確率密度関数になっている．以上より，見つけるべき確率密度関数 $f(x)$ は，

$$\frac{s}{\pi(1-x^2)\sqrt{c^2-x^2}}\left[1 - \left\{|\alpha|^2 - |\beta|^2 + \frac{s(\alpha\overline{\beta} + \overline{\alpha}\beta)}{c}\right\}x\right] I_{(-|c|,\,|c|)}(x) \tag{1.238}$$

であることがわかり，48 ページに書いた最終目標は達成された．48〜51 ページで述べたことより，式 (1.235) は

$$\lim_{t\to\infty} \mathbb{P}\left(\frac{X_t}{t} \le x\right) = \int_{-\infty}^{x} f(y)\,dy \tag{1.239}$$

を保証してくれる[*32]．以上をもって証明は終了する．

さて，定理 1 の結果を，$\theta \in [0, 2\pi)$ に拡張する．

定理 2　時間発展作用素であるユニタリ行列を

$$U = \begin{bmatrix} \cos\theta & \sin\theta \\ \sin\theta & -\cos\theta \end{bmatrix} \quad (\theta \in [0, 2\pi)) \tag{1.240}$$

ととる．パラメタ θ が，$\theta \neq 0, \pi/2, \pi, 3\pi/2$ のとき，任意の実数 x に対して，次が成り立つ．

[*32]　ここまで読むと，(1.142) の最初の等号変形が理解できる．いま，$0 < \theta < \pi$ なので，$|c| < 1$ である．積分記号 $\displaystyle\int_{-\infty}^{\infty}$ を，$\displaystyle\int_{-|c|}^{|c|}$ で置き換えてよいことは，これまでの計算過程でわかるであろう．

$$\lim_{t \to \infty} \mathbb{P}\left(\frac{X_t}{t} \leq x\right) = \int_{-\infty}^{x} \frac{|\sin\theta|}{\pi(1-y^2)\sqrt{\cos^2\theta - y^2}}$$

$$\times \left[1 - \left\{|\alpha|^2 - |\beta|^2 + \frac{\sin\theta(\alpha\overline{\beta} + \overline{\alpha}\beta)}{\cos\theta}\right\}y\right] I_{(-|\cos\theta|, |\cos\theta|)}(y)\, dy$$

$$(1.241)$$

パラメタ $\theta \in [0, \pi)$ $(\theta \neq 0, \pi/2)$ に対しては，定理 1 で極限定理がすでに得られているので，$\theta \in [\pi, 2\pi)$ $(\theta \neq \pi, 3\pi/2)$ に対して証明すればよい．証明は三角関数の性質 $\cos\theta = -\cos(\theta - \pi)$, $\sin\theta = -\sin(\theta - \pi)$ と定理 1 を使うことで完了する．いま，$\theta \in [\pi, 2\pi)$ に対して，

$$U = \begin{bmatrix} \cos\theta & \sin\theta \\ \sin\theta & -\cos\theta \end{bmatrix} = -\begin{bmatrix} \cos(\theta - \pi) & \sin(\theta - \pi) \\ \sin(\theta - \pi) & -\cos(\theta - \pi) \end{bmatrix} \quad (1.242)$$

と変形する．じつは，最後の行列の前に置かれた負符号（$-$）は確率分布に影響しない．つまり，ここで注目している量子ウォークの確率分布 $\mathbb{P}(X_t = x)$ は，時間発展作用素のユニタリ作用素が

$$\begin{bmatrix} \cos(\theta - \pi) & \sin(\theta - \pi) \\ \sin(\theta - \pi) & -\cos(\theta - \pi) \end{bmatrix} \quad (1.243)$$

で与えられた量子ウォークの確率分布と同じになる．これは，次のように説明される．まず，

$$H(\theta) = \begin{bmatrix} \cos\theta & \sin\theta \\ \sin\theta & -\cos\theta \end{bmatrix} \quad (1.244)$$

と置いて，状態遷移の作用素 C を

$$C = \sum_{x \in \mathbb{Z}} |x\rangle\langle x| \otimes U = \sum_{x \in \mathbb{Z}} |x\rangle\langle x| \otimes (-H(\theta - \pi))$$

$$= -\sum_{x \in \mathbb{Z}} |x\rangle\langle x| \otimes H(\theta - \pi) = -\tilde{C} \quad (1.245)$$

と書き表す．ここで，$\tilde{C} = \sum_{x \in \mathbb{Z}} |x\rangle\langle x| \otimes H(\theta - \pi)$ と置いた．式 (1.36) より，

$|\Psi_t\rangle = (SC)^t |\Psi_0\rangle = (-1)^t (S\tilde{C})^t |\Psi_0\rangle$ なので，確率分布の定義式 (1.61) から，

$$
\begin{aligned}
\mathbb{P}(X_t = x) &= \langle\Psi_t| \left\{ |x\rangle\langle x| \otimes \left(|0\rangle\langle 0| + |1\rangle\langle 1| \right) \right\} |\Psi_t\rangle \\
&= \langle\Psi_0|^\dagger (SC)^t \left\{ |x\rangle\langle x| \otimes \left(|0\rangle\langle 0| + |1\rangle\langle 1| \right) \right\} (SC)^t |\Psi_0\rangle \\
&= (-1)^{2t} \langle\Psi_0|^\dagger (S\tilde{C})^t \left\{ |x\rangle\langle x| \otimes \left(|0\rangle\langle 0| + |1\rangle\langle 1| \right) \right\} (S\tilde{C})^t |\Psi_0\rangle \\
&= \langle\Psi_0|^\dagger (S\tilde{C})^t \left\{ |x\rangle\langle x| \otimes \left(|0\rangle\langle 0| + |1\rangle\langle 1| \right) \right\} (S\tilde{C})^t |\Psi_0\rangle
\end{aligned}
$$

$$(1.246)$$

となる．確率分布の式 (1.63) を思い出せば，式 (1.246) の最後に現れた式は，作用素 $\tilde{C}, S$ によって時間発展する量子ウォークの確率分布であることがわかる．つまり，時間発展作用素のユニタリ作用素が $U\,(= H(\theta))$ で与えられた量子ウォークの確率分布 $\mathbb{P}(X_t = x)$ は，時間発展作用素のユニタリ作用素が $H(\theta - \pi)$ で与えられた量子ウォークの確率分布と同じになる．この事実は，フーリエ変換からもわかることである．簡単に説明すると，式 (1.118) より，

$$
\begin{aligned}
\mathbb{P}(X_t = x) &= {}^\dagger \left\{ \frac{1}{2\pi} \int_{-\pi}^{\pi} e^{ikx} (R(k)U)^t |\hat{\psi}_0(k)\rangle \, dk \right\} \\
&\quad \times \left\{ \frac{1}{2\pi} \int_{-\pi}^{\pi} e^{ikx} (R(k)U)^t |\hat{\psi}_0(k)\rangle \, dk \right\} \\
&= {}^\dagger \left\{ \frac{1}{2\pi} \int_{-\pi}^{\pi} e^{ikx} (-R(k)H(\theta - \pi))^t |\hat{\psi}_0(k)\rangle \, dk \right\} \\
&\quad \times \left\{ \frac{1}{2\pi} \int_{-\pi}^{\pi} e^{ikx} (-R(k)H(\theta - \pi))^t |\hat{\psi}_0(k)\rangle \, dk \right\} \\
&= (-1)^{2t} \cdot {}^\dagger \left\{ \frac{1}{2\pi} \int_{-\pi}^{\pi} e^{ikx} (R(k)H(\theta - \pi))^t |\hat{\psi}_0(k)\rangle \, dk \right\} \\
&\quad \times \left\{ \frac{1}{2\pi} \int_{-\pi}^{\pi} e^{ikx} (R(k)H(\theta - \pi))^t |\hat{\psi}_0(k)\rangle \, dk \right\} \\
&= {}^\dagger \left\{ \frac{1}{2\pi} \int_{-\pi}^{\pi} e^{ikx} (R(k)H(\theta - \pi))^t |\hat{\psi}_0(k)\rangle \, dk \right\} \\
&\quad \times \left\{ \frac{1}{2\pi} \int_{-\pi}^{\pi} e^{ikx} (R(k)H(\theta - \pi))^t |\hat{\psi}_0(k)\rangle \, dk \right\}
\end{aligned}
$$

$$(1.247)$$

であり，再び式 (1.118) と比較すれば，最後の式は，行列 $H(\theta - \pi)$ で時間発展した量子ウォークの確率分布をフーリエ変換で表現したものであることに気がつく．

さて，式 (1.242) の最後に現れた行列 $H(\theta - \pi)$ の前に置かれている負符号は確率分布には影響しないのだから，もちろん極限分布にも影響しない．したがって，定理 2 を証明するために，式 (1.243) のユニタリ行列をとったときの極限定理を導出してもよく，$0 \le \theta - \pi < \pi, \theta - \pi \ne 0, \pi/2$ であることに着目すると，定理 1 が使えて，$\theta \in [\pi, 2\pi)$ $(\theta \ne \pi, 3\pi/2)$ に対する極限定理として，

$$
\begin{aligned}
&\lim_{t \to \infty} \mathbb{P}\left(\frac{X_t}{t} \le x\right) \\
&= \int_{-\infty}^{x} \frac{\sin(\theta - \pi)}{\pi(1 - y^2)\sqrt{\cos^2(\theta - \pi) - y^2}} \Bigg[1 - \Bigg\{|\alpha|^2 - |\beta|^2 \\
&\qquad\qquad + \frac{\sin(\theta - \pi)(\alpha\overline{\beta} + \overline{\alpha}\beta)}{\cos(\theta - \pi)}\Bigg\} y \Bigg] I_{(-|\cos(\theta - \pi)|, |\cos(\theta - \pi)|)}(y)\, dy \\
&= \int_{-\infty}^{x} \frac{-\sin\theta}{\pi(1 - y^2)\sqrt{\cos^2\theta - y^2}} \\
&\qquad\qquad \times \Bigg[1 - \Bigg\{|\alpha|^2 - |\beta|^2 + \frac{\sin\theta(\alpha\overline{\beta} + \overline{\alpha}\beta)}{\cos\theta}\Bigg\} y \Bigg] I_{(-|\cos\theta|, |\cos\theta|)}(y)\, dy
\end{aligned}
\tag{1.248}
$$

を得る．この結果は，

$$
|\sin\theta| = \begin{cases} \sin\theta & (0 \le \theta < \pi) \\ -\sin\theta & (\pi \le \theta < 2\pi) \end{cases}
\tag{1.249}
$$

を考慮すると定理 1 と一緒にまとめることができて，その統一的記述として，$\theta \in [0, 2\pi)$ に対する定理 2 の表記を得る．

参考として，式 (1.240) で時間発展作用素 U が与えられる量子ウォークの確率分布と，作用素 U がもつパラメタ θ の関係を図 1.28 に挙げておく．これらの図は，数値計算による結果を密度プロットによって表示したもので，横軸が場所 x，縦軸がパラメタ θ である．色の濃淡は確率 $\mathbb{P}(X_{150} = x)$ の値を表しており，白い部分は確率が小さいことを意味する．

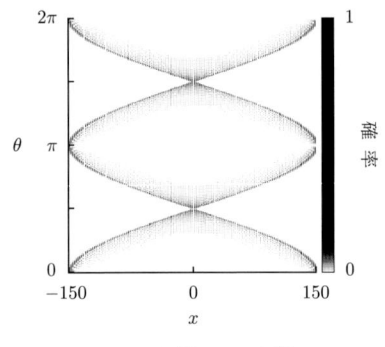

(a) $\alpha = 1/\sqrt{2},\ \beta = i/\sqrt{2}$

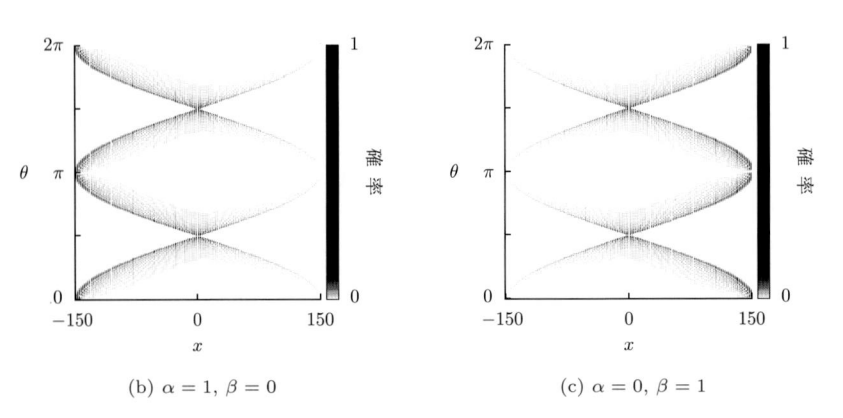

(b) $\alpha = 1,\ \beta = 0$ (c) $\alpha = 0,\ \beta = 1$

図 1.28 確率分布 $\mathbb{P}(X_{150} = x)$ のパラメタ θ への依存性（密度プロット）

最後に，定理 2 の結果を，ユニタリ行列の成分が複素数である場合に拡張する．

定理 3 時間発展作用素であるユニタリ行列を

$$U = \begin{bmatrix} a & b \\ c & d \end{bmatrix} \in U(2) \qquad (a, b, c, d \in \mathbb{C}) \tag{1.250}$$

ととる．パラメタ a, b, c, d が，$abcd \neq 0$ を満たすとき，任意の実数 x に対して，次が成り立つ．

$$\lim_{t \to \infty} \mathbb{P}\left(\frac{X_t}{t} \leq x\right) = \int_{-\infty}^{x} \frac{\sqrt{1 - |a|^2}}{\pi(1 - y^2)\sqrt{|a|^2 - y^2}}$$

$$\times \left[1 - \left\{|\alpha|^2 - |\beta|^2 + \frac{(a\alpha\overline{b}\beta + \overline{a}\overline{\alpha}b\beta)}{|a|^2}\right\} y\right] I_{(-|a|,\,|a|)}(y)\, dy \tag{1.251}$$

証明のポイントは，定理 2 が使えるように，実直交行列が明示される形でユニタリ行列をパラメタ表示するところにある．このポイントをいまから具体的に説明していこう．まず，2×2 のユニタリ行列を四つの実数パラメタを用いて表示する[*33]．つまり，ある $\gamma, \delta, \xi, \theta \in [0, 2\pi)$ を用いて，

$$U = \begin{bmatrix} a & b \\ c & d \end{bmatrix} = \begin{bmatrix} e^{i\gamma} & 0 \\ 0 & e^{i\delta} \end{bmatrix} \begin{bmatrix} \cos\theta & \sin\theta \\ \sin\theta & -\cos\theta \end{bmatrix} \begin{bmatrix} e^{i\xi} & 0 \\ 0 & e^{-i\xi} \end{bmatrix}$$

$$= \begin{bmatrix} e^{i(\gamma+\xi)}\cos\theta & e^{i(\gamma-\xi)}\sin\theta \\ e^{i(\delta+\xi)}\sin\theta & -e^{i(\delta-\xi)}\cos\theta \end{bmatrix} \tag{1.252}$$

と表示する．ここで，ユニタリ行列のパラメタ a, b, c, d に課された条件 $abcd \neq 0$ は，パラメタ $\gamma, \delta, \xi, \theta$ を用いて，

$$abcd \neq 0 \iff -e^{2i(\gamma+\delta)}\cos^2\theta \sin^2\theta \neq 0 \iff \cos\theta \sin\theta \neq 0$$

$$\iff \frac{1}{2}\sin 2\theta \neq 0 \iff \theta \neq 0, \frac{\pi}{2}, \pi, \frac{3\pi}{2} \tag{1.253}$$

と書きなおすことができる[*34]．よって，以降は $\theta \neq 0, \pi/2, \pi, 3\pi/2$ のもとで考えていく．さて，

$$\begin{bmatrix} e^{i\gamma} & 0 \\ 0 & e^{i\delta} \end{bmatrix} = e^{i\frac{\gamma+\delta}{2}} \begin{bmatrix} e^{i\frac{\gamma-\delta}{2}} & 0 \\ 0 & e^{-i\frac{\gamma-\delta}{2}} \end{bmatrix} = e^{i\frac{\gamma+\delta}{2}} R\left(\frac{\gamma-\delta}{2}\right) \tag{1.254}$$

と変形して考えると，波数空間での時間発展作用素は，

[*33]　線形代数学の教科書を見れば，得られる知識である．

[*34]　$\sin 2\theta = 2\sin\theta\cos\theta$（倍角公式）．

$$R(k)U = e^{i\frac{\gamma+\delta}{2}} R(k)R\left(\frac{\gamma-\delta}{2}\right) \begin{bmatrix} \cos\theta & \sin\theta \\ \sin\theta & -\cos\theta \end{bmatrix} R(\xi)$$

$$= e^{i\frac{\gamma+\delta}{2}} R\left(k + \frac{\gamma-\delta}{2}\right) H(\theta)R(\xi) \tag{1.255}$$

のように，行列 $R(\cdot)$ を用いて表示できる．ここで，

$$\begin{bmatrix} \cos\theta & \sin\theta \\ \sin\theta & -\cos\theta \end{bmatrix} = H(\theta) \tag{1.256}$$

と置いた．よって，時刻 t における量子ウォークのフーリエ変換は，

$$|\hat{\psi}_t(k)\rangle = (R(k)U)^t |\hat{\psi}_0(k)\rangle$$

$$= e^{i\frac{\gamma+\delta}{2}t} \left\{ R\left(k + \frac{\gamma-\delta}{2}\right) H(\theta)R(\xi) \right\}^t |\hat{\psi}_0(k)\rangle$$

$$= e^{i\frac{\gamma+\delta}{2}t} \left\{ R\left(k + \frac{\gamma-\delta}{2}\right) H(\theta)R(\xi) \right\} \left\{ R\left(k + \frac{\gamma-\delta}{2}\right) H(\theta)R(\xi) \right\}$$

$$\times \cdots \times \left\{ R\left(k + \frac{\gamma-\delta}{2}\right) H(\theta)R(\xi) \right\} |\hat{\psi}_0(k)\rangle$$

$$= e^{i\frac{\gamma+\delta}{2}t} R(-\xi) \left\{ R\left(k + \frac{\gamma-\delta}{2} + \xi\right) H(\theta) \right\} \left\{ R\left(k + \frac{\gamma-\delta}{2} + \xi\right) H(\theta) \right\}$$

$$\times \cdots \times \left\{ R\left(k + \frac{\gamma-\delta}{2} + \xi\right) H(\theta) \right\} R(\xi) |\hat{\psi}_0(k)\rangle$$

$$= e^{i\frac{\gamma+\delta}{2}t} R(-\xi) \left\{ R\left(k + \frac{\gamma-\delta}{2} + \xi\right) H(\theta) \right\}^t R(\xi) |\hat{\psi}_0(k)\rangle \tag{1.257}$$

となる．上記の計算は，$R(-\xi)R(\xi)$ が 2×2 の単位行列であることを用いて，

$$R\left(k + \frac{\gamma-\delta}{2}\right) = R(-\xi)R(\xi)R\left(k + \frac{\gamma-\delta}{2}\right)$$

$$= R(-\xi)R\left(k + \frac{\gamma-\delta}{2} + \xi\right) \tag{1.258}$$

のように考えると理解できる[*35]．式 (1.157) を思い出せば，

[*35] $R(-\xi)R(\xi) = R(-\xi + \xi) = R(0)$.

$$R(\xi)\,|\hat{\psi}_0(k)\rangle = R(\xi)\,|\phi\rangle = \begin{bmatrix} e^{i\xi} & 0 \\ 0 & e^{-i\xi} \end{bmatrix}\begin{bmatrix} \alpha \\ \beta \end{bmatrix} = \begin{bmatrix} e^{i\xi}\alpha \\ e^{-i\xi}\beta \end{bmatrix} \tag{1.259}$$

である．なお，$|e^{i\xi}\alpha|^2 + |e^{-i\xi}\beta|^2 = |\alpha|^2 + |\beta|^2 = 1$ である．

ここで，逆フーリエ変換で $|\psi_t(x)\rangle$ を計算してみよう．

$$|\psi_t(x)\rangle = \frac{1}{2\pi}\int_{-\pi}^{\pi} e^{ikx}\,|\hat{\psi}_t(k)\rangle\,dk$$

$$= \frac{1}{2\pi}e^{i\frac{\gamma+\delta}{2}t}R(-\xi)\int_{-\pi}^{\pi} e^{ikx}\left\{R\left(k+\frac{\gamma-\delta}{2}+\xi\right)H(\theta)\right\}^t R(\xi)\,|\phi\rangle\,dk$$

$$= \frac{1}{2\pi}e^{i\frac{\gamma+\delta}{2}t}R(-\xi)\int_{-\pi+\frac{\gamma-\delta}{2}+\xi}^{\pi+\frac{\gamma-\delta}{2}+\xi} e^{i(k-\frac{\gamma-\delta}{2}-\xi)x}(R(k)H(\theta))^t R(\xi)\,|\phi\rangle\,dk$$

$$= \frac{1}{2\pi}e^{i\frac{\gamma+\delta}{2}t}e^{-i(\frac{\gamma-\delta}{2}+\xi)x}R(-\xi)\int_{-\pi+\frac{\gamma-\delta}{2}+\xi}^{\pi+\frac{\gamma-\delta}{2}+\xi} e^{ikx}(R(k)H(\theta))^t R(\xi)\,|\phi\rangle\,dk$$

$$= \frac{1}{2\pi}e^{i\frac{\gamma+\delta}{2}t}e^{-i(\frac{\gamma-\delta}{2}+\xi)x}R(-\xi)\int_{-\pi}^{\pi} e^{ikx}(R(k)H(\theta))^t R(\xi)\,|\phi\rangle\,dk \tag{1.260}$$

最後の等号変形は，積分を

$$\int_{-\pi+\frac{\gamma-\delta}{2}+\xi}^{\pi+\frac{\gamma-\delta}{2}+\xi} = \int_{-\pi}^{\pi} + \int_{-\pi+\frac{\gamma-\delta}{2}+\xi}^{-\pi} + \int_{\pi}^{\pi+\frac{\gamma-\delta}{2}+\xi} \tag{1.261}$$

と分解したあと，第3項を，三角関数の周期性から得られる $R(k+2\pi)=R(k)$ の関係を用いて，

$$\int_{\pi}^{\pi+\frac{\gamma-\delta}{2}+\xi} e^{ikx}(R(k)H(\theta))^t R(\xi)\,|\phi\rangle\,dk$$

$$= \int_{-\pi}^{-\pi+\frac{\gamma-\delta}{2}+\xi} e^{i(k+2\pi)x}(R(k+2\pi)H(\theta))^t R(\xi)\,|\phi\rangle\,dk$$

$$= \int_{-\pi}^{-\pi+\frac{\gamma-\delta}{2}+\xi} e^{ikx}e^{i\cdot2\pi x}(R(k+2\pi)H(\theta))^t R(\xi)\,|\phi\rangle\,dk$$

$$= -\int_{-\pi+\frac{\gamma-\delta}{2}+\xi}^{-\pi} e^{ikx}(R(k)H(\theta))^t R(\xi)\,|\phi\rangle\,dk \tag{1.262}$$

と変形することで得られる[*36]．よって，確率分布は

[*36] $x\in\mathbb{Z}$ に対して，$e^{i\cdot2\pi x} = \cos(2\pi x) + i\sin(2\pi x) = 1$.

$$\mathbb{P}(X_t = x) = \langle \psi_t(x) | \psi_t(x) \rangle$$

$$= {}^\dagger \left\{ \frac{1}{2\pi} e^{i\frac{\gamma+\delta}{2}t} e^{-i\left(\frac{\gamma-\delta}{2}+\xi\right)x} R(-\xi) \int_{-\pi}^{\pi} e^{ikx} (R(k)H(\theta))^t R(\xi) |\phi\rangle \, dk \right\}$$

$$\times \left\{ \frac{1}{2\pi} e^{i\frac{\gamma+\delta}{2}t} e^{-i\left(\frac{\gamma-\delta}{2}+\xi\right)x} R(-\xi) \int_{-\pi}^{\pi} e^{ikx} (R(k)H(\theta))^t R(\xi) |\phi\rangle \, dk \right\}$$

$$= {}^\dagger \left\{ \frac{1}{2\pi} \int_{-\pi}^{\pi} e^{ikx} (R(k)H(\theta))^t R(\xi) |\phi\rangle \, dk \right\} e^{-i\frac{\gamma+\delta}{2}t} e^{i\left(\frac{\gamma-\delta}{2}+\xi\right)x} R(\xi)$$

$$\times e^{i\frac{\gamma+\delta}{2}t} e^{-i\left(\frac{\gamma-\delta}{2}+\xi\right)x} R(-\xi) \left\{ \frac{1}{2\pi} \int_{-\pi}^{\pi} e^{ikx} (R(k)H(\theta))^t R(\xi) |\phi\rangle \, dk \right\}$$

$$= {}^\dagger \left\{ \frac{1}{2\pi} \int_{-\pi}^{\pi} e^{ikx} (R(k)H(\theta))^t R(\xi) |\phi\rangle \, dk \right\}$$

$$\times \left\{ \frac{1}{2\pi} \int_{-\pi}^{\pi} e^{ikx} (R(k)H(\theta))^t R(\xi) |\phi\rangle \, dk \right\} \tag{1.263}$$

となる[*37]．ここで，$R(\xi)R(-\xi) = R(\xi - \xi) = R(0) = 2 \times 2$ の単位行列となることを用いた．この計算結果を式 (1.118) と比較すると，式 (1.263) の確率分布 $\mathbb{P}(X_t = x)$ は，初期状態を

$$|\psi_0(x)\rangle = R(\xi) |\phi\rangle = \begin{cases} {}^T[e^{i\xi}\alpha, \, e^{-i\xi}\beta] & (x = 0) \\ {}^T[0, \, 0] & (x \neq 0) \end{cases} \tag{1.264}$$

で与えて，ユニタリ行列

$$H(\theta) = \begin{bmatrix} \cos\theta & \sin\theta \\ \sin\theta & -\cos\theta \end{bmatrix} \tag{1.265}$$

で時間発展させた量子ウォークの確率分布と同じであることがわかる．よって，定理 2 が利用できて，$\cos\theta = c$, $\sin\theta = s$ の略記を用いると，

$$\lim_{t\to\infty} \mathbb{P}\left(\frac{X_t}{t} \leq x\right) = \int_{-\infty}^{x} \frac{|s|}{\pi(1-y^2)\sqrt{c^2 - y^2}}$$

$$\times \left[1 - \left\{ |e^{i\xi}\alpha|^2 - |e^{-i\xi}\beta|^2 + \frac{s(e^{i\xi}\alpha\overline{e^{-i\xi}\beta} + \overline{e^{i\xi}\alpha}e^{-i\xi}\beta)}{c} \right\} y \right] I_{(-|c|,\,|c|)}(y) \, dy$$

[*37]　${}^\dagger R(-\xi) = R(\xi)$．

$$= \int_{-\infty}^{x} \frac{|s|}{\pi(1-y^2)\sqrt{c^2-y^2}}$$

$$\times \left[1 - \left\{ |\alpha|^2 - |\beta|^2 + \frac{cs(e^{2i\xi}\alpha\overline{\beta} + e^{-2i\xi}\overline{\alpha}\beta)}{c^2} \right\} y \right] I_{(-|c|,|c|)}(y)\, dy$$

$$(1.266)$$

となる．式 (1.266) に見られる文字 c は，式 (1.250) にあるユニタリ行列 U の パラメタ $c \in \mathbb{C}$ ではなく，$c = \cos\theta$ の意味であることを注意しておく．あと は，この結果を式 (1.250) で与えられたユニタリ行列のパラメタ a, b, c, d を用 いて書き換えればよい．式 (1.252) を再び見ると，

$$a = e^{i(\gamma+\xi)}\cos\theta, \qquad b = e^{i(\gamma-\xi)}\sin\theta \tag{1.267}$$

であるので，

$$\cos^2\theta = |a|^2, \qquad |\sin\theta| = \sqrt{1-\cos^2\theta} = \sqrt{1-|a|^2} \tag{1.268}$$

$$\cos\theta\sin\theta\, e^{2i\xi}\alpha\overline{\beta} = e^{i(\gamma+\xi)}\cos\theta\,\alpha \cdot \overline{e^{i(\gamma-\xi)}\sin\theta\,\beta} = a\alpha\overline{b\beta} \tag{1.269}$$

$$\cos\theta\sin\theta\, e^{-2i\xi}\overline{\alpha}\beta = \overline{e^{i(\gamma+\xi)}\cos\theta\,\alpha} \cdot e^{i(\gamma-\xi)}\sin\theta\,\beta = \overline{a\alpha}b\beta \tag{1.270}$$

と書ける．したがって，式 (1.266) は

$$\lim_{t\to\infty} \mathbb{P}\left(\frac{X_t}{t} \le x\right) = \int_{-\infty}^{x} \frac{\sqrt{1-|a|^2}}{\pi(1-y^2)\sqrt{|a|^2-y^2}}$$

$$\times \left[1 - \left\{ |\alpha|^2 - |\beta|^2 + \frac{(a\alpha\overline{b\beta} + \overline{a\alpha}b\beta)}{|a|^2} \right\} y \right] I_{(-|a|,|a|)}(y)\, dy$$

$$(1.271)$$

のように，元々与えられたユニタリ行列のパラメタ a, b, c, d で表現される．ま た，式 (1.252) のパラメタ表示を用いると，$|a| = |e^{i(\gamma+\xi)}\cos\theta| = |\cos\theta|$ であ るから，$abcd \ne 0 \iff \theta \ne 0, \pi/2, \pi, 3\pi/2$（式 (1.253) 参照）のもとでは，

$$0 < |a| < 1 \tag{1.272}$$

であることを述べておく．なお，定理 3 は，Konno [9] の研究にて組合せ論的 手法で導出された極限定理の結果に一致している．

定理 3 を導出する計算からもわかるように，量子ウォークの極限分布に本質

的な役割を果たしているユニタリ行列のパートは，実直交行列

$$
\begin{bmatrix}
\cos\theta & \sin\theta \\
\sin\theta & -\cos\theta
\end{bmatrix}
\tag{1.273}
$$

の部分であることが理解できる．このような背景もあり，まずは定理1のような，実直交行列で時間発展が決まる量子ウォークの極限定理を導出して，そのあとに，一般のユニタリ行列の場合に拡張したのである．

筆者の経験上，フーリエ解析を用いて極限定理を導出する場合，はじめから一般のユニタリ行列に対して極限定理を計算するのはとても大変である．なぜなら，計算過程で様々な場合分けをしなければならないからである．この節で紹介したように，段階的に計算していくことで，計算の場合分けを避けつつ，一般のユニタリ行列に対する極限分布の導出に近づいていくことができる．場合分けの過程を少なくすることは，計算の見通しをよくして，正しい計算結果につながる．さらに，見通しのよい計算方法で証明することは，論文の審査員の負担も減らす．何にせよ，煩雑さを伴う量子ウォークの諸々の計算では，わかりやすい証明方法を心掛けるのがよい．

さて，初期状態のパラメタ α, β に具体的な数値を与えたときの極限定理を見てみよう．極限定理の結果にある極限分布関数 $\lim_{t\to\infty} \mathbb{P}(X_t/t \le x)$ 自体を見るのもよいのだが，その導関数である極限密度関数

$$
\frac{d}{dx} \lim_{t\to\infty} \mathbb{P}\left(\frac{X_t}{t} \le x\right)
$$
$$
= \frac{\sqrt{1-|a|^2}}{\pi(1-x^2)\sqrt{|a|^2-x^2}}
$$
$$
\times \left[1 - \left\{|\alpha|^2 - |\beta|^2 + \frac{(a\alpha\overline{b}\overline{\beta} + \overline{a}\overline{\alpha}b\beta)}{|a|^2}\right\} x\right] I_{(-|a|,\,|a|)}(x)
\tag{1.274}
$$

を見たほうがよい[*38]．なぜなら，極限密度関数と長時間後の確率分布 $\mathbb{P}(X_t = x)$

[*38] 微積分の基本公式

$$
\frac{d}{dx} \int_a^x f(y)\,dy = f(x)
$$

ただし，f は連続関数，a は定数とする．

の間には近似関係があるからである（column 4（155 ページ）参照）．以下に，極限密度関数とそのグラフをいくつか挙げる．

例 1.7　$\alpha = 1/\sqrt{2}$, $\beta = i/\sqrt{2}$ のとき（図 1.29）

$$\frac{d}{dx}\lim_{t \to \infty}\mathbb{P}\left(\frac{X_t}{t} \leq x\right) = \frac{\sqrt{1-|a|^2}}{\pi(1-x^2)\sqrt{|a|^2-x^2}}I_{(-|a|,|a|)}(x) \qquad (1.275)$$

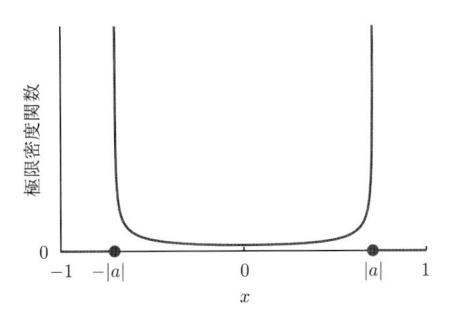

図 1.29　$\alpha = 1/\sqrt{2}$, $\beta = i/\sqrt{2}$ のときの極限密度関数

例 1.8　$\alpha = 1$, $\beta = 0$ のとき（図 1.30）

$$\frac{d}{dx}\lim_{t \to \infty}\mathbb{P}\left(\frac{X_t}{t} \leq x\right) = \frac{\sqrt{1-|a|^2}}{\pi(1+x)\sqrt{|a|^2-x^2}}I_{(-|a|,|a|)}(x) \qquad (1.276)$$

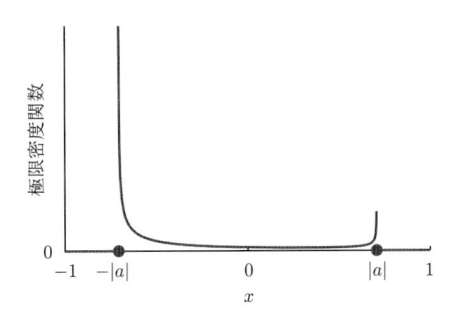

図 1.30　$\alpha = 1$, $\beta = 0$ のときの極限密度関数

例 1.9　$\alpha = 0$, $\beta = 1$ のとき（図 1.31）

$$\frac{d}{dx} \lim_{t \to \infty} \mathbb{P}\left(\frac{X_t}{t} \leq x\right) = \frac{\sqrt{1 - |a|^2}}{\pi(1 - x)\sqrt{|a|^2 - x^2}} I_{(-|a|, |a|)}(x) \qquad (1.277)$$

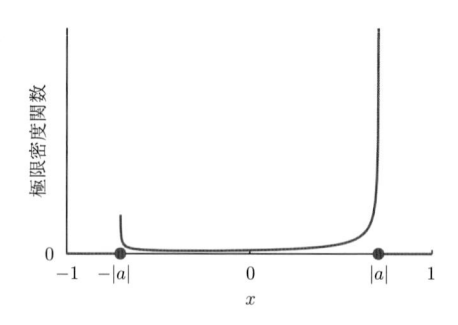

図 1.31　$\alpha = 0$, $\beta = 1$ のときの極限密度関数

　図 1.10〜1.12 で掲載した有限時刻の確率分布 $\mathbb{P}(X_{500} = x)$ と見比べると，極限密度関数は，有限時刻の確率分布の性質を確かに捉えている．極限密度関数の $x = \pm|a|$ 付近における挙動は，有限時刻の確率分布に見られる二つの鋭いピークの存在を表現している．実際に，長時間後の確率分布と極限密度関数を比較するために，時刻 500 の確率分布と関数

$$\frac{2t^2\sqrt{1 - |a|^2}}{\pi(t^2 - x^2)\sqrt{(|a|t)^2 - x^2}}$$

$$\times \left[1 - \left\{|\alpha|^2 - |\beta|^2 + \frac{(a\alpha\overline{b\beta} + \overline{a\alpha}b\beta)}{|a|^2}\right\}\frac{x}{t}\right] I_{(-|a|t, |a|t)}(x) \qquad (1.278)$$

を同時プロットした図の例を，図 1.32〜1.34 として掲載する（比較方法の詳細は，column 4（155 ページ）を参照）．それらの図において，確率分布 $\mathbb{P}(X_{500} = x)$ は，正の値のみをプロットして線で結んである．式 (1.278) の関数は，$t = 500$ として，$x = 0, \pm 2, \pm 4, \cdots$ における値を点でプロットしてある．いずれも数値計算による結果をプロットしたものである．式 (1.278) の関数は，$0 < |a| < 1$ を考慮すると，分母にある $\sqrt{(|a|t)^2 - x^2}$ の存在により，$x \to |a|t - 0$，あるいは，$x \to -|a|t + 0$ のとき，正の無限大に発散する．その一方で，定義関数 $I_{(-|a|t, |a|t)}(x)$ の存在により，$x \to |a|t + 0$，あるいは，$x \to -|a|t - 0$ のとき

は，その値は 0 となる．つまり，式 (1.278) は二つの不連続特異点 $x = \pm|a|t$ をもつ関数である．

また，式 (1.278) において関数値が正になる範囲は，$-|a|t < x < |a|t$ である．つまり，長時間後の確率分布のメインパートは，$-|a|t < x < |a|t$ の範囲に存在して，その範囲は時刻 t の値に比例して拡がっていく．これは，図 1.13〜1.15 で観察したことに一致する．時刻 t の値に比例する拡がり方は，極限定理においては「量子ウォーカーの位置 X_t を時刻 t で割ったもの（つまり，X_t/t）が分布収束する」という事実によって表現されている．

例 1.10　$\alpha = 1/\sqrt{2},\ \beta = i/\sqrt{2}$ のとき（図 1.32）

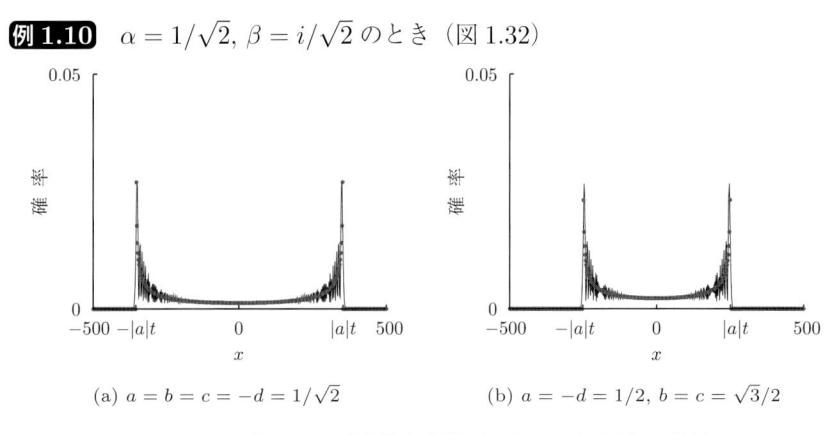

(a) $a = b = c = -d = 1/\sqrt{2}$　　　(b) $a = -d = 1/2,\ b = c = \sqrt{3}/2$

図 1.32　時刻 500 の確率分布（線）と式 (1.278)（点）の比較

例 1.11　$\alpha = 1,\ \beta = 0$ のとき（図 1.33）

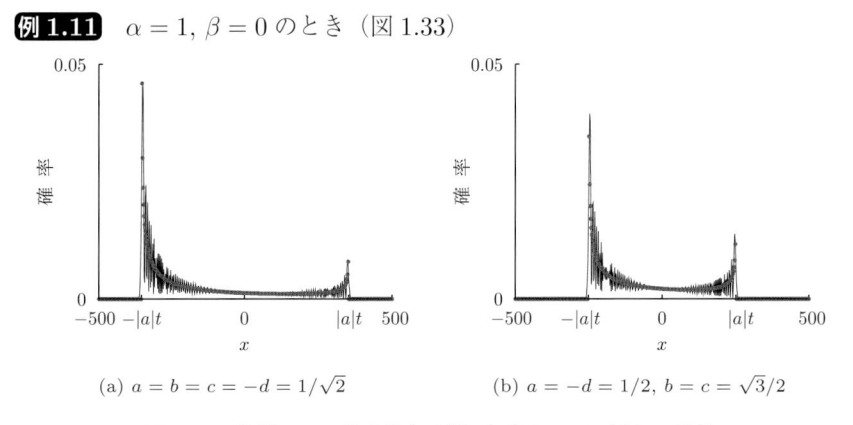

(a) $a = b = c = -d = 1/\sqrt{2}$　　　(b) $a = -d = 1/2,\ b = c = \sqrt{3}/2$

図 1.33　時刻 500 の確率分布（線）と式 (1.278)（点）の比較

例 1.12 $\alpha = 0,\ \beta = 1$ のとき（図 1.34）

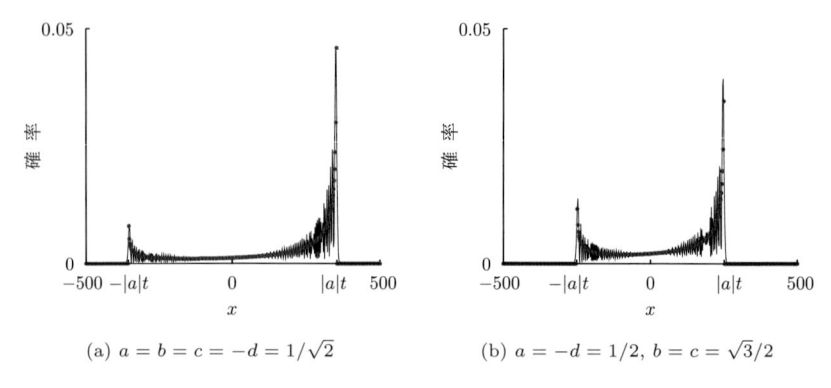

(a) $a = b = c = -d = 1/\sqrt{2}$ 　　　(b) $a = -d = 1/2,\ b = c = \sqrt{3}/2$

図 1.34 時刻 500 の確率分布（線）と式 (1.278)（点）の比較

　極限密度関数が長時間後の確率分布を模倣できていることは，図 1.32～1.34 からも視覚的によくわかる．しかし，有限時刻の確率分布の特徴である振動（ギザギザの部分）は極限密度関数には見られない．じつは，振動の情報はこの節で紹介した極限定理から得ることはできない．その理由は，式 (1.167) で，$t \to \infty$ の極限移行をしたときに，$O(t^{r-1})$ の項を消してしまったからである．振動の情報は $O(t^{r-1})$ に含まれているため，その情報を無視して得られた極限密度関数の式 (1.274) には，振動の情報が含まれていない．ゆえに，定理 1～3 は，振動の情報を含まない極限定理である．振動の情報も含んだ，より精度の高い極限定理は，2012 年に量子ウォークの大偏差原理として，Sunada and Tate [10] の研究により得られている．いま現在，その極限定理はこの章で紹介した標準的なモデルに対してのみ計算されている．Sunada and Tate [10] に書かれている，より精緻な極限定理は，ここで紹介したものよりも複雑であるので，参考文献の紹介のみに留めておく．

　なお，有限時刻の確率分布と極限分布関数を，定理の形に基づいて比較するのであれば，定理 3 の主張に従って，累積分布関数の形で比較するのがよい（比較方法の詳細は，column 4（155 ページ）を参照）．以下に，時刻 500 における累積分布関数 $\mathbb{P}(X_{500} \leq x)$ と極限累積分布関数

$$\int_{-\infty}^{x/t} \frac{\sqrt{1-|a|^2}}{\pi(1-y^2)\sqrt{|a|^2-y^2}}$$
$$\times \left[1 - \left\{ |\alpha|^2 - |\beta|^2 + \frac{(a\alpha\overline{b\beta} + \overline{a\alpha}b\beta)}{|a|^2} \right\} y \right] I_{(-|a|,\,|a|)}(y)\, dy \tag{1.279}$$

を比較した例を挙げる．すべての図は数値計算による結果であり，時刻 500 の累積分布関数は点で，式 (1.279) の極限累積分布関数は，$t = 500$ として，$x = 0, \pm 1, \pm 2, \cdots$ における値を中抜の丸でプロットしてある．いずれも，点と中抜の丸は区別がつかないくらい見事に重なっており，定理 3 の正当性が数値的にも確認される．式 (1.279) の関数は，$\sqrt{|a|^2 - y^2}$ の項と定義関数 $I_{(-|a|,\,|a|)}(y)$ の存在により，$x = \pm|a|t$ では微分不可能な関数となっている．ただし，片側導関数を考えると，その値は，$x = |a|t$ において左側導関数は $+\infty$，右側導関数は 0 となる．同様に，$x = -|a|t$ においては，左側導関数は 0，右側導関数は $+\infty$ となる．これは，式 (1.278) の特異点 $x = \pm|a|t$ における挙動そのものである．この事実は，式 (1.274) に書いたように，極限密度関数が極限累積分布関数の導関数として定義されることを思い出せば，視覚的にも理解できる．式 (1.274) が視覚的に意味することは，極限累積分布関数の $x = x_1$ における接線の傾き（微分係数）が，$x = x_1$ における極限密度関数の値であり，逆に，$-\infty < x \le x_1$ における極限密度関数と x 軸に挟まれた矩形の面積（積分）が，$x = x_1$ における極限累積分布関数の値である（図 1.38 参照）．図 1.35〜1.37 で，$x = |a|t - 0,\ -|a|t + 0$ におけるグラフの接線の傾きは $+\infty$ である．一方，図 1.32〜1.34 では，$x = |a|t - 0,\ -|a|t + 0$ における関数の値が $+\infty$ に発散している．同様に，$x = |a|t + 0,\ -|a|t - 0$ での挙動についても，極限累積分布関数の接線の傾きと極限密度関数の値を視覚的に比べることができよう．

例 1.13　$\alpha = 1/\sqrt{2}$, $\beta = i/\sqrt{2}$ のとき（図 1.35）

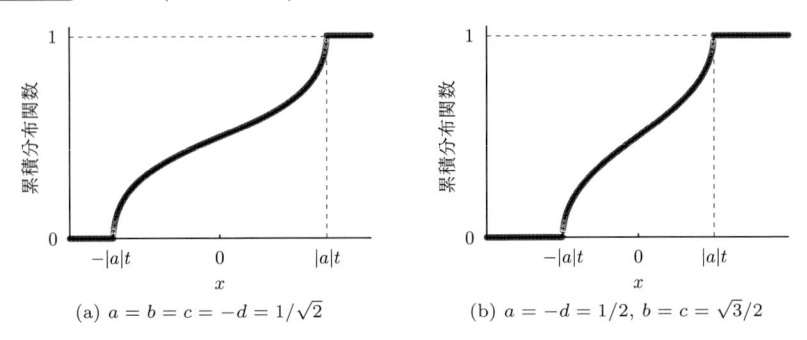

(a) $a = b = c = -d = 1/\sqrt{2}$　　　　(b) $a = -d = 1/2$, $b = c = \sqrt{3}/2$

図 1.35　時刻 500 の累積分布関数（点）と式 (1.279)（中抜の丸）の比較

例 1.14　$\alpha = 1$, $\beta = 0$ のとき（図 1.36）

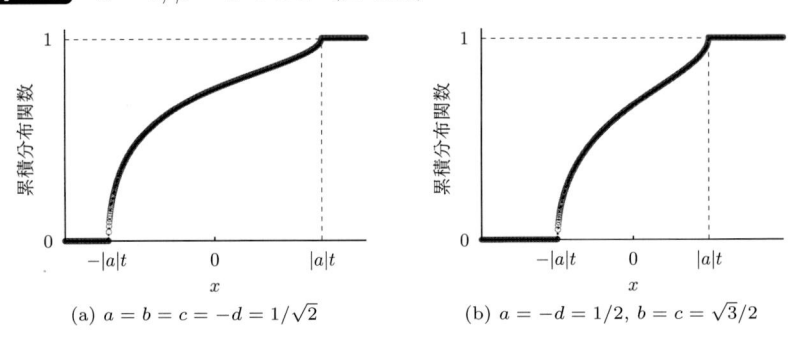

(a) $a = b = c = -d = 1/\sqrt{2}$　　　　(b) $a = -d = 1/2$, $b = c = \sqrt{3}/2$

図 1.36　時刻 500 の累積分布関数（点）と式 (1.279)（中抜の丸）の比較

例 1.15　$\alpha = 0$, $\beta = 1$ のとき（図 1.37）

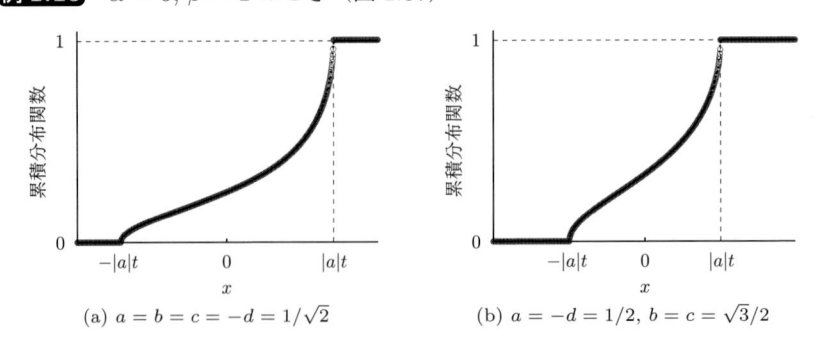

(a) $a = b = c = -d = 1/\sqrt{2}$　　　　(b) $a = -d = 1/2$, $b = c = \sqrt{3}/2$

図 1.37　時刻 500 の累積分布関数（点）と式 (1.279)（中抜の丸）の比較

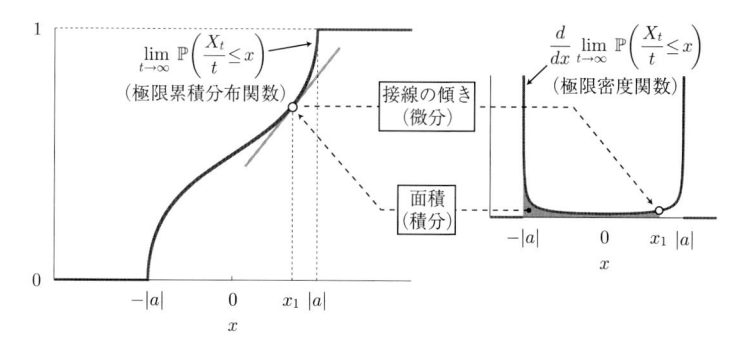

図 1.38 極限累積分布関数と極限密度関数の視覚的な関係

最後に，極限定理をフーリエ解析で導出する際に要点となった計算を，順序立ててまとめておく．

---

1. 行列 $R(k)U$ の固有値 $\lambda_i(k)\,(j = 1, 2)$ と正規化固有ベクトル $|v_j(k)\rangle\,(j = 1, 2)$ を求める．
2. $i\lambda_j'(k)/\lambda_j(k)$ を計算する．
3. $h(k) = i\lambda_2'(k)/\lambda_2(k)$ の逆関数 h^{-1} を求める[*39]．
4. $h(k) = x$ による置換積分を行う．

1.6 $abcd = 0$ **の場合**

定理 3 では，$abcd = 0$ の場合は含まれていない．じつは，この場合は前節で紹介した極限定理の解析にはのらない．理由は単純で，諸々の数式の分母に 0 が登場して，定義されない数式になってしまうからである．それは，定理 3 の結果を見てもわかる．ユニタリ作用素 U のパラメタが $abcd = 0$ を満たす場合，

[*39] $h(k) = i\lambda_1'(k)/\lambda_1(k)$ と置いても，この節で紹介した同様の計算方法で極限定理を得ることができる．

$|a|$ の値は 0 または 1 になり，式 (1.251) の右辺の被積分関数の分母に 0 が生じたり，その関数値が恒等的に 0 になる．つまり，その被積分関数は定義されない関数になったり，確率密度関数ではなかったりする．

少し手を動かして計算すればわかるのだが，$abcd = 0$ の場合は，確率分布の挙動は自明になる．どのような計算方法でもすぐわかることなのだが，せっかくなのでフーリエ解析を用いて説明してみようと思う．ここでは，ユニタリ行列として式 (1.252) の表現を用いて計算していく．式 (1.253) と同様の計算により，

$$abcd = 0 \iff \theta = 0, \frac{\pi}{2}, \pi, \frac{3\pi}{2} \tag{1.280}$$

となる．以下，前節のフーリエ解析同様，ヒルベルト空間 $\mathcal{H}_c$ の基底ベクトルは，式 (1.42) のようにとる．

まず，$\theta = 0, \pi$ のときを考える．このとき，

$$U = e^{i\theta} \begin{bmatrix} e^{i(\gamma+\xi)} & 0 \\ 0 & -e^{i(\delta-\xi)} \end{bmatrix} \tag{1.281}$$

と書ける[*40]．よって，

$$R(k)U = e^{i\theta} \begin{bmatrix} e^{ik} & 0 \\ 0 & e^{-ik} \end{bmatrix} \begin{bmatrix} e^{i(\gamma+\xi)} & 0 \\ 0 & -e^{i(\delta-\xi)} \end{bmatrix}$$
$$= e^{i\theta} \begin{bmatrix} e^{i(k+\gamma+\xi)} & 0 \\ 0 & -e^{i(-k+\delta-\xi)} \end{bmatrix} \tag{1.282}$$

となり，この対角行列の t 乗を計算すると，

$$(R(k)U)^t = e^{i\theta t} \begin{bmatrix} e^{i(k+\gamma+\xi)t} & 0 \\ 0 & -e^{i(-k+\delta-\xi)t} \end{bmatrix} \tag{1.283}$$

となる．したがって，時刻 t におけるフーリエ変換は，式 (1.111) より

[*40] $\theta = 0$ のとき，$e^{i\theta} = e^{i \cdot 0} = 1$ である．同様に，$\theta = \pi$ のとき，$e^{i\theta} = e^{i\pi} = -1$ である．

$$|\hat{\psi}_t(k)\rangle = (R(k)U)^t |\hat{\psi}_0(k)\rangle = e^{i\theta t} \begin{bmatrix} e^{i(k+\gamma+\xi)t} & 0 \\ 0 & -e^{i(-k+\delta-\xi)t} \end{bmatrix} \begin{bmatrix} \alpha \\ \beta \end{bmatrix}$$

$$= e^{i\theta t} \begin{bmatrix} e^{i(k+\gamma+\xi)t}\alpha \\ -e^{i(-k+\delta-\xi)t}\beta \end{bmatrix} \tag{1.284}$$

と計算される. 逆フーリエ変換を用いると,

$$|\psi_t(-t)\rangle = e^{i\theta t} \begin{bmatrix} e^{i(\gamma+\xi)t}\alpha \\ 0 \end{bmatrix} = \begin{bmatrix} e^{i(\theta+\gamma+\xi)t}\alpha \\ 0 \end{bmatrix} \tag{1.285}$$

$$|\psi_t(t)\rangle = e^{i\theta t} \begin{bmatrix} 0 \\ -e^{i(\delta-\xi)t}\beta \end{bmatrix} = \begin{bmatrix} 0 \\ -e^{i(\theta+\delta-\xi)t}\beta \end{bmatrix} \tag{1.286}$$

$$|\psi_t(x)\rangle = \begin{bmatrix} 0 \\ 0 \end{bmatrix} \qquad (x \neq \pm t) \tag{1.287}$$

を得る. ここで, 逆フーリエ変換を用いたと言ったが, じつは, 式 (1.284) を

$$|\hat{\psi}_t(k)\rangle = e^{-ik(-t)} \begin{bmatrix} e^{i(\theta+\gamma+\xi)t}\alpha \\ 0 \end{bmatrix} + e^{-ikt} \begin{bmatrix} 0 \\ -e^{i(\theta+\delta-\xi)t}\beta \end{bmatrix} \tag{1.288}$$

と変形すれば, 逆変換を計算するまでもなく, 式 (1.285), (1.286), (1.287) は一目瞭然となる. なぜなら, $e^{-ik(-t)}$ は位置 $-t$ を, e^{-ikt} は位置 t を表すラベルだからである. さらに, 確率分布を計算すると,

$$\mathbb{P}(X_t = x) = \begin{cases} |\alpha|^2 & (x = -t) \\ |\beta|^2 & (x = t) \\ 0 & (x \neq \pm t) \end{cases} \tag{1.289}$$

となる.

次は, $\theta = \pi/2, 3\pi/2$ の場合を計算する. 行列 U は,

$$U = -ie^{i\theta} \begin{bmatrix} 0 & e^{i(\gamma-\xi)} \\ e^{i(\delta+\xi)} & 0 \end{bmatrix} \tag{1.290}$$

と書ける[*41]. よって,

[*41] $\theta = \pi/2$ のとき, $-ie^{i\theta} = -ie^{i\pi/2} = 1$ である. 同様に, $\theta = 3\pi/2$ のとき, $-ie^{i\theta} = -ie^{i3\pi/2} = -1$ である.

$$R(k)U = -ie^{i\theta} \begin{bmatrix} e^{ik} & 0 \\ 0 & e^{-ik} \end{bmatrix} \begin{bmatrix} 0 & e^{i(\gamma-\xi)} \\ e^{i(\delta+\xi)} & 0 \end{bmatrix}$$

$$= -ie^{i\theta} \begin{bmatrix} 0 & e^{i(k+\gamma-\xi)} \\ e^{i(-k+\delta+\xi)} & 0 \end{bmatrix} \tag{1.291}$$

であり，これを二乗すると，

$$(R(k)U)^2 = (-i)^2 e^{i2\theta} \begin{bmatrix} e^{i(\gamma+\delta)} & 0 \\ 0 & e^{i(\gamma+\delta)} \end{bmatrix} = e^{i(\gamma+\delta)} \begin{bmatrix} 1 & 0 \\ 0 & 1 \end{bmatrix} \tag{1.292}$$

を得る．ここで，$e^{i2\cdot\pi/2} = e^{i\pi} = -1$, $e^{i2\cdot3\pi/2} = e^{i3\pi} = -1$ を用いた．したがって，

$$(R(k)U)^{2t} = \{(R(k)U)^2\}^t = e^{i(\gamma+\delta)t} \begin{bmatrix} 1 & 0 \\ 0 & 1 \end{bmatrix} \tag{1.293}$$

$$(R(k)U)^{2t+1} = R(k)U(R(k)U)^{2t} = -ie^{i\{\theta+(\gamma+\delta)t\}} \begin{bmatrix} 0 & e^{i(k+\gamma-\xi)} \\ e^{i(-k+\delta+\xi)} & 0 \end{bmatrix} \tag{1.294}$$

と計算され，

$$|\hat{\psi}_{2t}(k)\rangle = (R(k)U)^{2t} |\hat{\psi}_0(k)\rangle = e^{i(\gamma+\delta)t} \begin{bmatrix} 1 & 0 \\ 0 & 1 \end{bmatrix} \begin{bmatrix} \alpha \\ \beta \end{bmatrix}$$

$$= e^{i(\gamma+\delta)t} \begin{bmatrix} \alpha \\ \beta \end{bmatrix} = e^{ik\cdot0} \begin{bmatrix} e^{i(\gamma+\delta)t}\alpha \\ e^{i(\gamma+\delta)t}\beta \end{bmatrix} \tag{1.295}$$

$$|\hat{\psi}_{2t+1}(k)\rangle = (R(k)U)^{2t+1} |\hat{\psi}_0(k)\rangle$$

$$= -ie^{i\{\theta+(\gamma+\delta)t\}} \begin{bmatrix} 0 & e^{i(k+\gamma-\xi)} \\ e^{i(-k+\delta+\xi)} & 0 \end{bmatrix} \begin{bmatrix} \alpha \\ \beta \end{bmatrix}$$

$$= -ie^{i\{\theta+(\gamma+\delta)t\}} \begin{bmatrix} e^{i(k+\gamma-\xi)}\beta \\ e^{i(-k+\delta+\xi)}\alpha \end{bmatrix}$$

$$= e^{-ik(-1)} \begin{bmatrix} -ie^{i\{\theta+\gamma-\xi+(\gamma+\delta)t\}}\beta \\ 0 \end{bmatrix}$$

$$+ e^{-ik\cdot 1} \begin{bmatrix} 0 \\ -ie^{i\{\theta+\delta+\xi+(\gamma+\delta)t\}}\alpha \end{bmatrix} \tag{1.296}$$

がわかる. 複素数 $e^{ik\cdot 0}$, $e^{-ik(-1)}$, $e^{-ik\cdot 1}$ はそれぞれ, 位置 $0, -1, 1$ を表すラベルと考えられるので, 偶数時刻の確率振幅ベクトル

$$|\psi_{2t}(0)\rangle = \begin{bmatrix} e^{i(\gamma+\delta)t}\alpha \\ e^{i(\gamma+\delta)t}\beta \end{bmatrix}, \quad |\psi_{2t}(x)\rangle = \begin{bmatrix} 0 \\ 0 \end{bmatrix} \quad (x \neq 0) \tag{1.297}$$

と, 奇数時刻の確率振幅ベクトル

$$|\psi_{2t+1}(-1)\rangle = \begin{bmatrix} -ie^{i\{\theta+\gamma-\xi+(\gamma+\delta)t\}}\beta \\ 0 \end{bmatrix} \tag{1.298}$$

$$|\psi_{2t+1}(1)\rangle = \begin{bmatrix} 0 \\ -ie^{i\{\theta+\delta+\xi+(\gamma+\delta)t\}}\alpha \end{bmatrix} \tag{1.299}$$

$$|\psi_{2t+1}(x)\rangle = \begin{bmatrix} 0 \\ 0 \end{bmatrix} \quad (x \neq \pm 1) \tag{1.300}$$

を得る. これは, 逆フーリエ変換で計算しても得られる結果である. 以上より, 時刻の偶奇性によって, 確率分布は,

$$\mathbb{P}(X_{2t} = x) = \begin{cases} |\alpha|^2 + |\beta|^2 = 1 & (x = 0) \\ 0 & (x \neq 0) \end{cases} \tag{1.301}$$

$$\mathbb{P}(X_{2t+1} = x) = \begin{cases} |\beta|^2 & (x = -1) \\ |\alpha|^2 & (x = 1) \\ 0 & (x \neq \pm 1) \end{cases} \tag{1.302}$$

となることがわかる. したがって, $\lim_{t\to\infty} \mathbb{P}(X_t = x)$ は振動するため極限値をもたないが, 偶奇性を分けて考えれば,

$$\lim_{t\to\infty} \mathbb{P}(X_{2t} = x) = \begin{cases} 1 & (x = 0) \\ 0 & (x \neq 0) \end{cases} \tag{1.303}$$

$$\lim_{t \to \infty} \mathbb{P}(X_{2t+1} = x) = \begin{cases} |\beta|^2 & (x = -1) \\ |\alpha|^2 & (x = 1) \\ 0 & (x \neq \pm 1) \end{cases} \tag{1.304}$$

となり，極限値をもつ．

式 (1.289), (1.301), (1.302) を再び見れば，$abcd = 0$ のとき，量子ウォークの確率分布 $\mathbb{P}(X_t = x)$ はすべての時刻 t において容易に計算できて，その時間変化は自明であるという結論に達する．

■■■■■■■■■■■■■■■ column 1   物理学的な視点から見た量子ウォーク

この章の冒頭でも触れたように，量子ウォークは量子の運動を記述する数理モデルと考えられる．量子の例としては，電子や原子が挙げられる．紹介した標準的な量子ウォークは，一次元格子上を運動する電子のモデルと解釈できる．量子物理学によれば，電子は自転している．いまは，左回りと右回りの二種類の自転方向があるとして，左回りの自転を左スピン，右回りの自転を右スピンと簡単によぶことにする．この電子は，単位時間ごとに以下に述べるような状態遷移と移動を行うものとする．

まず，場所 $x \in \mathbb{Z}$ にいる電子のスピンの状態が，次のように，遷移確率振幅に従って遷移する．

$$\text{左スピン} \to \begin{cases} \text{左スピン} & (\text{確率振幅}\,a) \\ \text{右スピン} & (\text{確率振幅}\,c) \end{cases} \tag{1.305}$$

$$\text{右スピン} \to \begin{cases} \text{左スピン} & (\text{確率振幅}\,b) \\ \text{右スピン} & (\text{確率振幅}\,d) \end{cases} \tag{1.306}$$

この遷移ルールは，場所 x にいる電子の左スピンの状態を $|x\rangle \otimes |0\rangle$，右スピンの状態を $|x\rangle \otimes |1\rangle$ と表記すれば，

$$|x\rangle \otimes |0\rangle \to a\,|x\rangle \otimes |0\rangle + c\,|x\rangle \otimes |1\rangle \tag{1.307}$$

$$|x\rangle \otimes |1\rangle \to b\,|x\rangle \otimes |0\rangle + d\,|x\rangle \otimes |1\rangle \tag{1.308}$$

と表現される（図 1.39 参照）．ここで，状態間の遷移確率振幅を表にまとめれば，表 1.4 のようになる．

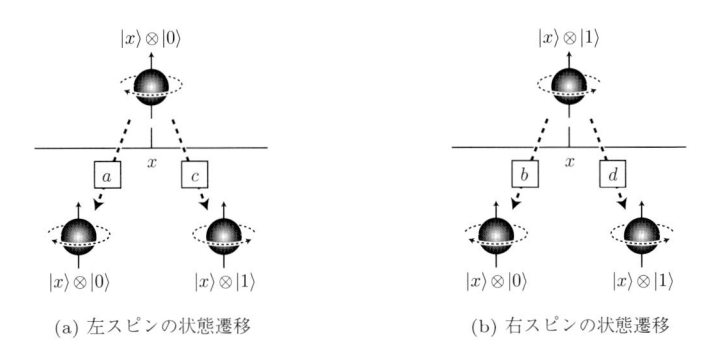

(a) 左スピンの状態遷移　　　　　　　(b) 右スピンの状態遷移

図 1.39　電子のスピン状態は，遷移確率振幅に従って遷移する

表 1.4　状態間の遷移確率振幅

遷移後 ＼ 遷移前	$\lvert x\rangle \otimes \lvert 0\rangle$	$\lvert x\rangle \otimes \lvert 1\rangle$
$\lvert x\rangle \otimes \lvert 0\rangle$	a	b
$\lvert x\rangle \otimes \lvert 1\rangle$	c	d

　この表の枠を外して括弧でくくれば，式 (1.1) に登場したユニタリ行列 U が得られる．ユニタリ性が仮定される理由は本編ですでに述べたように，確率分布を定義するための条件であり，遷移ルールの構成とは無関係である．

　状態遷移のあと，左スピンは左隣の格子点に，右スピンは右隣の格子点にそれぞれ移動する．つまり，スピン状態に応じて電子が左右にウォークする．この移動ルールは，$\lvert x\rangle \otimes \lvert 0\rangle$, $\lvert x\rangle \otimes \lvert 1\rangle$ で表記すれば，以下のようになる（図 1.40 参照）．

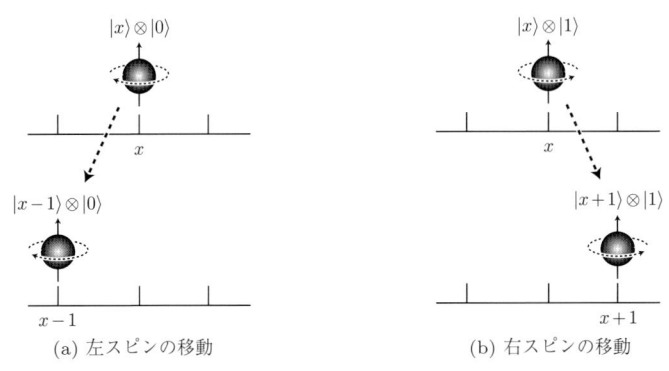

(a) 左スピンの移動　　　　　　　　(b) 右スピンの移動

図 1.40　電子のスピン状態によって，移動方向が異なる

$$|x\rangle \otimes |0\rangle \ \to \ |x-1\rangle \otimes |0\rangle, \quad |x\rangle \otimes |1\rangle \ \to \ |x+1\rangle \otimes |1\rangle \tag{1.309}$$

また，表 1.4 で，左移動に寄与するのは一行目，右移動に寄与するのは二行目である．したがって，式 (1.6)，(1.7) のように，ユニタリ行列 U を P, Q に分解しているのである．

式 (1.307)，(1.308)，(1.309) で与えられる一連の変化を時刻 t から $t+1$ へのシステムの変化と考えると，量子ウォークの時間発展の式にたどり着く．

第2章

2周期時刻依存型量子ウォーク

ここでは，量子ウォークの時間発展を決めるユニタリ作用素が，時刻に依存するようなモデルに注目する．時刻依存型の量子ウォークは，2004年に発表された Ribeiro *et al.* [11] の研究において，数値計算を用いて詳しく調べられている．彼らの論文では，周期的な数列，ランダムな数列，あるいは，フィボナッチ数列のアイディアに基づく数列に従って，ユニタリ作用素が時刻に対して変化する場合を扱っている．数列の種類に応じて，X_t の標準偏差が時刻 t の値に対してどのようなオーダーで変化するのかが数値的に明らかにされている．時刻依存型モデルに対する厳密な結果は少ないが，2周期あるいは3周期でユニタリ作用素が変化するような時刻依存型量子ウォークに対しては，$t \to \infty$ としたときの極限定理が得られている．この章では，2周期時刻依存型モデルに対する極限定理を紹介する．3周期時刻依存型モデルについては，次章で扱うことにする．

2.1 モデル

この章で対象とする2周期時刻依存型量子ウォークでは，2×2 の行列

$$U_1 = \begin{bmatrix} \cos\theta_1 & \sin\theta_1 \\ \sin\theta_1 & -\cos\theta_1 \end{bmatrix}, \qquad U_2 = \begin{bmatrix} \cos\theta_2 & \sin\theta_2 \\ \sin\theta_2 & -\cos\theta_2 \end{bmatrix} \tag{2.1}$$

によって，確率振幅ベクトル $|\psi_t(x)\rangle$ が，

$$|\psi_{t+1}(x)\rangle = \begin{cases} \sigma_1 U_1 |\psi_t(x+1)\rangle + \sigma_2 U_1 |\psi_t(x-1)\rangle & (t = 0, 2, 4, \cdots) \\ \sigma_1 U_2 |\psi_t(x+1)\rangle + \sigma_2 U_2 |\psi_t(x-1)\rangle & (t = 1, 3, 5, \cdots) \end{cases}$$

(2.2)

の漸化式に従って時間発展する．ただし，$\theta_1, \theta_2 \in [0, 2\pi)$ とする．行列 σ_1, σ_2 は，式 (1.1) で与えられた通りである．また，行列 U_1, U_2 はユニタリ行列のクラスに入っている．初期状態は，式 (1.9) で与えることにする．

　この量子ウォークに対する数学的な記述は，以下の通りである．時刻 t におけるシステム $|\Psi_t\rangle$ は，前章と同じくテンソル空間 $\mathcal{H}_p \otimes \mathcal{H}_c$ 上で記述され，その時間発展は，

$$U_1 = \cos\theta_1 |0\rangle\langle 0| + \sin\theta_1 |0\rangle\langle 1| + \sin\theta_1 |1\rangle\langle 0| - \cos\theta_1 |1\rangle\langle 1| \quad (2.3)$$

$$U_2 = \cos\theta_2 |0\rangle\langle 0| + \sin\theta_2 |0\rangle\langle 1| + \sin\theta_2 |1\rangle\langle 0| - \cos\theta_2 |1\rangle\langle 1| \quad (2.4)$$

として，作用素

$$C_1 = \sum_{x \in \mathbb{Z}} |x\rangle\langle x| \otimes U_1, \quad C_2 = \sum_{x \in \mathbb{Z}} |x\rangle\langle x| \otimes U_2 \quad (2.5)$$

を用いて，

$$|\Psi_{t+1}\rangle = \begin{cases} SC_1 |\Psi_t\rangle & (t = 0, 2, 4, \cdots) \\ SC_2 |\Psi_t\rangle & (t = 1, 3, 5, \cdots) \end{cases} \quad (2.6)$$

と表される．作用素 S は，式 (1.35) で与えられるものである．初期状態は，式 (1.54) で与えることにする．式 (2.6) を用いれば，時間発展後のシステムは，時刻の偶奇性に応じて，

$$|\Psi_{2t}\rangle = (SC_2 SC_1)^t |\Psi_0\rangle \quad (2.7)$$

$$|\Psi_{2t+1}\rangle = SC_1 (SC_2 SC_1)^t |\Psi_0\rangle \quad (2.8)$$

となり，初期状態と結びつく．

　このモデルは，$\theta_2 = \theta_1$ のときは，$U_2 = U_1$ となるので，標準的な量子ウォークになる．一方，$\theta_2 \neq \theta_1$ のときは，$U_2 \neq U_1$ なので，時間発展ルールが2周期で変化する2周期時刻依存型モデルと言える．

2.2　確率分布

　ここでは，確率分布 $\mathbb{P}(X_t = x)$ の挙動を把握するために，確率分布の図をいくつか掲載する．それぞれの図は，数値計算による結果である．

　まずはじめに，時刻 500 の確率分布を見てみよう（図 2.1〜2.3）．これらの図では，確率分布 $\mathbb{P}(X_{500} = x)$ の値のうち，正の値のみをプロットして線で結んである．

例 2.1　$\alpha = 1/\sqrt{2}, \beta = i/\sqrt{2}$ のとき（図 2.1）

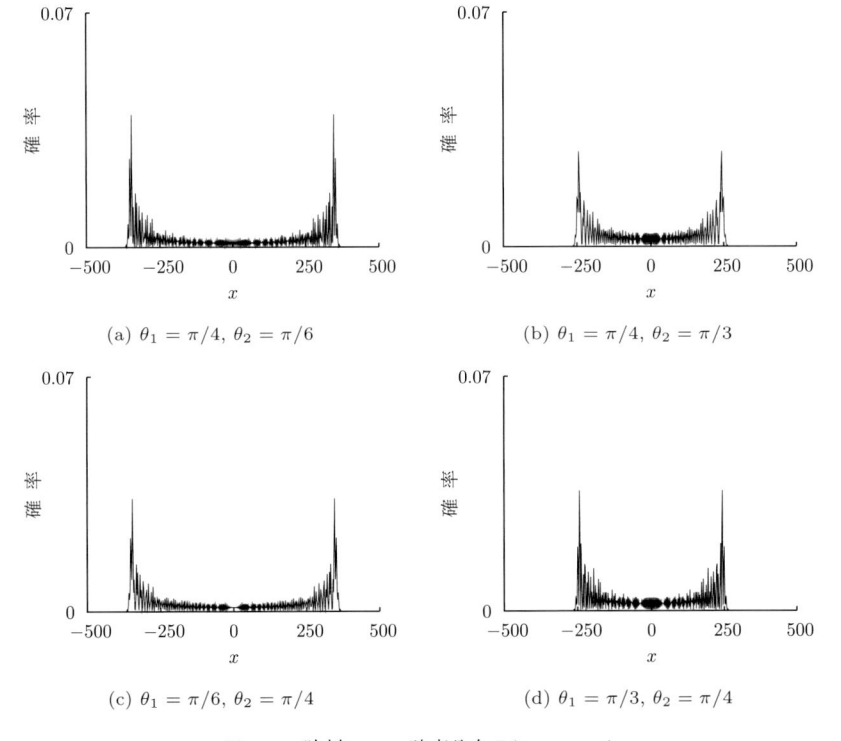

(a) $\theta_1 = \pi/4, \theta_2 = \pi/6$　　　　　(b) $\theta_1 = \pi/4, \theta_2 = \pi/3$

(c) $\theta_1 = \pi/6, \theta_2 = \pi/4$　　　　　(d) $\theta_1 = \pi/3, \theta_2 = \pi/4$

図 2.1　時刻 500 の確率分布 $\mathbb{P}(X_{500} = x)$

例 2.2　$\alpha = 1,\ \beta = 0$ のとき（図 2.2）

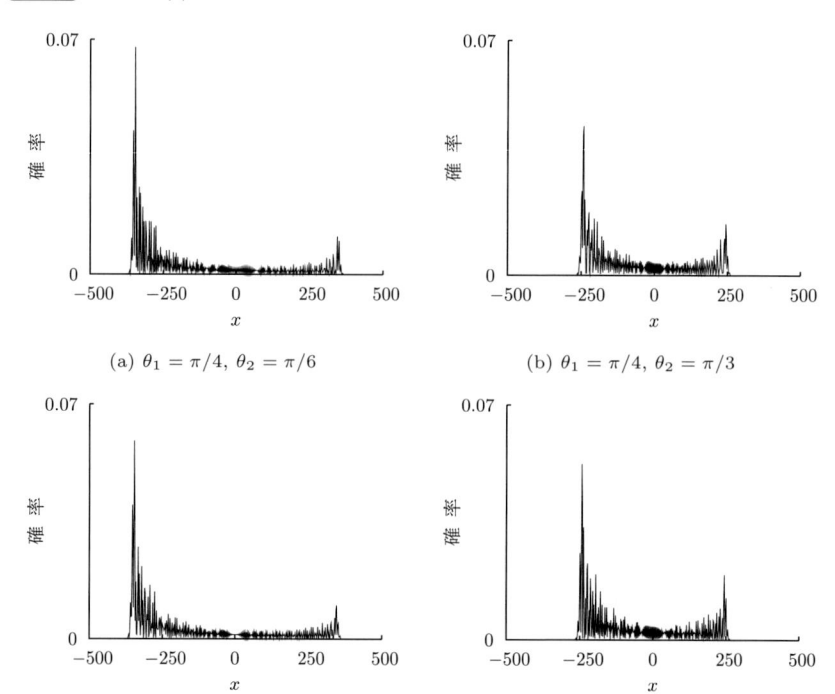

(a) $\theta_1 = \pi/4,\ \theta_2 = \pi/6$ 　　　　　 (b) $\theta_1 = \pi/4,\ \theta_2 = \pi/3$

(c) $\theta_1 = \pi/6,\ \theta_2 = \pi/4$ 　　　　　 (d) $\theta_1 = \pi/3,\ \theta_2 = \pi/4$

図 2.2　時刻 500 の確率分布 $\mathbb{P}(X_{500} = x)$

例 2.3　$\alpha = 0$, $\beta = 1$ のとき（図 2.3）

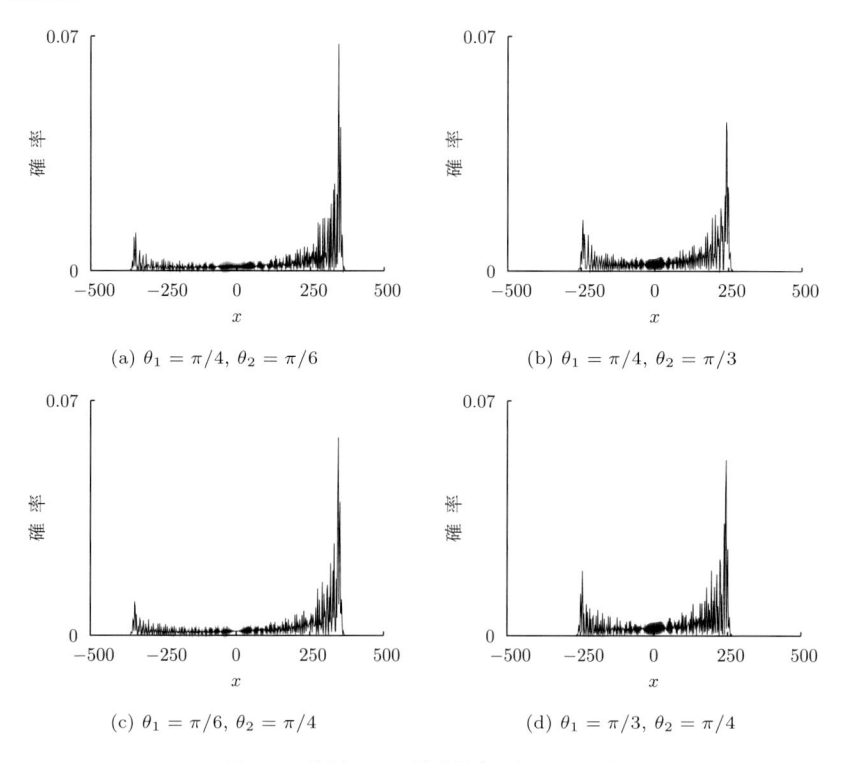

(a) $\theta_1 = \pi/4$, $\theta_2 = \pi/6$

(b) $\theta_1 = \pi/4$, $\theta_2 = \pi/3$

(c) $\theta_1 = \pi/6$, $\theta_2 = \pi/4$

(d) $\theta_1 = \pi/3$, $\theta_2 = \pi/4$

図 2.3　時刻 500 の確率分布 $\mathbb{P}(X_{500} = x)$

　次に，確率分布の時間発展の様子を，図 2.4〜2.6 に挙げる．それぞれの図は密度プロットを用いて表現されており，横軸が場所 x，縦軸が時刻 t，そして色の濃淡が確率を表している．

例 2.4　$\alpha = 1/\sqrt{2}$, $\beta = i/\sqrt{2}$ のとき（図 2.4）

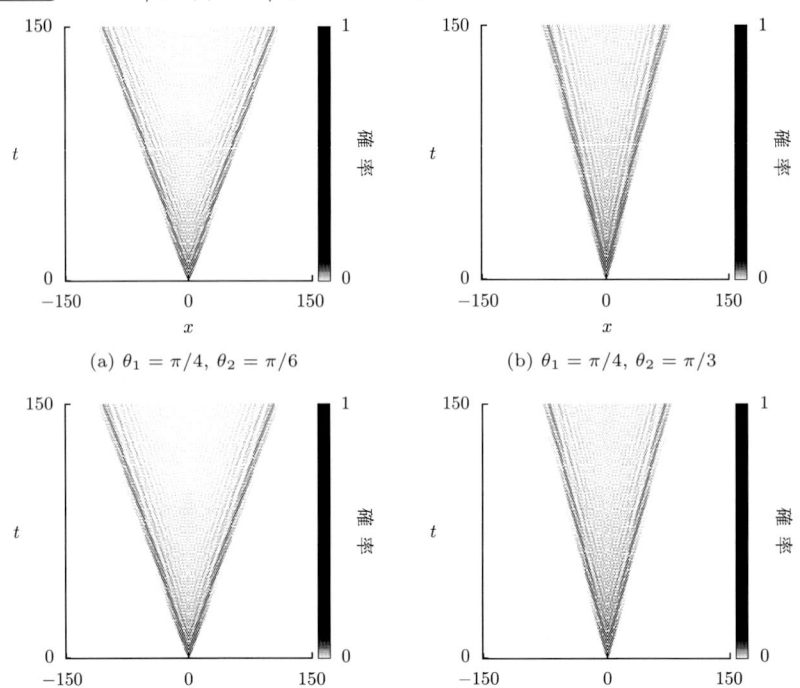

(a) $\theta_1 = \pi/4$, $\theta_2 = \pi/6$　　(b) $\theta_1 = \pi/4$, $\theta_2 = \pi/3$

(c) $\theta_1 = \pi/6$, $\theta_2 = \pi/4$　　(d) $\theta_1 = \pi/3$, $\theta_2 = \pi/4$

図 2.4　確率分布 $\mathbb{P}(X_t = x)$ の時間発展（密度プロット）

例 2.5　$\alpha = 1$, $\beta = 0$ のとき（図 2.5）

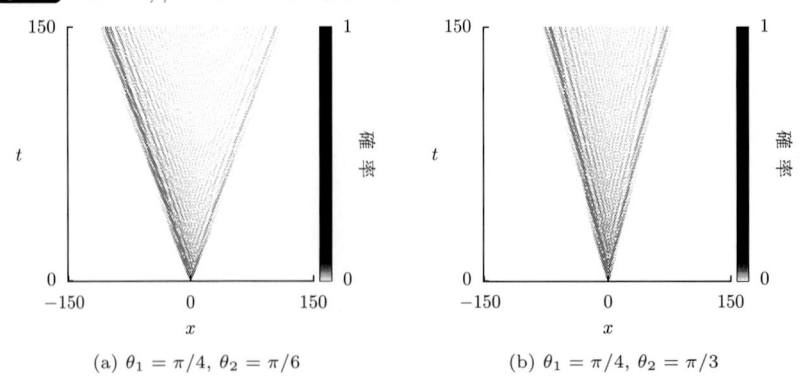

(a) $\theta_1 = \pi/4$, $\theta_2 = \pi/6$　　(b) $\theta_1 = \pi/4$, $\theta_2 = \pi/3$

図 2.5　（次ページに続く）

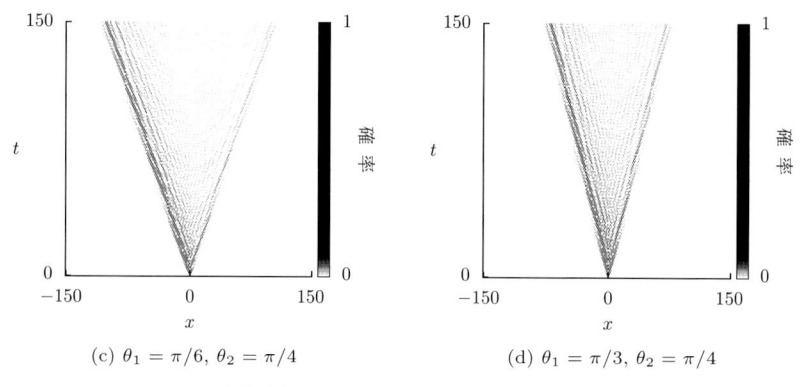

(c) $\theta_1 = \pi/6$, $\theta_2 = \pi/4$ (d) $\theta_1 = \pi/3$, $\theta_2 = \pi/4$

図 2.5 確率分布 $\mathbb{P}(X_t = x)$ の時間発展（密度プロット）

例 2.6 $\alpha = 0$, $\beta = 1$ のとき（図 2.6）

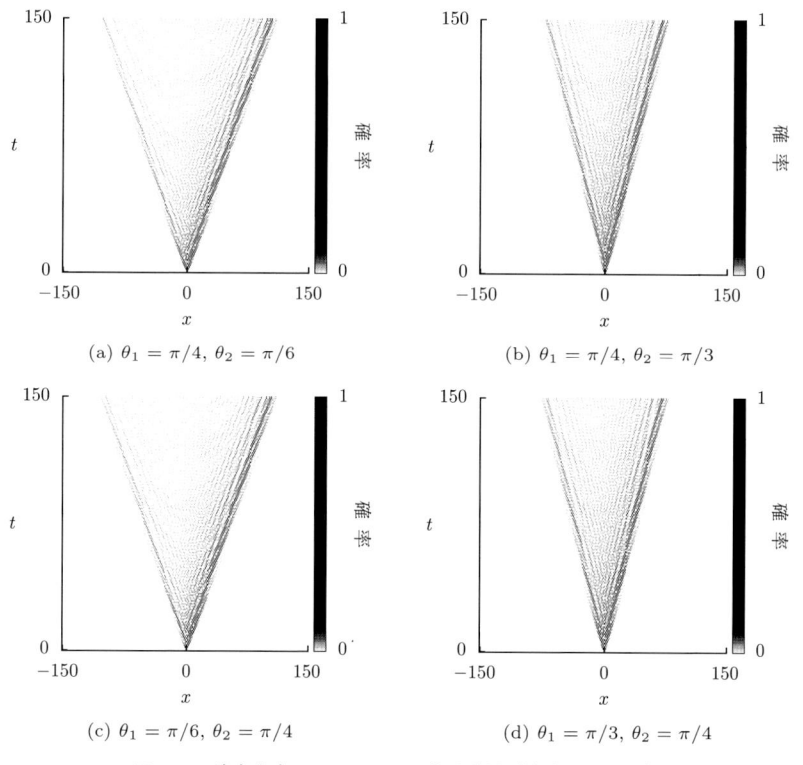

(a) $\theta_1 = \pi/4$, $\theta_2 = \pi/6$ (b) $\theta_1 = \pi/4$, $\theta_2 = \pi/3$

(c) $\theta_1 = \pi/6$, $\theta_2 = \pi/4$ (d) $\theta_1 = \pi/3$, $\theta_2 = \pi/4$

図 2.6 確率分布 $\mathbb{P}(X_t = x)$ の時間発展（密度プロット）

　最後に，時刻 150 の確率分布が，パラメタ θ_1, θ_2 にどのように依存するのか
を見てみよう（図 2.7〜2.9）．それぞれの図は密度プロットを用いて表現されて
おり，横軸が場所 x，縦軸がパラメタ θ_1 あるいは θ_2，そして色の濃淡が確率で
ある．各図において，図 (a)，(b)，(c) は θ_1 を固定して θ_2 を動かしたときの
確率分布，図 (d)，(e)，(f) は θ_2 を固定して θ_1 を動かしたときの確率分布の
振舞いを表している．

例 2.7　$\alpha = 1/\sqrt{2}, \beta = i/\sqrt{2}$ のとき（図 2.7）

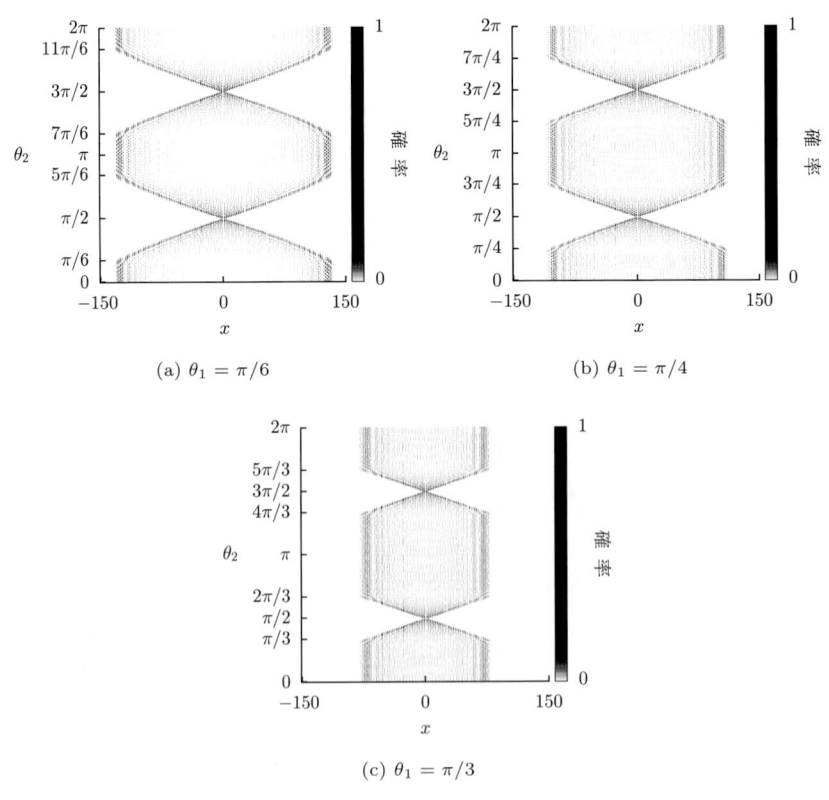

(a) $\theta_1 = \pi/6$　　　　　　　(b) $\theta_1 = \pi/4$

(c) $\theta_1 = \pi/3$

図 2.7　（次ページに続く）

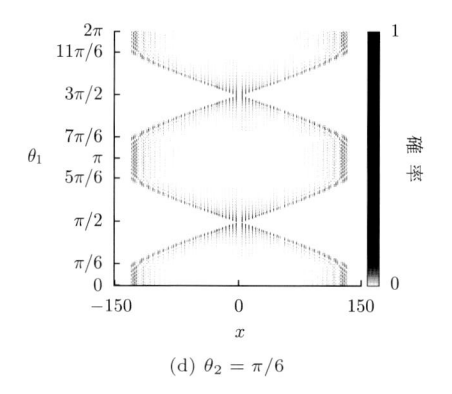

(d) $\theta_2 = \pi/6$

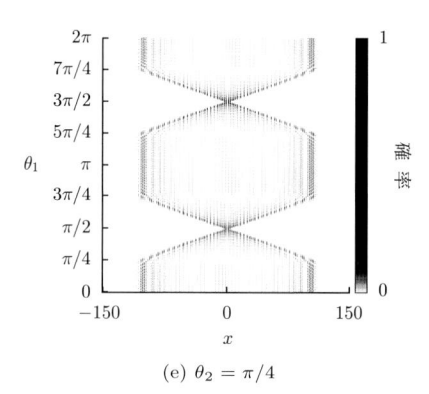

(e) $\theta_2 = \pi/4$

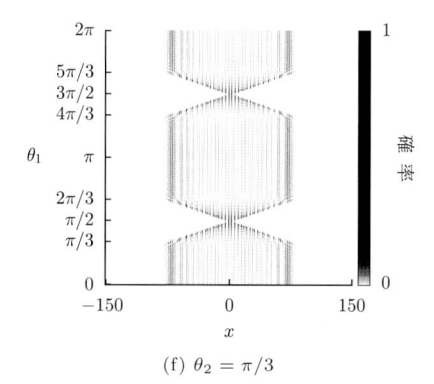

(f) $\theta_2 = \pi/3$

図 2.7　確率分布 $\mathbb{P}(X_{150} = x)$ のパラメタ θ_1, θ_2 への依存性（密度プロット）

例 2.8 $\alpha = 1,\ \beta = 0$ のとき（図 2.8）

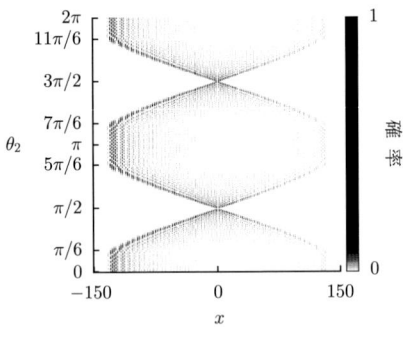

(a) $\theta_1 = \pi/6$

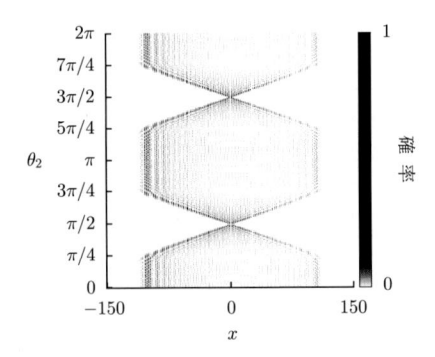

(b) $\theta_1 = \pi/4$

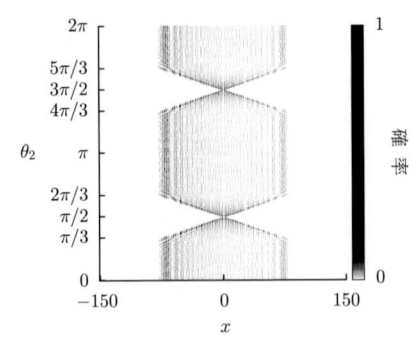

(c) $\theta_1 = \pi/3$

図 2.8（次ページに続く）

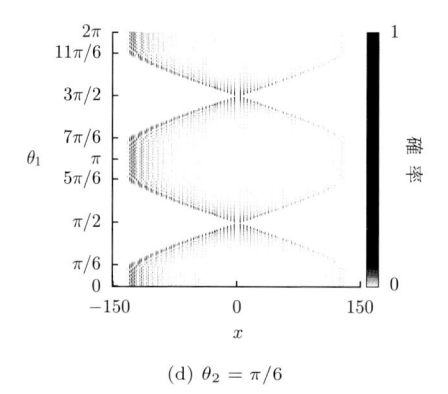

(d) $\theta_2 = \pi/6$

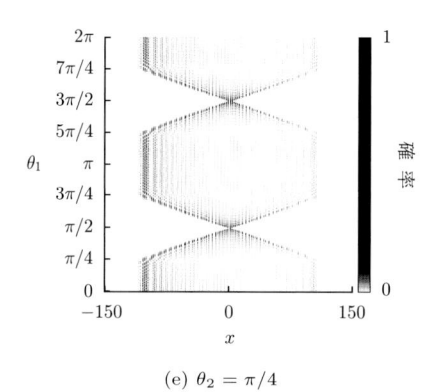

(e) $\theta_2 = \pi/4$

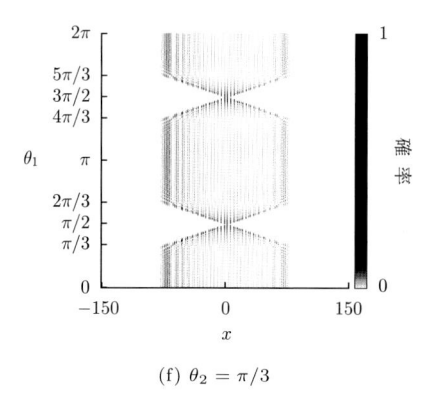

(f) $\theta_2 = \pi/3$

図 **2.8** 確率分布 $\mathbb{P}(X_{150} = x)$ のパラメタ θ_1, θ_2 への依存性（密度プロット）

例 2.9 $\alpha = 0,\ \beta = 1$ のとき（図 2.9）

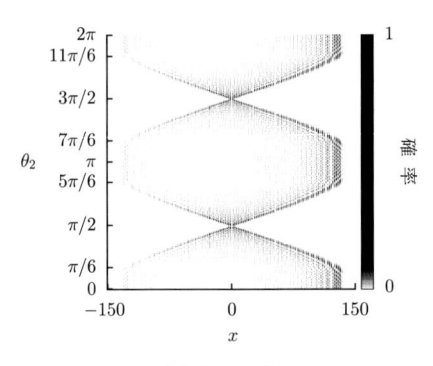

(a) $\theta_1 = \pi/6$

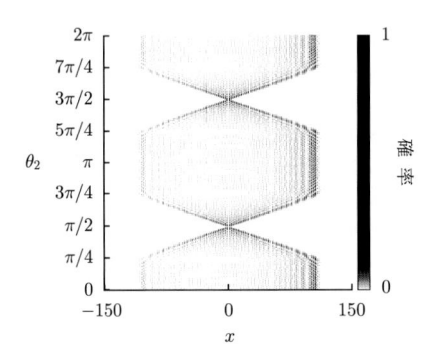

(b) $\theta_1 = \pi/4$

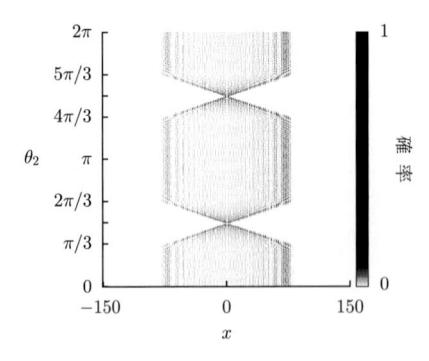

(c) $\theta_1 = \pi/3$

図 2.9 （次ページに続く）

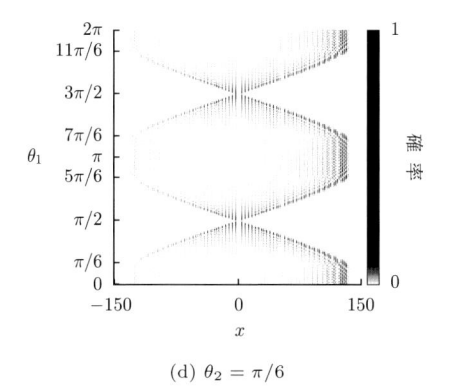

(d) $\theta_2 = \pi/6$

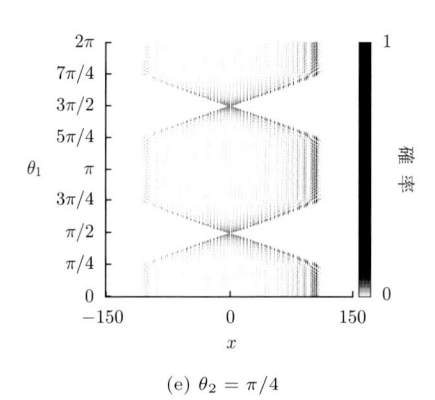

(e) $\theta_2 = \pi/4$

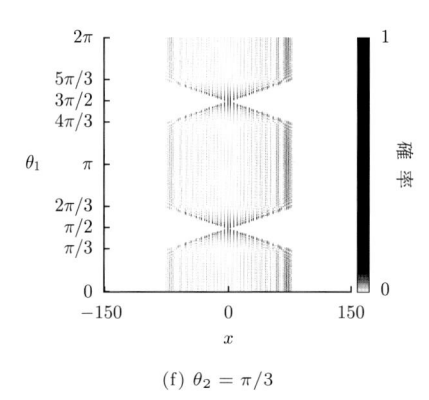

(f) $\theta_2 = \pi/3$

図 2.9 確率分布 $\mathbb{P}(X_{150} = x)$ のパラメタ θ_1, θ_2 への依存性（密度プロット）

図 2.1〜2.3 に見るように，ひとつひとつの確率分布は，第 1 章で紹介した標準的な量子ウォークの確率分布と大きく異なるわけではない．同様に，確率分布の時間発展も，図 2.4〜2.6 に示されているように，標準的な量子ウォークのもの（図 1.13〜1.15）と同じような拡がり方をしている．しかし，図 2.7〜2.9 を見ると，ユニタリ作用素への依存性には，興味深い振舞いを観察することができる．その振舞いとは，確率分布に見られる二つのピークの間隔が，動かしているパラメタ θ_1 あるいは θ_2 に依存しない領域が存在することである．例えば，図 2.7(a) を見ると，$\theta_2 \in [0, \pi/6] \cup [5\pi/6, 7\pi/6] \cup [11\pi/6, 2\pi)$ では，どんな θ_2 に対しても，二つのピークの間隔は同じである．この面白い振舞いは，次に紹介する極限定理でも見ることができる．

2.3 極限定理

この章で定義したタイプの 2 周期時刻依存型量子ウォークに対しては，$t \to \infty$ としたときの分布収束定理が Machida and Konno [12] により得られている．

定理 4 パラメタが $\theta_1, \theta_2 \neq 0, \pi/2, \pi, 3\pi/2$ のとき，任意の実数 x に対して，次が成り立つ．

$$\lim_{t \to \infty} \mathbb{P}\left(\frac{X_t}{t} \leq x\right) = \int_{-\infty}^{x} \frac{\sqrt{1 - \xi(\theta_1, \theta_2)^2}}{\pi(1 - y^2)\sqrt{\xi(\theta_1, \theta_2)^2 - y^2}}$$
$$\times \left[1 - \left\{|\alpha|^2 - |\beta|^2 + \frac{\sin\theta_1(\alpha\overline{\beta} + \overline{\alpha}\beta)}{\cos\theta_1}\right\} y\right] I_{(-\xi(\theta_1, \theta_2), \xi(\theta_1, \theta_2))}(y)\, dy$$

$$(2.9)$$

ただし，$\xi(\theta_1, \theta_2) = \min\{|\cos\theta_1|, |\cos\theta_2|\}$ である．

この定理では，$\theta_1, \theta_2 \in \{0, \pi/2, \pi, 3\pi/2\}$ の場合を除外してあるが，これらのパラメタを設定するとき，本章で扱う 2 周期時刻依存型モデルの解析は，標準的な量子ウォークのモデル，あるいは，挙動が自明となるモデルの解析に帰着される．それらの解析については，すでに第 1 章で解説したので，$\theta_1, \theta_2 \in \{0, \pi/2, \pi, 3\pi/2\}$ の場合については読者に委ねたい．

定理 4 は，標準的な量子ウォークに対する極限定理同様，フーリエ解析を用いて証明することができる．基本的な計算方針は第 1 章で示したものと同じなので，ここではその要点だけを示したいと思う．以降に示す証明では，具体的に計算するために，ヒルベルト空間 $\mathcal{H}_c$ の基底を式 (1.42) ととることにする．

まず，式 (1.106) と同様の計算を行うことで，フーリエ変換 $|\hat{\psi}_t(k)\rangle = \sum_{x \in \mathbb{Z}} e^{-ikx} |\psi_t(x)\rangle$ $(k \in [-\pi, \pi))$ の時間発展は，式 (2.2) より，

$$|\hat{\psi}_{t+1}(k)\rangle = \begin{cases} R(k)U_1 |\hat{\psi}_t(k)\rangle & (t = 0, 2, 4, \cdots) \\ R(k)U_2 |\hat{\psi}_t(k)\rangle & (t = 1, 3, 5, \cdots) \end{cases} \tag{2.10}$$

となることがわかる．これを繰り返し用いることで，時刻の偶奇に応じて，初期状態との関係式

$$|\hat{\psi}_{2t}(k)\rangle = (R(k)U_2 R(k)U_1)^t |\hat{\psi}_0(k)\rangle \tag{2.11}$$

$$|\hat{\psi}_{2t+1}(k)\rangle = R(k)U_1 (R(k)U_2 R(k)U_1)^t |\hat{\psi}_0(k)\rangle \tag{2.12}$$

を得る．初期状態のフーリエ変換は，式 (1.116) となる．したがって，2×2 のユニタリ行列 $R(k)U_2 R(k)U_1$ の固有値を $\lambda_j(k)$ $(j = 1, 2)$，その固有値に対応する正規化固有ベクトルを $|v_j(k)\rangle$ $(j = 1, 2)$ とすると，式 (1.158) を導いた計算と同様にして，

$$|\hat{\psi}_{2t}(k)\rangle = \lambda_1(k)^t \langle v_1(k)|\phi\rangle |v_1(k)\rangle + \lambda_2(k)^t \langle v_2(k)|\phi\rangle |v_2(k)\rangle \tag{2.13}$$

を得る．ただし，ベクトル $|\phi\rangle$ は，式 (1.157) で定義したように，初期状態のフーリエ変換を意味する．さらに，$|\hat{\psi}_{2t+1}(k)\rangle = R(k)U_1 |\hat{\psi}_{2t}(k)\rangle$ なので，

$$|\hat{\psi}_{2t+1}(k)\rangle = R(k)U_1 \Big(\lambda_1(k)^t \langle v_1(k)|\phi\rangle |v_1(k)\rangle + \lambda_2(k)^t \langle v_2(k)|\phi\rangle |v_2(k)\rangle \Big) \tag{2.14}$$

も得る．十分大きな t に対して，フーリエ変換の r 回微分 $(r = 0, 1, 2, \cdots)$ は，時刻 t のオーダーで整理すると，

$$\begin{aligned} \frac{d^r}{dk^r} |\hat{\psi}_{2t}(k)\rangle = (t)_r \Big(&\lambda_1(k)^{t-r} \lambda_1'(k)^r \langle v_1(k)|\phi\rangle |v_1(k)\rangle \\ &+ \lambda_2(k)^{t-r} \lambda_2'(k)^r \langle v_2(k)|\phi\rangle |v_2(k)\rangle \Big) \\ &+ O(t^{r-1}) |0\rangle + O(t^{r-1}) |1\rangle \end{aligned} \tag{2.15}$$

$$\frac{d^r}{dk^r} |\hat{\psi}_{2t+1}(k)\rangle = (t)_r R(k) U_1 \Big(\lambda_1(k)^{t-r} \lambda_1'(k)^r \langle v_1(k)|\phi\rangle |v_1(k)\rangle$$
$$+ \lambda_2(k)^{t-r} \lambda_2'(k)^r \langle v_2(k)|\phi\rangle |v_2(k)\rangle \Big)$$
$$+ O(t^{r-1}) |0\rangle + O(t^{r-1}) |1\rangle \tag{2.16}$$

となるので，式 (2.13)，(2.14) の共役転置行列

$$\langle \hat{\psi}_{2t}(k)|$$
$$= \overline{\lambda_1(k)}^t \cdot \overline{\langle v_1(k)|\phi\rangle} \langle v_1(k)| + \overline{\lambda_2(k)}^t \cdot \overline{\langle v_2(k)|\phi\rangle} \langle v_2(k)| \tag{2.17}$$
$$\langle \hat{\psi}_{2t+1}(k)|$$
$$= \Big(\overline{\lambda_1(k)}^t \cdot \overline{\langle v_1(k)|\phi\rangle} \langle v_1(k)| + \overline{\lambda_2(k)}^t \cdot \overline{\langle v_2(k)|\phi\rangle} \langle v_2(k)| \Big)^\dagger U_1 R(-k)$$
$$\tag{2.18}$$

との積を考えることによって，

$$\langle \hat{\psi}_{2t}(k)| \frac{d^r}{dk^r} |\hat{\psi}_{2t}(k)\rangle$$
$$= (t)_r \left\{ \left(\frac{\lambda_1'(k)}{\lambda_1(k)} \right)^r \left| \langle v_1(k)|\phi\rangle \right|^2 + \left(\frac{\lambda_2'(k)}{\lambda_2(k)} \right)^r \left| \langle v_2(k)|\phi\rangle \right|^2 \right\} + O(t^{r-1})$$
$$\tag{2.19}$$

$$\langle \hat{\psi}_{2t+1}(k)| \frac{d^r}{dk^r} |\hat{\psi}_{2t+1}(k)\rangle$$
$$= (t)_r \left\{ \left(\frac{\lambda_1'(k)}{\lambda_1(k)} \right)^r \left| \langle v_1(k)|\phi\rangle \right|^2 + \left(\frac{\lambda_2'(k)}{\lambda_2(k)} \right)^r \left| \langle v_2(k)|\phi\rangle \right|^2 \right\} + O(t^{r-1})$$
$$\tag{2.20}$$

を得る．これらの両辺に i^r を乗じて，式 (1.163) を導出したのと同様にして X_t の r 次モーメントを計算すると，

$$\mathbb{E}(X_{2t}^r)$$
$$= (t)_r \cdot \frac{1}{2\pi} \int_{-\pi}^{\pi} \left\{ \left(\frac{i\lambda_1'(k)}{\lambda_1(k)} \right)^r \left| \langle v_1(k)|\phi\rangle \right|^2 + \left(\frac{i\lambda_2'(k)}{\lambda_2(k)} \right)^r \left| \langle v_2(k)|\phi\rangle \right|^2 \right\} dk$$
$$+ O(t^{r-1}) \tag{2.21}$$
$$\mathbb{E}(X_{2t+1}^r)$$

$$= (t)_r \cdot \frac{1}{2\pi} \int_{-\pi}^{\pi} \left\{ \left(\frac{i\lambda_1'(k)}{\lambda_1(k)} \right)^r \left| \langle v_1(k)|\phi \rangle \right|^2 + \left(\frac{i\lambda_2'(k)}{\lambda_2(k)} \right)^r \left| \langle v_2(k)|\phi \rangle \right|^2 \right\} dk$$

$$+ O(t^{r-1}) \tag{2.22}$$

となる. よって,

$$\lim_{t \to \infty} \frac{\mathbb{E}(X_{2t}^r)}{(2t)^r}$$

$$= \frac{1}{2\pi} \int_{-\pi}^{\pi} \left\{ \left(\frac{i\lambda_1'(k)}{2\lambda_1(k)} \right)^r \left| \langle v_1(k)|\phi \rangle \right|^2 + \left(\frac{i\lambda_2'(k)}{2\lambda_2(k)} \right)^r \left| \langle v_2(k)|\phi \rangle \right|^2 \right\} dk \tag{2.23}$$

$$\lim_{t \to \infty} \frac{\mathbb{E}(X_{2t+1}^r)}{(2t+1)^r} = \lim_{t \to \infty} \frac{\mathbb{E}(X_{2t+1}^r)}{(2t)^r} \cdot \left(\frac{2t}{2t+1} \right)^r$$

$$= \frac{1}{2\pi} \int_{-\pi}^{\pi} \left\{ \left(\frac{i\lambda_1'(k)}{2\lambda_1(k)} \right)^r \left| \langle v_1(k)|\phi \rangle \right|^2 + \left(\frac{i\lambda_2'(k)}{2\lambda_2(k)} \right)^r \left| \langle v_2(k)|\phi \rangle \right|^2 \right\} dk \tag{2.24}$$

であり, 分母の $(2t)^r, (2t+1)^r$ の項は確率法則 $\mathbb{P}$ に関係ないので, 期待値 $\mathbb{E}(\cdot)$ の括弧の中に入れてまとめると,

$$\lim_{t \to \infty} \mathbb{E} \left[\left(\frac{X_{2t}}{2t} \right)^r \right] = \lim_{t \to \infty} \mathbb{E} \left[\left(\frac{X_{2t+1}}{2t+1} \right)^r \right]$$

$$= \frac{1}{2\pi} \int_{-\pi}^{\pi} \left\{ \left(\frac{i\lambda_1'(k)}{2\lambda_1(k)} \right)^r \left| \langle v_1(k)|\phi \rangle \right|^2 + \left(\frac{i\lambda_2'(k)}{2\lambda_2(k)} \right)^r \left| \langle v_2(k)|\phi \rangle \right|^2 \right\} dk \tag{2.25}$$

がわかる. つまり, 時刻の偶奇によらず,

$$\lim_{t \to \infty} \mathbb{E} \left[\left(\frac{X_t}{t} \right)^r \right]$$

$$= \frac{1}{2\pi} \int_{-\pi}^{\pi} \left\{ \left(\frac{i\lambda_1'(k)}{2\lambda_1(k)} \right)^r \left| \langle v_1(k)|\phi \rangle \right|^2 + \left(\frac{i\lambda_2'(k)}{2\lambda_2(k)} \right)^r \left| \langle v_2(k)|\phi \rangle \right|^2 \right\} dk$$

$$= \frac{1}{2\pi} \int_{-\pi}^{\pi} \left(\frac{i\lambda_1'(k)}{2\lambda_1(k)} \right)^r \left| \langle v_1(k)|\phi \rangle \right|^2 dk + \frac{1}{2\pi} \int_{-\pi}^{\pi} \left(\frac{i\lambda_2'(k)}{2\lambda_2(k)} \right)^r \left| \langle v_2(k)|\phi \rangle \right|^2 dk \tag{2.26}$$

である. あとは, 定理 1 の証明と同様にして, 各積分に対して, $i\lambda_1'(k)/2\lambda_1(k) =$

x, あるいは，$i\lambda_2'(k)/2\lambda_2(k) = x$ の置換積分を行えばよい.

以降，$\cos\theta_1 = c_1$, $\sin\theta_1 = s_1$, $\cos\theta_2 = c_2$, $\sin\theta_2 = s_2$ と略記することにする. 行列

$$R(k)U_2R(k)U_1 = \begin{bmatrix} c_1c_2e^{2ik} + s_1s_2 & s_1c_2e^{2ik} - c_1s_2 \\ -s_1c_2e^{-2ik} + c_1s_2 & c_1c_2e^{-2ik} + s_1s_2 \end{bmatrix} \tag{2.27}$$

の固有値を計算すると，

$$\lambda_1(k) = c_1c_2\cos 2k + s_1s_2 + i\sqrt{1 - (c_1c_2\cos 2k + s_1s_2)^2} \tag{2.28}$$

$$\lambda_2(k) = c_1c_2\cos 2k + s_1s_2 - i\sqrt{1 - (c_1c_2\cos 2k + s_1s_2)^2} \tag{2.29}$$

となる. 正規化固有ベクトルとしては，

$$|v_1(k)\rangle = \frac{1}{\sqrt{N_1(k)}} \begin{bmatrix} s_1c_2e^{2ik} - c_1s_2 \\ i\left\{-c_1c_2\sin 2k + \sqrt{1 - (c_1c_2\cos 2k + s_1s_2)^2}\right\} \end{bmatrix} \tag{2.30}$$

$$|v_2(k)\rangle = \frac{1}{\sqrt{N_2(k)}} \begin{bmatrix} s_1c_2e^{2ik} - c_1s_2 \\ i\left\{-c_1c_2\sin 2k - \sqrt{1 - (c_1c_2\cos 2k + s_1s_2)^2}\right\} \end{bmatrix} \tag{2.31}$$

がとれる. ただし，

$$N_1(k) = 2\Big\{1 - (c_1c_2\cos 2k + s_1s_2)^2 \\ - c_1c_2\sin 2k\sqrt{1 - (c_1c_2\cos 2k + s_1s_2)^2}\Big\} \tag{2.32}$$

$$N_2(k) = 2\Big\{1 - (c_1c_2\cos 2k + s_1s_2)^2 \\ + c_1c_2\sin 2k\sqrt{1 - (c_1c_2\cos 2k + s_1s_2)^2}\Big\} \tag{2.33}$$

である. さらに，式 (2.28), (2.29) より，

$$\frac{i\lambda_1'(k)}{2\lambda_1(k)} = -\frac{c_1c_2\sin 2k}{\sqrt{1 - (c_1c_2\cos 2k + s_1s_2)^2}} \tag{2.34}$$

$$\frac{i\lambda_2'(k)}{2\lambda_2(k)} = \frac{c_1c_2\sin 2k}{\sqrt{1 - (c_1c_2\cos 2k + s_1s_2)^2}} \tag{2.35}$$

と計算される. ここで，関数

$$h(k) = \frac{c_1 c_2 \sin 2k}{\sqrt{1 - (c_1 c_2 \cos 2k + s_1 s_2)^2}} \qquad (k \in [-\pi, \pi)) \qquad (2.36)$$

の値がとりうる範囲を調べると，$\xi(\theta_1, \theta_2) = \min\{|\cos\theta_1|, |\cos\theta_2|\}$ として，閉区間 $[-\xi(\theta_1, \theta_2), \xi(\theta_1, \theta_2)]$ であることがわかる（図 2.10 も参照）．また，

$$h(k)^2 = x^2 \iff \cos 2k = \frac{s_1 s_2 x^2 \pm \sqrt{(c_1^2 - x^2)(c_2^2 - x^2)}}{c_1 c_2 (1 - x^2)} \qquad (2.37)$$

の変形は，置換積分で必要となる逆関数 h^{-1} を求めるのに役に立つ．

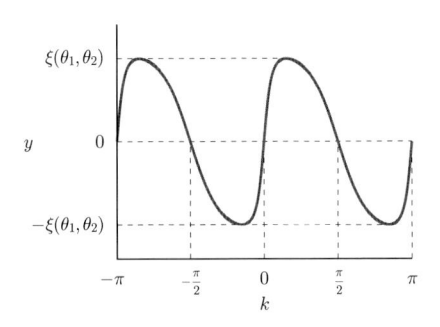

図 2.10 $y = h(k)$ のグラフの例

　置換積分は定理 1 を証明する際に行った計算と同様にできるので，その詳細は省略するが，以上の計算結果をもとに式 (2.26) において置換積分を実行すると，

$$\lim_{t \to \infty} \mathbb{E}\left[\left(\frac{X_t}{t}\right)^r\right] = \int_{-\infty}^{\infty} x^r \frac{\sqrt{1 - \xi(\theta_1, \theta_2)^2}}{\pi(1 - x^2)\sqrt{\xi(\theta_1, \theta_2)^2 - x^2}}$$
$$\times \left[1 - \left\{|\alpha|^2 - |\beta|^2 + \frac{\sin\theta_1(\alpha\overline{\beta} + \overline{\alpha}\beta)}{\cos\theta_1}\right\} x\right] I_{(-\xi(\theta_1, \theta_2), \xi(\theta_1, \theta_2))}(x)\, dx$$
$$(2.38)$$

を得る．このモーメント収束は，定理 4 が成り立つことを保証してくれる．

　定理の主張のチェックとして，$\theta_2 = \theta_1$ の場合を考えてみよう．モデルの説明をしたときにも述べたように，このときは，モデルは標準的な量子ウォークになる．したがって，$\theta_2 = \theta_1$ のとき，式 (2.9) は式 (1.241) に一致するはずで

ある. 実際, 式 (2.9) において, $\theta_2 = \theta_1 (= \theta)$ を代入すると,

$$\lim_{t \to \infty} \mathbb{P}\left(\frac{X_t}{t} \le x\right) = \int_{-\infty}^{x} \frac{|\sin\theta|}{\pi(1-y^2)\sqrt{\cos^2\theta - y^2}}$$
$$\times \left[1 - \left\{|\alpha|^2 - |\beta|^2 + \frac{\sin\theta(\alpha\overline{\beta} + \overline{\alpha}\beta)}{\cos\theta}\right\}y\right]I_{(-|\cos\theta|,\,|\cos\theta|)}(y)\,dy$$

$$(2.39)$$

となり, 確かに式 (1.241) に一致する.

さて, 証明が完了したので, 極限密度関数

$$\frac{d}{dx}\lim_{t \to \infty} \mathbb{P}\left(\frac{X_t}{t} \le x\right) = \frac{\sqrt{1 - \xi(\theta_1,\theta_2)^2}}{\pi(1-x^2)\sqrt{\xi(\theta_1,\theta_2)^2 - x^2}}$$
$$\times \left[1 - \left\{|\alpha|^2 - |\beta|^2 + \frac{\sin\theta_1(\alpha\overline{\beta} + \overline{\alpha}\beta)}{\cos\theta_1}\right\}x\right]I_{(-\xi(\theta_1,\theta_2),\,\xi(\theta_1,\theta_2))}(x)$$

$$(2.40)$$

を見てみよう. 図 2.11〜2.13 は, 初期状態を具体的に与えたときの, 極限密度関数のグラフを表している. グラフを見てもわかるように, 極限密度関数は二つの特異点 $x = \pm\xi(\theta_1,\theta_2)$ をもち, その二点で正の無限大に発散する関数となっている.

例 2.10 $\alpha = 1/\sqrt{2}$, $\beta = i/\sqrt{2}$ のとき (図 2.11)

$$\frac{d}{dx}\lim_{t \to \infty} \mathbb{P}\left(\frac{X_t}{t} \le x\right) = \frac{\sqrt{1 - \xi(\theta_1,\theta_2)^2}}{\pi(1-x^2)\sqrt{\xi(\theta_1,\theta_2)^2 - x^2}}I_{(-\xi(\theta_1,\theta_2),\,\xi(\theta_1,\theta_2))}(x)$$

$$(2.41)$$

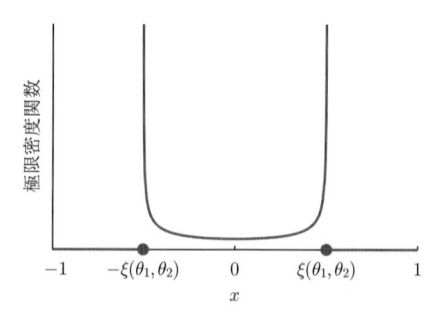

図 2.11 $\alpha = 1/\sqrt{2}$, $\beta = i/\sqrt{2}$ のときの極限密度関数

例 2.11 $\alpha = 1,\, \beta = 0$ のとき（図 2.12）

$$\frac{d}{dx} \lim_{t \to \infty} \mathbb{P}\left(\frac{X_t}{t} \leq x\right) = \frac{\sqrt{1 - \xi(\theta_1, \theta_2)^2}}{\pi(1 + x)\sqrt{\xi(\theta_1, \theta_2)^2 - x^2}} I_{(-\xi(\theta_1, \theta_2),\, \xi(\theta_1, \theta_2))}(x)$$

$$(2.42)$$

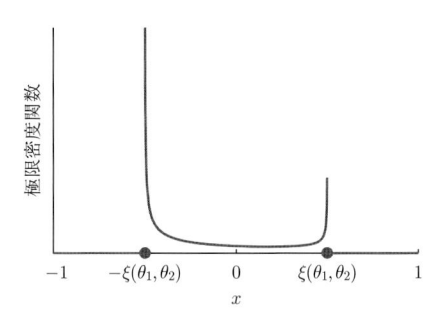

図 2.12 $\alpha = 1,\, \beta = 0$ のときの極限密度関数

例 2.12 $\alpha = 0,\, \beta = 1$ のとき（図 2.13）

$$\frac{d}{dx} \lim_{t \to \infty} \mathbb{P}\left(\frac{X_t}{t} \leq x\right) = \frac{\sqrt{1 - \xi(\theta_1, \theta_2)^2}}{\pi(1 - x)\sqrt{\xi(\theta_1, \theta_2)^2 - x^2}} I_{(-\xi(\theta_1, \theta_2),\, \xi(\theta_1, \theta_2))}(x)$$

$$(2.43)$$

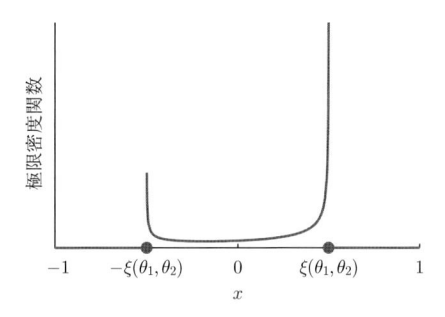

図 2.13 $\alpha = 0,\, \beta = 1$ のときの極限密度関数

極限定理から，有限長時間後の確率分布 $\mathbb{P}(X_t = x)$ を近似的に記述する関数

$$\frac{2t^2\sqrt{1 - \xi(\theta_1, \theta_2)^2}}{\pi(t^2 - x^2)\sqrt{(\xi(\theta_1, \theta_2)t)^2 - x^2}}$$

$$\times \left[1 - \left\{ |\alpha|^2 - |\beta|^2 + \frac{\sin\theta_1(\alpha\overline{\beta} + \overline{\alpha}\beta)}{\cos\theta_1} \right\} \frac{x}{t} \right] I_{(-\xi(\theta_1,\theta_2)t, \xi(\theta_1,\theta_2)t)}(x) \tag{2.44}$$

を得ることができるので，定理 4 の妥当性を見るためにも，時刻 500 の確率分布と式 (2.44) を比較してみる．図 2.14〜2.16 では，確率分布 $\mathbb{P}(X_{500} = x)$ の値のうち，正の値のみをプロットして線で結んである．式 (2.44) の関数は，$t = 500$ として，$x = 0, \pm 2, \pm 4, \cdots$ における値を点でプロットしてある．特異点は $x = \pm\xi(\theta_1, \theta_2)t$ であり，定義関数 $I_{(-\xi(\theta_1,\theta_2)t, \xi(\theta_1,\theta_2)t)}(x)$ の存在により，$|x| \geq \xi(\theta_1, \theta_2)t$ を満たす x に対しては，関数値は 0 となっている．いずれも数値計算による結果をプロットしたものである．どの図を見ても，式 (2.44) の関数は時刻 500 の確率分布をよく模倣していることがわかる．

例 2.13　$\alpha = 1/\sqrt{2}$, $\beta = i/\sqrt{2}$ のとき（図 2.14）

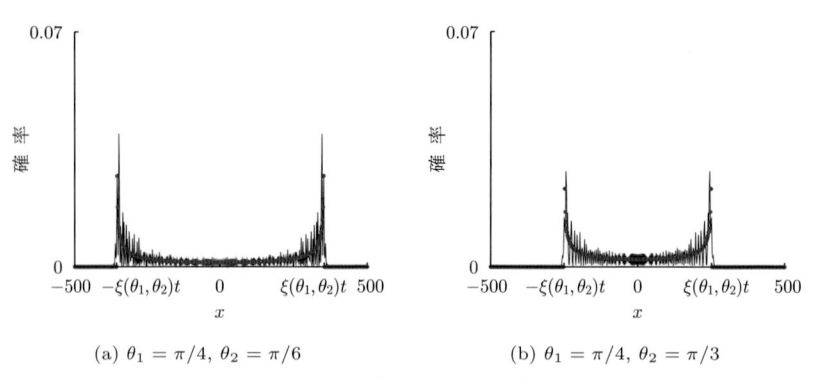

(a) $\theta_1 = \pi/4$, $\theta_2 = \pi/6$　　　　　(b) $\theta_1 = \pi/4$, $\theta_2 = \pi/3$

図 2.14　（次ページに続く）

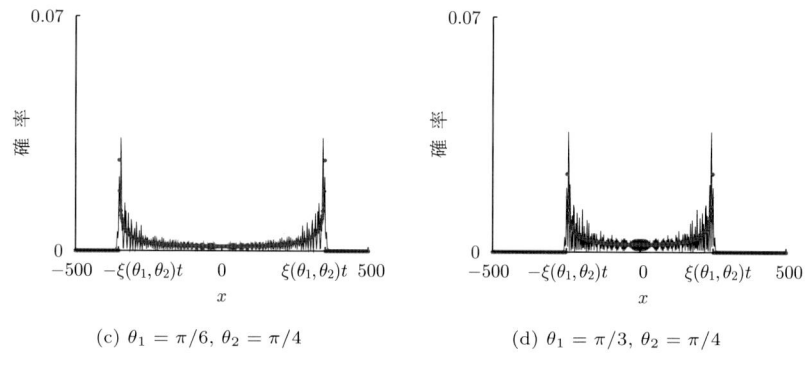

(c) $\theta_1 = \pi/6$, $\theta_2 = \pi/4$

(d) $\theta_1 = \pi/3$, $\theta_2 = \pi/4$

図 2.14 時刻 500 の確率分布（線）と式 (2.44)（点）の比較

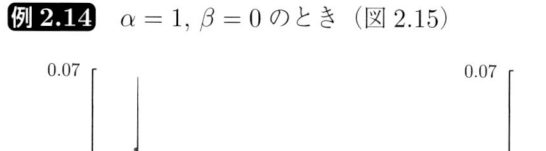

例 2.14 $\alpha = 1$, $\beta = 0$ のとき（図 2.15）

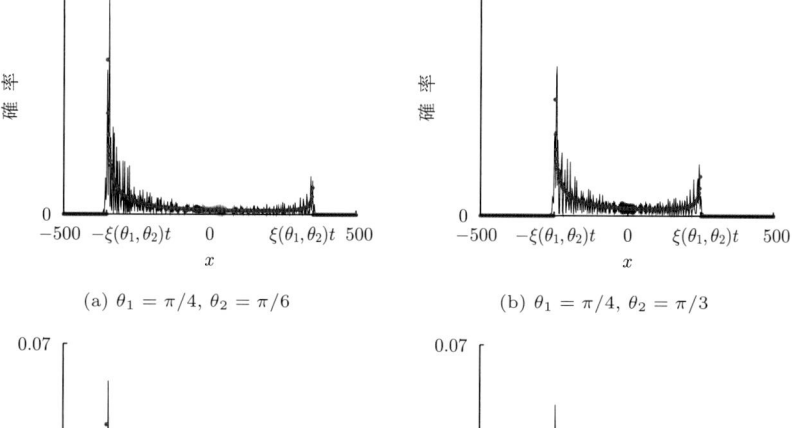

(a) $\theta_1 = \pi/4$, $\theta_2 = \pi/6$

(b) $\theta_1 = \pi/4$, $\theta_2 = \pi/3$

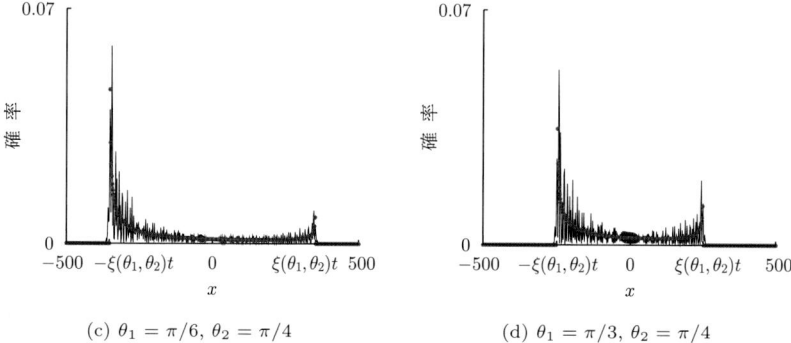

(c) $\theta_1 = \pi/6$, $\theta_2 = \pi/4$

(d) $\theta_1 = \pi/3$, $\theta_2 = \pi/4$

図 2.15 時刻 500 の確率分布（線）と式 (2.44)（点）の比較

例 2.15 $\alpha = 0$, $\beta = 1$ のとき（図 2.16）

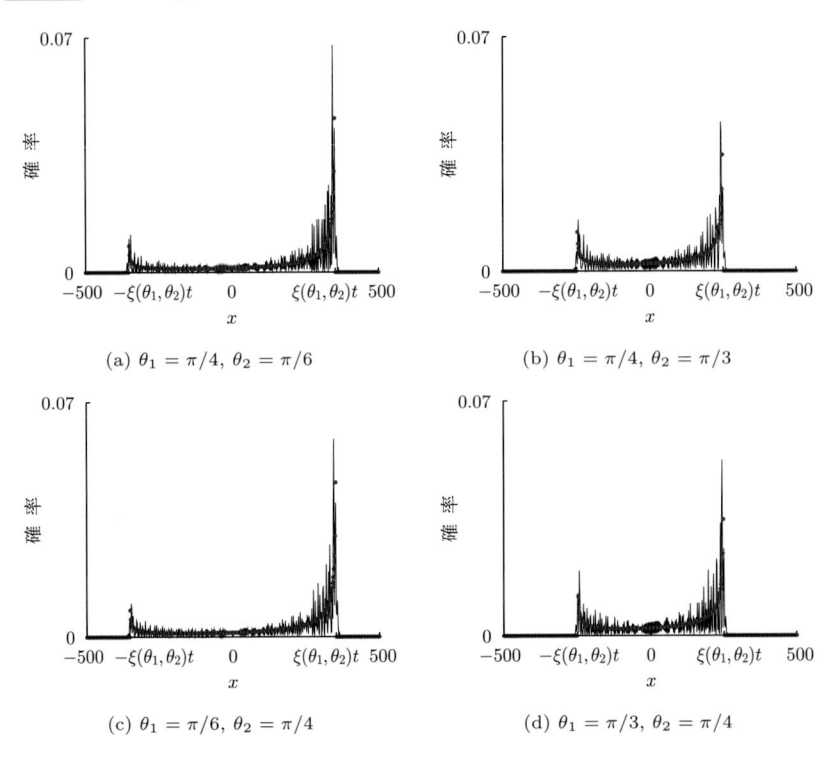

(a) $\theta_1 = \pi/4$, $\theta_2 = \pi/6$

(b) $\theta_1 = \pi/4$, $\theta_2 = \pi/3$

(c) $\theta_1 = \pi/6$, $\theta_2 = \pi/4$

(d) $\theta_1 = \pi/3$, $\theta_2 = \pi/4$

図 2.16 時刻 500 の確率分布（線）と式 (2.44)（点）の比較

定理 4 の主張からもわかる通り，極限密度関数のサポート（極限密度関数が正の値をとる範囲）は，$\xi(\theta_1, \theta_2) = \min\{|\cos\theta_1|, |\cos\theta_2|\}$ で決まる．この事実は，図 2.7〜2.9 で観察した数値計算による確率分布の振舞いを完全に説明している．例えば，$\theta_1 = \pi/6$ のとき，

$$\xi(\pi/6, \theta_2) = \begin{cases} \sqrt{3}/2 & (\theta_2 \in [0, \pi/6] \cup [5\pi/6, 7\pi/6] \cup [11\pi/6, 2\pi)) \\ |\cos\theta_2| & (\text{otherwise}) \end{cases}$$
$$(2.45)$$

なので，$\theta_2 \in [0, \pi/6] \cup [5\pi/6, 7\pi/6] \cup [11\pi/6, 2\pi)$ である限り，$\xi(\pi/6, \theta_2)$ は一定値 $\sqrt{3}/2$ をとり続ける．一方，有限長時間後の確率分布を近似する式 (2.44) に

よれば，有限時刻における確率分布のサポートは，漸近的に開区間 $(-\xi(\theta_1,\theta_2)t,$ $\xi(\theta_1,\theta_2)t)$ と考えることができる．よって，$\theta_1 = \pi/6$ のとき，確率分布がもつ二つのピーク間隔は，任意の $\theta_2 \in [0, \pi/6] \cup [5\pi/6, 7\pi/6] \cup [11\pi/6, 2\pi)$ に対しては，ほぼ同じになり，それ以外では θ_2 に依存するはずである．この事実は，図 2.7〜2.9 の各図 (a) で見た確率分布の振舞いに一致する．

また，$\xi(\theta_1,\theta_2) = |\cos\theta_1|$ のときは，極限密度関数は θ_2 に無関係な関数になる．つまり，極限密度関数はユニタリ作用素 U_1 のみで決まり，U_2 とは無関係になる．二つのユニタリ作用素 U_1, U_2 で量子ウォークが時間発展しているにもかかわらず，$t \to \infty$ における極限密度関数は，その一方の作用素 U_1 のみで決まってしまうのである．

ここで述べた確率分布や極限密度関数の興味深い振舞いは，極限定理を計算してはじめて，数学的に説明されることである[*1]．量子ウォークの挙動を説明するうえで，極限定理が重要な役割を果たしていることが，このモデルの解析からもわかる．

最後に，次のような極限定理も Machida and Konno [12] の研究の中で得られているので，紹介だけしておく．

定理 5 時間発展作用素であるユニタリ作用素を

$$U_1 = \begin{bmatrix} \cos\theta_1 & \sin\theta_1 \\ \pm\sin\theta_1 & \mp\cos\theta_1 \end{bmatrix}, \quad U_2 = \begin{bmatrix} \cos\theta_2 & \sin\theta_2 \\ \mp\sin\theta_2 & \pm\cos\theta_2 \end{bmatrix}$$
$$(\theta_1, \theta_2 \in [0, 2\pi)) \qquad (2.46)$$

ととる．ただし，複号同順とする．パラメタが $\theta_1, \theta_2 \neq 0, \pi/2, \pi, 3\pi/2$ のとき，任意の実数 x に対して，次が成り立つ．

[*1] この現象に対する物理学的な意味は，現時点ではわかっていない．物理学的視点から，その現象の意味を説明することは課題である．

$$\lim_{t \to \infty} \mathbb{P}\left(\frac{X_t}{t} \le x\right) = \int_{-\infty}^{x} \frac{\sqrt{1 - c_1^2 c_2^2}}{\pi(1 - y^2)\sqrt{c_1^2 c_2^2 - y^2}}$$
$$\times \left[1 - \left\{|\alpha|^2 - |\beta|^2 + \frac{\sin\theta_1(\alpha\overline{\beta} + \overline{\alpha}\beta)}{\cos\theta_1}\right\} y\right] I_{(-|c_1 c_2|,\, |c_1 c_2|)}(y)\, dy$$

$$(2.47)$$

ただし，$c_1 = \cos\theta_1, c_2 = \cos\theta_2$ である．

定理 5 の結果を図で見てみよう．図 2.17 は，$\theta_1 = \pi/4, \theta_2 = \pi/6$ としたときの，時刻 500 における確率分布（図 2.17(a)）と極限密度関数（図 2.17(b)）である．確率分布の図 2.17(a) は数値計算により得られたものであり，正の確率のみプロットして線で結んである．

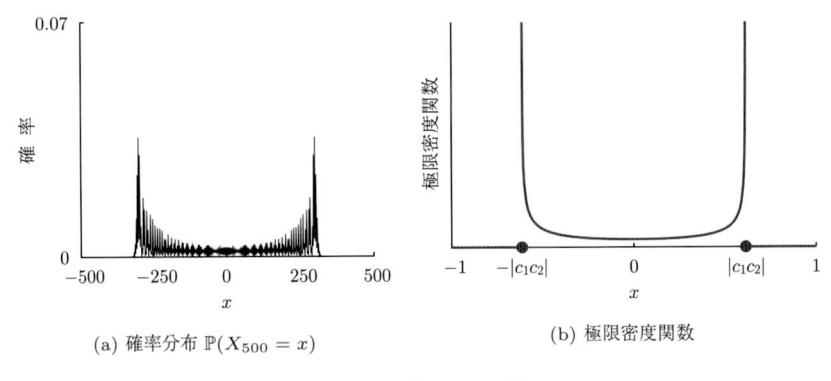

(a) 確率分布 $\mathbb{P}(X_{500} = x)$　　　　(b) 極限密度関数

図 2.17　$\alpha = 1/\sqrt{2}, \beta = i/\sqrt{2}$ のとき

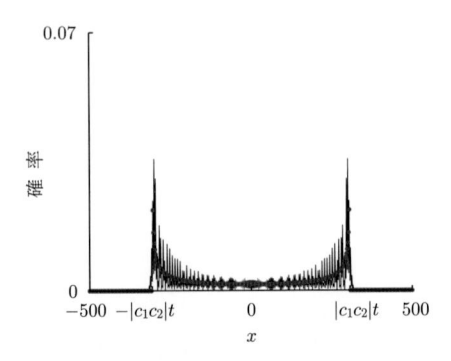

図 2.18　時刻 500 の確率分布（線）とその近似関数（点）の比較

上の図 2.18 は，確率分布と，極限定理から得られる確率分布の近似関数を比較したものである．各パラメタの値は，図 2.17 と同じものをとってある．

column 2 量子ウォークとランダムウォーク

量子ウォークは，その研究が活発になりはじめた 2000 年代初頭は，「量子ランダムウォーク（quantum random walk）」ともよばれていた．いまだにその名前が使われることもあるが，現在は「量子ウォーク」のほうが一般的である．数学的な視点からは，量子ウォークはランダムウォークの量子版と考えられている．ランダムウォークは確率論の中では基本的な確率モデルとして位置し，長い歴史をもつ．その歴史の中で，様々な解析結果が得られている数理モデルである．また，数学の域を越えて，物理学，工学，情報学，統計学，数理生物学，社会学，経済学など，様々な分野で応用されており，多くの需要がある．ランダムウォークも量子ウォーク同様，粒子の運動を記述するモデルと考えることができる．

簡単なランダムウォークの例を紹介しよう．一次元格子上を左右に確率的に運動する粒子を考える．粒子は，単位時間ごとに左右どちらか一方の隣接格子点にその位置を移す．どちらの格子点に移動するかは，確率法則に従って決めることにして，左隣に移動する確率を p，右隣に移動する確率を q とする（図 2.19(a) 参照）．ただし，p, q は $p + q = 1$ を満たす正の実数である．確率的に移動しているので，量子ウォーク同様，運動後の位置は確率的に決まる．時刻 $t \in \{0, 1, 2, \cdots\}$ において，粒子が観測される位置を表す確率変数を Y_t として，場所 $x \in \mathbb{Z}$ に粒子を観測する確率を $\nu(Y_t = x)$ と表せば，その確率分布は

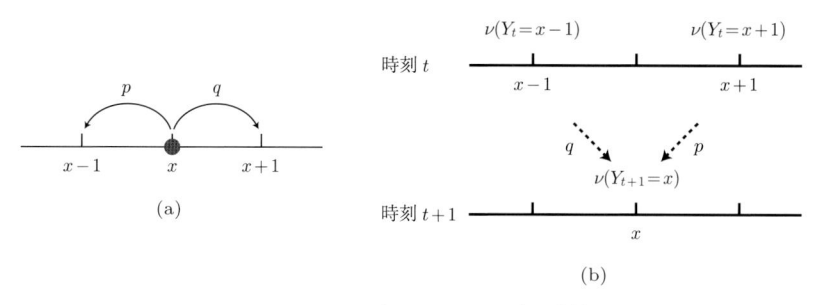

図 2.19　ランダムウォークの時間発展

$$\nu(Y_{t+1} = x) = p\,\nu(Y_t = x + 1) + q\,\nu(Y_t = x - 1) \tag{2.48}$$

に従って時間発展する（図 2.19(b) 参照）．この式と量子ウォークにおける確率振幅ベクトルの時間発展の漸化式 (1.8) を比較すると，類似していることがわかる．ランダムウォークの確率分布の時間発展の漸化式 (2.48) において，確率 $\nu(Y_t = x)$ を確率振幅ベクトル $|\psi_t(x)\rangle$ に，確率 p, q をそれぞれ 2×2 の行列 P, Q に置き換えると，量子ウォークの時間発展の漸化式 (1.8) が得られる．このような類似性から，量子ウォークは量子ランダムウォークという別名をもつ．なお，$p + q = 1$ という条件が，$P + Q = U$（ユニタリ行列）という条件に対応する．

いま，粒子は初期時刻 0 において，原点 $x = 0$ にいるとする．つまり，初期状態を

$$\nu(Y_0 = x) = \begin{cases} 1 & (x = 0) \\ 0 & (x \neq 0) \end{cases} \tag{2.49}$$

で与える．このとき，左右に移動する確率を，$p = q = 1/2$ ととると，時刻 500 の確率分布 $\nu(Y_{500} = x)$ は図 2.20(a) のようになる．ただし，この図では，正の確率のみをプロットして，それらを線で結んである．

ランダムウォークに対しても，長時間後の確率分布を記述する極限定理は明らかにされている．ここで紹介したランダムウォークの場合，任意の実数 x に対して，

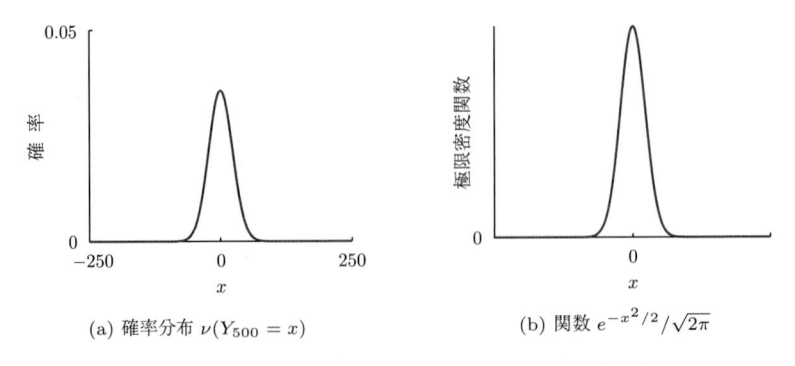

　　(a) 確率分布 $\nu(Y_{500} = x)$　　　　　　(b) 関数 $e^{-x^2/2}/\sqrt{2\pi}$

図 2.20　ランダムウォークの確率分布と極限密度関数

$$\lim_{t \to \infty} \nu \left(\frac{Y_t - (q-p)t}{\sqrt{4pqt}} \le x \right) = \int_{-\infty}^{x} \frac{1}{\sqrt{2\pi}} e^{-\frac{y^2}{2}} \, dy \tag{2.50}$$

が成り立つ．したがって，極限密度関数は

$$\frac{d}{dx} \lim_{t \to \infty} \nu \left(\frac{Y_t - (q-p)t}{\sqrt{4pqt}} \le x \right) = \frac{1}{\sqrt{2\pi}} e^{-\frac{x^2}{2}} \tag{2.51}$$

となる（図 2.20(b) 参照）．時刻 500 の確率分布と極限密度関数のどちらを見ても，量子ウォークのものとは異なることがわかる．時間発展の式を比較すれば，お互いに類似のモデルではあるが，それらのモデルから出てくる確率分布は互いに異なる．

第3章

3周期時刻依存型量子ウォーク

　前章に引き続き，この章でも時刻依存型量子ウォークを扱う．時間発展ルールが3周期で変化するようなモデルを対象とするが，このような3周期時刻依存型量子ウォークは，その全容が解明されているわけではない．ある特別なユニタリ作用素の組合せに対してのみ，$t \to \infty$ における極限定理が得られており，その結果は2015年に発表された Grünbaum and Machida [13] の論文で見ることができる．彼らの研究では，あるパラメタを含むユニタリ作用素が採用されているが，パラメタの設定値によっては，これまでの量子ウォークの研究では見られなかった新しいタイプの極限密度関数に出会うことができる．

3.1　モデル

ここで解析する3周期時刻依存型量子ウォークは，2×2 のユニタリ行列

$$U = \begin{bmatrix} \cos\theta & \sin\theta \\ \sin\theta & -\cos\theta \end{bmatrix} \qquad (\theta \in [0, 2\pi)) \tag{3.1}$$

を用いて，その時間発展が定義される．確率振幅ベクトル $|\psi_t(x)\rangle$ は，

$$|\psi_{t+1}(x)\rangle = \begin{cases} \sigma_1 U |\psi_t(x+1)\rangle + \sigma_2 U |\psi_t(x-1)\rangle & (t = 0, 3, 6, \cdots) \\ \sigma_1 U |\psi_t(x+1)\rangle + \sigma_2 U |\psi_t(x-1)\rangle & (t = 1, 4, 7, \cdots) \\ \sigma_1 |\psi_t(x+1)\rangle + \sigma_2 |\psi_t(x-1)\rangle & (t = 2, 5, 8, \cdots) \end{cases}$$

$$\tag{3.2}$$

によって時間発展していく. 行列 σ_1, σ_2 は, 式 (1.1) で与えられたものである. また, 初期状態はこれまで通り, 式 (1.9) のように設定する.

この時刻依存型モデルを数学的に記述すると, 以下のようになる. テンソル空間 $\mathcal{H}_p \otimes \mathcal{H}_c$ 上で定義される時刻 t における量子ウォークのシステム $|\Psi_t\rangle$ は,

$$U = \cos\theta |0\rangle\langle 0| + \sin\theta |0\rangle\langle 1| + \sin\theta |1\rangle\langle 0| - \cos\theta |1\rangle\langle 1| \tag{3.3}$$

として, 作用素

$$C = \sum_{x \in \mathbb{Z}} |x\rangle\langle x| \otimes U \tag{3.4}$$

と移動の作用素 S (式 (1.35)) を用いて,

$$|\Psi_{t+1}\rangle = \begin{cases} SC |\Psi_t\rangle & (t = 0, 3, 6, \cdots) \\ SC |\Psi_t\rangle & (t = 1, 4, 7, \cdots) \\ S |\Psi_t\rangle & (t = 2, 5, 8, \cdots) \end{cases} \tag{3.5}$$

に従って時間発展する. 初期状態は式 (1.54) で与えられるものとする. 式 (3.5) を繰り返し使えば, 初期状態との関係式

$$|\Psi_{3t}\rangle = \left\{ S(SC)^2 \right\}^t |\Psi_0\rangle \tag{3.6}$$

$$|\Psi_{3t+1}\rangle = SC \left\{ S(SC)^2 \right\}^t |\Psi_0\rangle \tag{3.7}$$

$$|\Psi_{3t+2}\rangle = (SC)^2 \left\{ S(SC)^2 \right\}^t |\Psi_0\rangle \tag{3.8}$$

を得る.

時間発展の式 (3.5) を見てもわかるように, 時刻 $t = 2, 5, 8, \cdots$ の量子ウォークを時間発展させるときには, 移動の作用素 S のみが作用しており, 状態遷移の作用素 C は使われていない. もし, これらの時刻でも状態遷移の作用素を作用させてから移動の作用素を作用させれば, このモデルは標準的なモデルになる. このあとに紹介する確率分布や極限定理に見るように, 三回ごとに一度, 状態遷移の作用素を用いないようにすると, 量子ウォークの振舞いは標準的なモデルのものとはかなり異なった興味深いものになる.

3.2　確率分布

　ここでは，確率分布 $\mathbb{P}(X_t = x)$ の振舞いを観察する．時刻 500 の確率分布，確率分布の時間発展，そして，確率分布とパラメタ θ の関係を見ていく．それぞれの図は数値計算によって計算されたものである．

　最初に，時刻 500 の確率分布を見てみよう．図3.1〜3.3は，確率分布 $\mathbb{P}(X_{500} = x)$ の値のうち，正の値のみをプロットして線で結んだグラフである．

例 3.1　$\alpha = 1/\sqrt{2}$, $\beta = i/\sqrt{2}$ のとき（図 3.1）

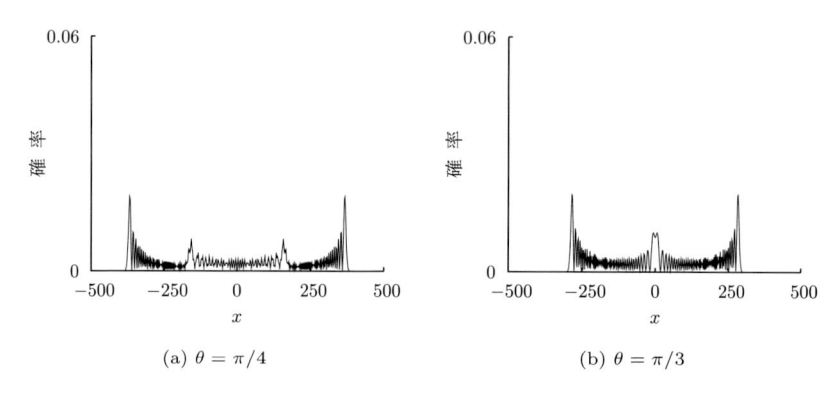

(a) $\theta = \pi/4$　　　　　　　　　(b) $\theta = \pi/3$

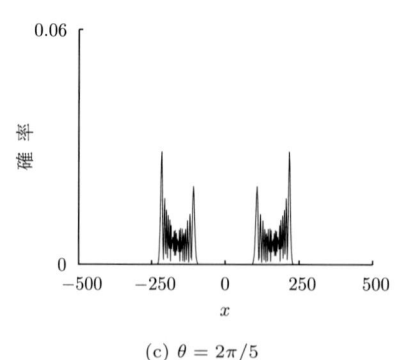

(c) $\theta = 2\pi/5$

図 3.1　時刻 500 の確率分布 $\mathbb{P}(X_{500} = x)$

例 3.2 $\alpha = 1$, $\beta = 0$ のとき（図 3.2）

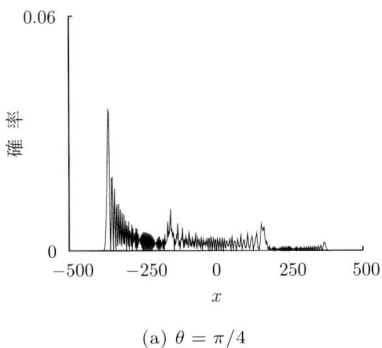

(a) $\theta = \pi/4$

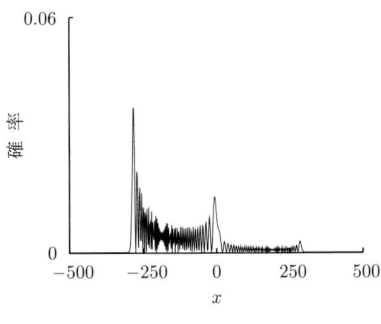

(b) $\theta = \pi/3$

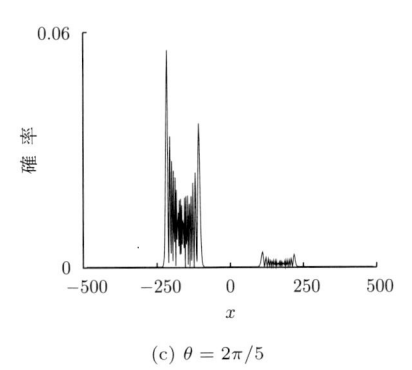

(c) $\theta = 2\pi/5$

図 3.2 時刻 500 の確率分布 $\mathbb{P}(X_{500} = x)$

例 3.3　$\alpha = 0,\ \beta = 1$ のとき（図 3.3）

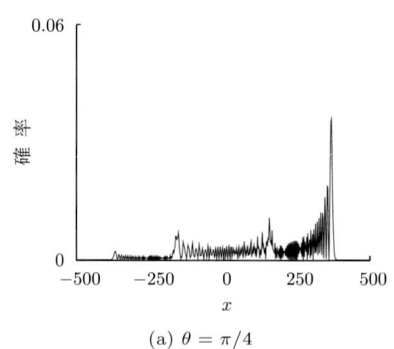

(a) $\theta = \pi/4$

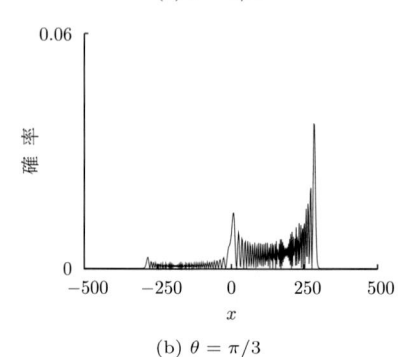

(b) $\theta = \pi/3$

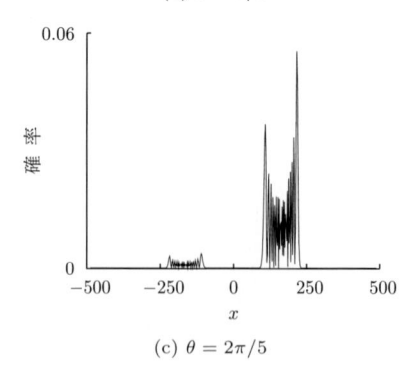

(c) $\theta = 2\pi/5$

図 3.3　時刻 500 の確率分布 $\mathbb{P}(X_{500} = x)$

　確率分布の時間発展の様子は，図 3.4〜3.6 のようになる．それぞれの図は密度プロットを用いて表現されており，横軸が場所 x，縦軸が時刻 t，そして色の濃淡が確率を表している．

例 3.4 $\alpha = 1/\sqrt{2}, \beta = i/\sqrt{2}$ のとき（図 3.4）

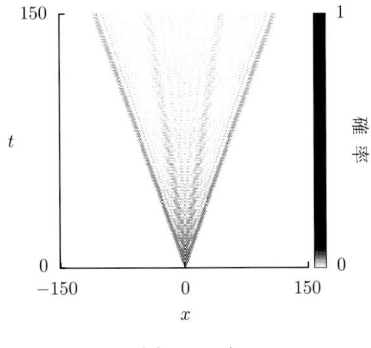

(a) $\theta = \pi/4$

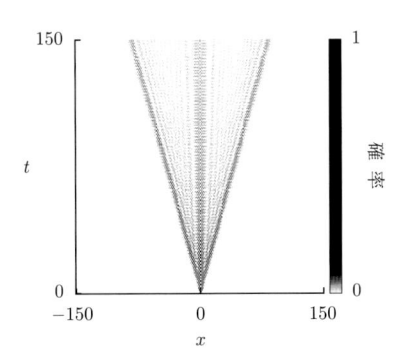

(b) $\theta = \pi/3$

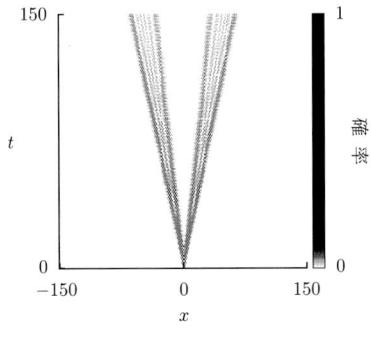

(c) $\theta = 2\pi/5$

図 3.4 確率分布 $\mathbb{P}(X_t = x)$ の時間発展（密度プロット）

例 3.5 $\alpha = 1,\ \beta = 0$ のとき（図 3.5）

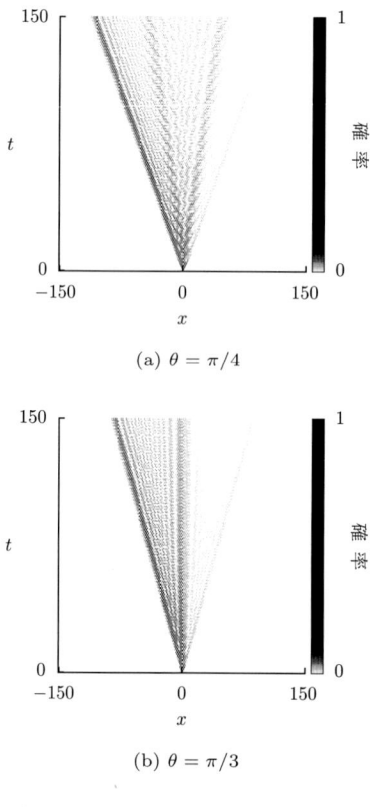

(a) $\theta = \pi/4$

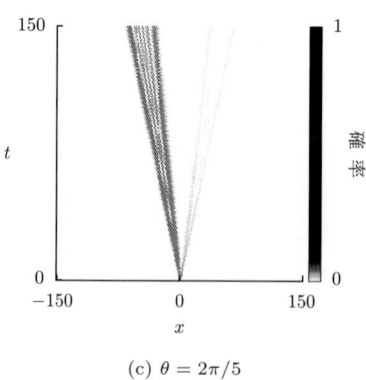

(b) $\theta = \pi/3$

(c) $\theta = 2\pi/5$

図 3.5 確率分布 $\mathbb{P}(X_t = x)$ の時間発展（密度プロット）

例 3.6 $\alpha = 0$, $\beta = 1$ のとき（図 3.6）

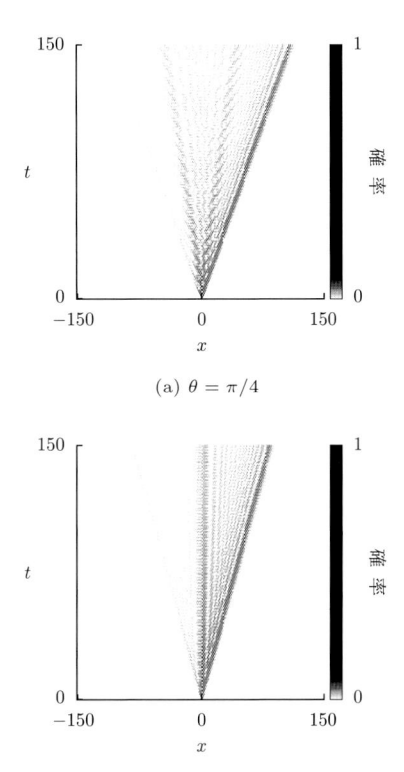

(a) $\theta = \pi/4$

(b) $\theta = \pi/3$

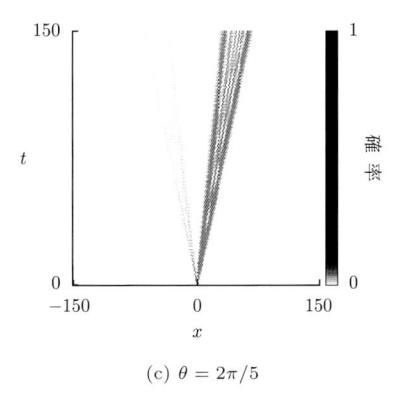

(c) $\theta = 2\pi/5$

図 3.6 確率分布 $\mathbb{P}(X_t = x)$ の時間発展（密度プロット）

　図 3.7 は，時刻 150 における確率分布とユニタリ作用素 U のもつパラメタ θ との関係を表している．それぞれの図は密度プロットを用いて表現されており，横軸が場所 x，縦軸がパラメタ θ，そして色の濃淡が確率である．

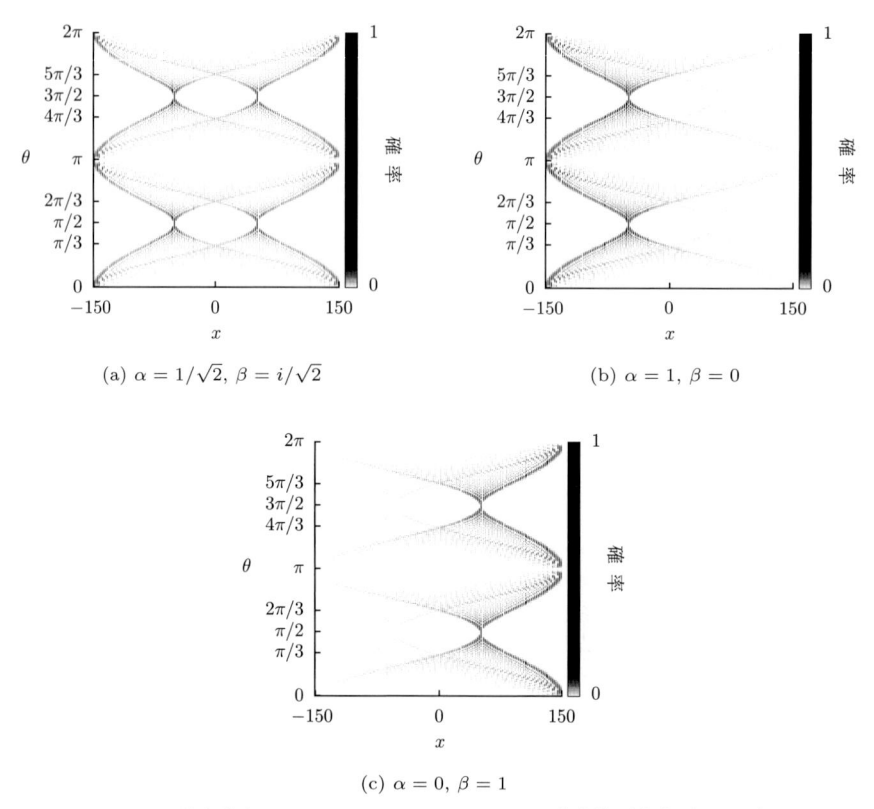

(a) $\alpha = 1/\sqrt{2}$, $\beta = i/\sqrt{2}$　　　　　　　　(b) $\alpha = 1$, $\beta = 0$

(c) $\alpha = 0$, $\beta = 1$

図 3.7　確率分布 $\mathbb{P}(X_{150} = x)$ のパラメタ θ への依存性（密度プロット）

　いずれの図を見ても，これまでに紹介した標準的なモデル，あるいは 2 周期時刻依存型モデルの確率分布の振舞いとは異なることがわかる．図 3.1〜3.3 を見ると，それらの確率分布は三つあるいは四つの鋭いピークをもっている．標準的なモデルと 2 周期時刻依存型モデルの二つの鋭いピークをもつ確率分布とは対照的である．また，各図 (c) では（$\theta = 2\pi/5$ のとき），長時間後においては，原点 $x = 0$ 付近の確率がほとんど 0 になっていることがわかる．つまり，初期時刻 $t = 0$ では原点に量子ウォーカーが発見される確率が 1 であったもの

が，ある程度時間が経つと，原点付近で発見されることは，ほとんどなくなるのである．この事実は極限定理により数学的に確かめることができる．

3.3　極限定理

時間発展が式 (3.5) で与えられる 3 周期時刻依存型モデルに対しては，長時間後の確率分布の振舞いが，Grünbaum and Machida [13] の研究において分布収束定理として与えられている．以下にその定理を紹介するが，定理の表記では $\cos\theta = c, \sin\theta = s$ の略記を用いている．

定理 6　パラメタが $\theta \neq 0, \pi/2, \pi, 3\pi/2$ のとき，任意の実数 x に対して，次が成り立つ．

$$\lim_{t\to\infty} \mathbb{P}\left(\frac{X_t}{t} \leq x\right) = \int_{-\infty}^{x} \left[\{1 - \nu(\alpha,\beta;y)\}f(y)I_{\left(\frac{1-4c^2}{3}, \frac{\sqrt{1+8c^2}}{3}\right)}(y) \right.$$
$$\left. + \{1 + \nu(\alpha,\beta;-y)\}f(-y)I_{\left(-\frac{\sqrt{1+8c^2}}{3}, -\frac{1-4c^2}{3}\right)}(y) \right]dy$$

$$(3.9)$$

ただし，

$$f(x) = \frac{|s|\left(|s|x + \sqrt{D(x)}\right)^2}{\pi(1-x^2)\sqrt{W_+(x)}\sqrt{W_-(x)}\sqrt{D(x)}} \tag{3.10}$$

$$\nu(\alpha,\beta;x) = \frac{1}{c(1+8c^2)}\left\{9c^3(|\alpha|^2 - |\beta|^2) + 3s(1+6c^2)\Re(\alpha\overline{\beta})\right\}x$$
$$+ \frac{s}{c|s|(1+8c^2)}\left\{cs(|\alpha|^2 - |\beta|^2) - (1+2c^2)\Re(\alpha\overline{\beta})\right\}\sqrt{D(x)}$$

$$(3.11)$$

$$D(x) = 1 + 8c^2 - 9c^2x^2 \tag{3.12}$$

$$W_+(x) = -(1-4c^2) + 3(1-2c^2)x^2 + 2|s|x\sqrt{D(x)} \tag{3.13}$$

$$W_-(x) = 1 + 8c^2 - 3(1+2c^2)x^2 - 2|s|x\sqrt{D(x)} \tag{3.14}$$

である．

この定理では，$\theta \in \{0, \pi/2, \pi, 3\pi/2\}$ の場合を除外してあるが，これらのパラメタを設定するとき，3 周期時刻依存型モデルの振舞いは自明になる．

定理 6 はこれまでと同様にフーリエ解析で証明される．以下にその証明に必要な情報を示す．なお，ヒルベルト空間 $\mathcal{H}_c$ の基底は，式 (1.42) で与えることにする．フーリエ変換 $|\hat{\psi}_t(k)\rangle = \sum_{x \in \mathbb{Z}} e^{-ikx} |\psi_t(x)\rangle \ (k \in [-\pi, \pi))$ の時間発展を式 (3.2) から導出すると，

$$|\hat{\psi}_{t+1}(k)\rangle = \begin{cases} R(k)U |\hat{\psi}_t(k)\rangle & (t = 0, 3, 6, \cdots) \\ R(k)U |\hat{\psi}_t(k)\rangle & (t = 1, 4, 7, \cdots) \\ R(k) |\hat{\psi}_t(k)\rangle & (t = 2, 5, 8, \cdots) \end{cases} \tag{3.15}$$

となる．この式を逐次用いて，初期状態のフーリエ変換 $|\hat{\psi}_0(k)\rangle$ との関係式

$$|\hat{\psi}_{3t+\tau}(k)\rangle = (R(k)U)^\tau \left\{ R(k)(R(k)U)^2 \right\}^t |\hat{\psi}_0(k)\rangle \qquad (\tau = 0, 1, 2) \tag{3.16}$$

を得る．初期状態のフーリエ変換は式 (1.116) となるので，ユニタリ行列 $R(k)(R(k)U)^2$ の固有値 $\lambda_j(k) \ (j = 1, 2)$ と，その固有値に対応する正規化固有ベクトル $|v_j(k)\rangle \ (j = 1, 2)$ を用いれば，

$$|\hat{\psi}_{3t+\tau}(k)\rangle = (R(k)U)^\tau \left(\lambda_1(k)^t \langle v_1(k)|\phi\rangle |v_1(k)\rangle + \lambda_2(k)^t \langle v_2(k)|\phi\rangle |v_2(k)\rangle \right) \tag{3.17}$$

のように，時刻に応じてフーリエ変換を行列 $R(k)(R(k)U)^2$ の固有空間での表現に書きなおすことができる．ただし，$|\phi\rangle = \alpha |0\rangle + \beta |1\rangle$ である．

以下，十分大きな時刻 t を考える．フーリエ変換の r 回微分 $(r = 0, 1, 2, \cdots)$

$$\begin{aligned} \frac{d^r}{dk^r} |\hat{\psi}_{3t+\tau}(k)\rangle = (t)_r (R(k)U)^\tau \Big(& \lambda_1(k)^{t-r} \lambda_1'(k)^r \langle v_1(k)|\phi\rangle |v_1(k)\rangle \\ & + \lambda_2(k)^{t-r} \lambda_2'(k)^r \langle v_2(k)|\phi\rangle |v_2(k)\rangle \Big) \\ & + O(t^{r-1}) |0\rangle + O(t^{r-1}) |1\rangle \end{aligned} \tag{3.18}$$

と，共役転置行列

$$\langle \hat{\psi}_{3t+\tau}(k) |$$

$$= \left(\overline{\lambda_1(k)}^t \cdot \overline{\langle v_1(k) | \phi \rangle} \langle v_1(k) | + \overline{\lambda_2(k)}^t \cdot \overline{\langle v_2(k) | \phi \rangle} \langle v_2(k) | \right) (^\dagger U R(-k))^\tau$$

$$(3.19)$$

の積をとることで,

$$\langle \hat{\psi}_{3t+\tau}(k) | \frac{d^r}{dk^r} | \hat{\psi}_{3t+\tau}(k) \rangle$$

$$= (t)_r \left\{ \left(\frac{\lambda_1'(k)}{\lambda_1(k)} \right)^r \left| \langle v_1(k) | \phi \rangle \right|^2 + \left(\frac{\lambda_2'(k)}{\lambda_2(k)} \right)^r \left| \langle v_2(k) | \phi \rangle \right|^2 \right\} + O(t^{r-1})$$

$$(3.20)$$

と計算される. したがって, $\mathbb{E}(X_{3t+\tau}^r)\,(\tau = 0, 1, 2)$ は,

$$\mathbb{E}(X_{3t+\tau}^r)$$

$$= (t)_r \cdot \frac{1}{2\pi} \int_{-\pi}^{\pi} \left\{ \left(\frac{i\lambda_1'(k)}{\lambda_1(k)} \right)^r \left| \langle v_1(k) | \phi \rangle \right|^2 + \left(\frac{i\lambda_2'(k)}{\lambda_2(k)} \right)^r \left| \langle v_2(k) | \phi \rangle \right|^2 \right\} dk$$

$$+ O(t^{r-1})$$

$$(3.21)$$

と, フーリエ変換を用いて表される. よって,

$$\lim_{t \to \infty} \frac{\mathbb{E}(X_{3t+\tau}^r)}{(3t + \tau)^r} = \lim_{t \to \infty} \frac{\mathbb{E}(X_{3t+\tau}^r)}{(3t)^r} \cdot \left(\frac{3t}{3t + \tau} \right)^r$$

$$= \frac{1}{2\pi} \int_{-\pi}^{\pi} \left\{ \left(\frac{i\lambda_1'(k)}{3\lambda_1(k)} \right)^r \left| \langle v_1(k) | \phi \rangle \right|^2 + \left(\frac{i\lambda_2'(k)}{3\lambda_2(k)} \right)^r \left| \langle v_2(k) | \phi \rangle \right|^2 \right\} dk$$

$$(3.22)$$

となり, 結局,

$$\lim_{t \to \infty} \mathbb{E}\left[\left(\frac{X_{3t+\tau}}{3t + \tau} \right)^r \right]$$

$$= \frac{1}{2\pi} \int_{-\pi}^{\pi} \left\{ \left(\frac{i\lambda_1'(k)}{3\lambda_1(k)} \right)^r \left| \langle v_1(k) | \phi \rangle \right|^2 + \left(\frac{i\lambda_2'(k)}{3\lambda_2(k)} \right)^r \left| \langle v_2(k) | \phi \rangle \right|^2 \right\} dk$$

$$(3.23)$$

が成り立つ. この収束はすべての $\tau \in \{0, 1, 2\}$ について成り立つので, 時刻の
場合分けによらず,

$$\lim_{t \to \infty} \mathbb{E}\left[\left(\frac{X_t}{t}\right)^r\right]$$

$$= \frac{1}{2\pi} \int_{-\pi}^{\pi} \left\{\left(\frac{i\lambda_1'(k)}{3\lambda_1(k)}\right)^r \left|\langle v_1(k)|\phi\rangle\right|^2 + \left(\frac{i\lambda_2'(k)}{3\lambda_2(k)}\right)^r \left|\langle v_2(k)|\phi\rangle\right|^2\right\} dk$$

$$= \frac{1}{2\pi} \int_{-\pi}^{\pi} \left(\frac{i\lambda_1'(k)}{3\lambda_1(k)}\right)^r \left|\langle v_1(k)|\phi\rangle\right|^2 dk + \frac{1}{2\pi} \int_{-\pi}^{\pi} \left(\frac{i\lambda_2'(k)}{3\lambda_2(k)}\right)^r \left|\langle v_2(k)|\phi\rangle\right|^2 dk$$

$$\tag{3.24}$$

とまとめられる. 以降は, 各積分に対して, $i\lambda_1'(k)/3\lambda_1(k) = x$, あるいは, $i\lambda_2'(k)/3\lambda_2(k) = x$ の置換積分を実行するための情報に焦点を当てることにする.

　まず, 簡略化して記述するために, $\cos\theta = c$, $\sin\theta = s$ と省略する. ユニタリ行列

$$R(k)(R(k)U)^2 = \begin{bmatrix} c^2 e^{3ik} + s^2 e^{ik} & cse^{3ik} - cse^{ik} \\ -cse^{-3ik} + cse^{-ik} & c^2 e^{-3ik} + s^2 e^{-ik} \end{bmatrix} \tag{3.25}$$

の二つの固有値は,

$$\lambda_1(k) = c^2 \cos 3k + s^2 \cos k + i\sqrt{1 - (c^2 \cos 3k + s^2 \cos k)^2} \tag{3.26}$$

$$\lambda_2(k) = c^2 \cos 3k + s^2 \cos k - i\sqrt{1 - (c^2 \cos 3k + s^2 \cos k)^2} \tag{3.27}$$

と計算され, これらに対応する正規化固有ベクトルとしては, 以下のものがとれる.

$$|v_1(k)\rangle = \frac{1}{\sqrt{N_1(k)}} \begin{bmatrix} -2cs\, e^{2ik} \sin k \\ c^2 \sin 3k + s^2 \sin k - \sqrt{1 - (c^2 \cos 3k + s^2 \cos k)^2} \end{bmatrix}$$

$$\tag{3.28}$$

$$|v_2(k)\rangle = \frac{1}{\sqrt{N_2(k)}} \begin{bmatrix} -2cs\, e^{2ik} \sin k \\ c^2 \sin 3k + s^2 \sin k + \sqrt{1 - (c^2 \cos 3k + s^2 \cos k)^2} \end{bmatrix}$$

$$\tag{3.29}$$

ただし,

$$N_1(k) = 2\Big\{1 - (c^2\cos 3k + s^2\cos k)^2$$
$$- (c^2\sin 3k + s^2\sin k)\sqrt{1 - (c^2\cos 3k + s^2\cos k)^2}\Big\}$$
$$(3.30)$$

$$N_2(k) = 2\Big\{1 - (c^2\cos 3k + s^2\cos k)^2$$
$$+ (c^2\sin 3k + s^2\sin k)\sqrt{1 - (c^2\cos 3k + s^2\cos k)^2}\Big\}$$
$$(3.31)$$

である. さらに, $i\lambda_1'(k)/3\lambda_1(k)$, $i\lambda_2'(k)/3\lambda_2(k)$ は

$$\frac{i\lambda_1'(k)}{3\lambda_1(k)} = -\frac{3c^2\sin 3k + s^2\sin k}{3\sqrt{1 - (c^2\cos 3k + s^2\cos k)^2}} \tag{3.32}$$

$$\frac{i\lambda_2'(k)}{3\lambda_2(k)} = \frac{3c^2\sin 3k + s^2\sin k}{3\sqrt{1 - (c^2\cos 3k + s^2\cos k)^2}} \tag{3.33}$$

と計算される. ここで, 関数

$$h(k) = \frac{3c^2\sin 3k + s^2\sin k}{3\sqrt{1 - (c^2\cos 3k + s^2\cos k)^2}} \qquad (k \in [-\pi, \pi)) \tag{3.34}$$

の性質を調べると, その値域は二つの区間の和集合

$$\left(-\frac{\sqrt{1 + 8c^2}}{3}, -\frac{1 - 4c^2}{3}\right] \cup \left[\frac{1 - 4c^2}{3}, \frac{\sqrt{1 + 8c^2}}{3}\right) \tag{3.35}$$

であることがわかる. 関数値が定義されない $k = 0, \pm\pi$ 付近での振舞いは,

$$\lim_{k\to +0} h(k) = \lim_{k\to \pi-0} h(k) = \frac{\sqrt{1 + 8c^2}}{3} \tag{3.36}$$

$$\lim_{k\to -0} h(k) = \lim_{k\to -\pi+0} h(k) = -\frac{\sqrt{1 + 8c^2}}{3} \tag{3.37}$$

となるので, 関数 $h(k)$ のグラフの例として図 3.8 を描くことができる.

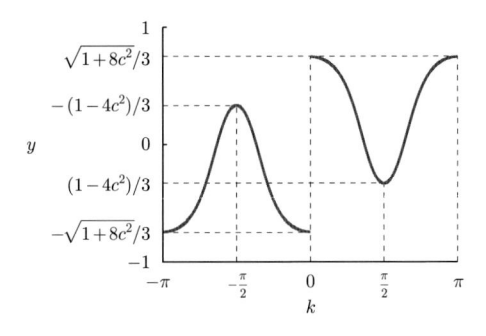

(a) $\theta = \pi/4$

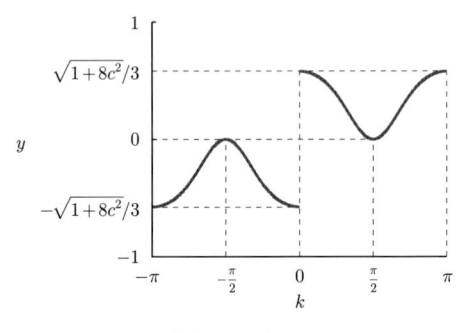

(b) $\theta = \pi/3$

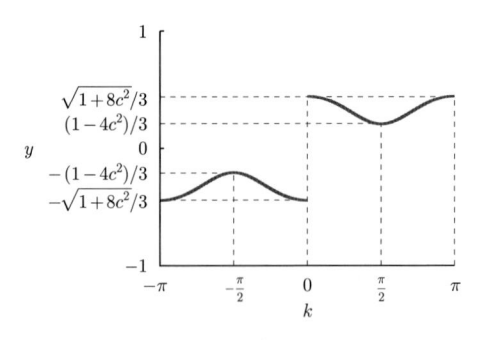

(c) $\theta = 2\pi/5$

図 3.8　$y = h(k)$ のグラフの例

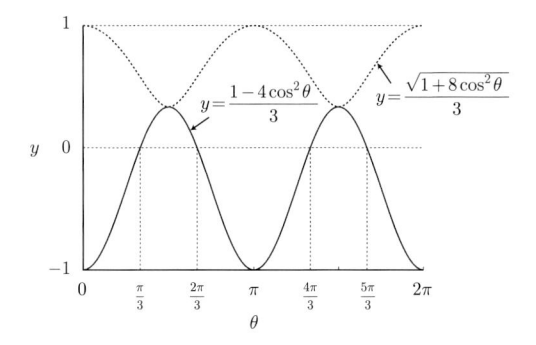

図 3.9 $y = (1 - 4\cos^2\theta)/3$ と $y = \sqrt{1 + 8\cos^2\theta}/3$ のグラフ

ここで，すべての $\theta \in [0, 2\pi)$ に対して，$|1 - 4\cos^2\theta| \leq \sqrt{1 + 8\cos^2\theta}$ が成り立つことを注意しておく．等号が成立するのは，$\theta = 0, \pi/2, \pi, 3\pi/2$ のときである．また，$\sqrt{1 + 8\cos^2\theta}$ は非負値であるが，$1 - 4\cos^2\theta$ の値域は $[-3, 1]$ なので，θ の値によって，正負，そして 0 の値をとりうることにも注意されたい．参考として，$y = (1 - 4\cos^2\theta)/3$ と $y = \sqrt{1 + 8\cos^2\theta}/3$ のグラフを図 3.9 に挙げておく．

また，以下の同値変形は，逆関数 h^{-1} を求める際に役に立つ．

$$h(k)^2 = x^2 \Longleftrightarrow \cos 2k = \frac{3x^2 - (1 + 2c^2) \pm 2|s| \cdot |x| \sqrt{1 + 8c^2 - 9c^2 x^2}}{6c^2(1 - x^2)} \tag{3.38}$$

以上の計算で得られた情報をもとに，式 (3.24) の各積分項において，$i\lambda_1'(k)/3\lambda_1(k) = x$，または $i\lambda_2'(k)/3\lambda_2(k) = x$ の置換積分を行うことで，定理 6 の主張である X_t/t の分布収束を得ることができる．

さて，極限密度関数

$$\frac{d}{dx} \lim_{t \to \infty} \mathbb{P}\left(\frac{X_t}{t} \leq x\right) = \{1 - \nu(\alpha, \beta; x)\} f(x) I_{\left(\frac{1 - 4c^2}{3}, \frac{\sqrt{1 + 8c^2}}{3}\right)}(x)$$

$$+ \{1 + \nu(\alpha, \beta; -x)\} f(-x) I_{\left(-\frac{\sqrt{1 + 8c^2}}{3}, -\frac{1 - 4c^2}{3}\right)}(x) \tag{3.39}$$

の振舞いを見るために，グラフの例を図 3.10〜3.12 に挙げる[*1]．これらの図は

[*1] $\theta = \pi/4, \pi/3, 2\pi/5$ のとき，順に $1 - 4\cos^2\theta < 0, = 0, > 0$ である．

数値計算による結果なので，無限大への発散が完全には表現されていない．しかし，実際には，$x \to \pm(1-4c^2)/3 \pm 0, \pm\sqrt{1+8c^2}/3 \mp 0$（複号同順）とすると，

$$\frac{d}{dx} \lim_{t \to \infty} \mathbb{P}\left(\frac{X_t}{t} \leq x\right) \to +\infty \tag{3.40}$$

となり，極限密度関数は無限大に発散する．

例 3.7 $\alpha = 1/\sqrt{2}, \beta = i/\sqrt{2}$ のとき（図 3.10）

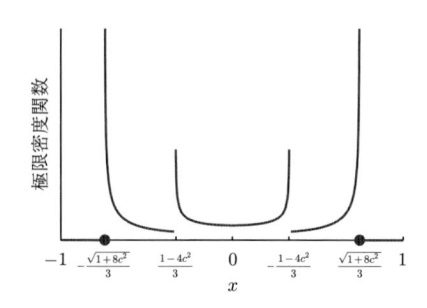

(a) $\theta = \pi/4$

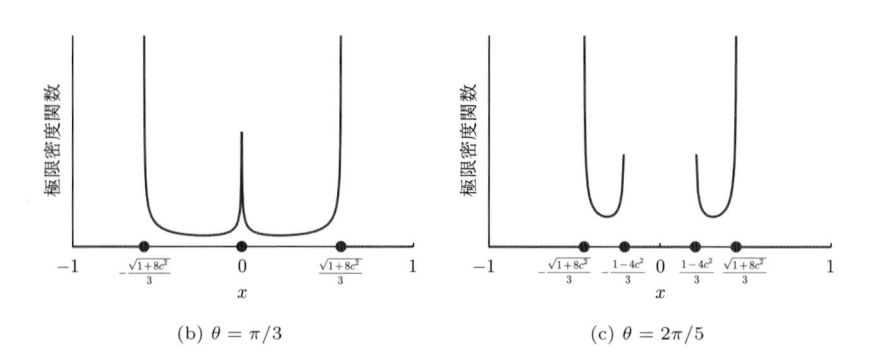

(b) $\theta = \pi/3$ (c) $\theta = 2\pi/5$

図 3.10 $\alpha = 1/\sqrt{2}, \beta = i/\sqrt{2}$ のときの極限密度関数

例 3.8　$\alpha = 1,\ \beta = 0$ のとき（図 3.11）

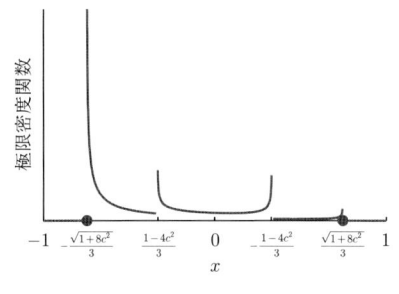

(a) $\theta = \pi/4$

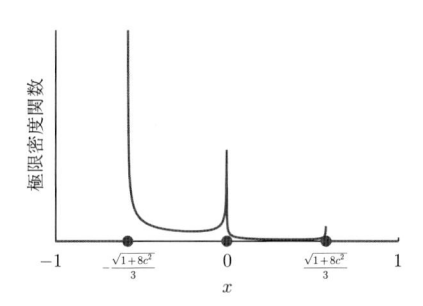

(b) $\theta = \pi/3$

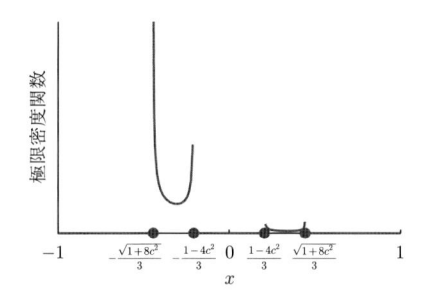

(c) $\theta = 2\pi/5$

図 3.11　$\alpha = 1,\ \beta = 0$ のときの極限密度関数

例 3.9 $\alpha = 0$, $\beta = 1$ のとき（図 3.12）

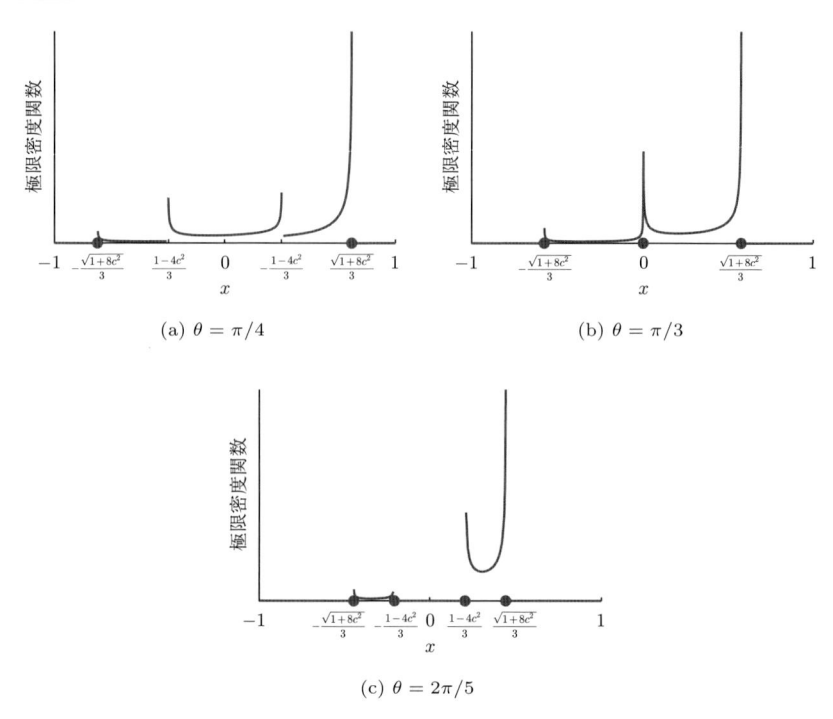

(a) $\theta = \pi/4$　　(b) $\theta = \pi/3$

(c) $\theta = 2\pi/5$

図 3.12 $\alpha = 0$, $\beta = 1$ のときの極限密度関数

次に，極限密度関数から得られる長時間後の確率分布を近似する関数

$$\frac{2}{t}\{1 - \nu(\alpha, \beta; x/t)\}f(x/t)I_{\left(\frac{1-4c^2}{3}t, \frac{\sqrt{1+8c^2}}{3}t\right)}(x)$$

$$+ \frac{2}{t}\{1 + \nu(\alpha, \beta; -x/t)\}f(-x/t)I_{\left(-\frac{\sqrt{1+8c^2}}{3}t, -\frac{1-4c^2}{3}t\right)}(x) \qquad (3.41)$$

を，時刻 500 の確率分布と比較してみる．図 3.13〜3.15 では，確率分布 $\mathbb{P}(X_{500} = x)$ の値のうち，正の値のみをプロットして線で結んでいる．式 (3.41) の関数は，$t = 500$ として，$x = 0, \pm 2, \pm 4, \cdots$ における値を点でプロットしてある．

例 3.10 $\alpha = 1/\sqrt{2},\, \beta = i/\sqrt{2}$ のとき（図 3.13）

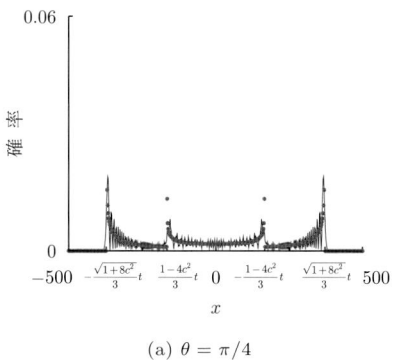

(a) $\theta = \pi/4$

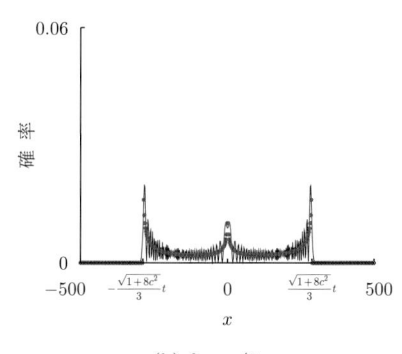

(b) $\theta = \pi/3$

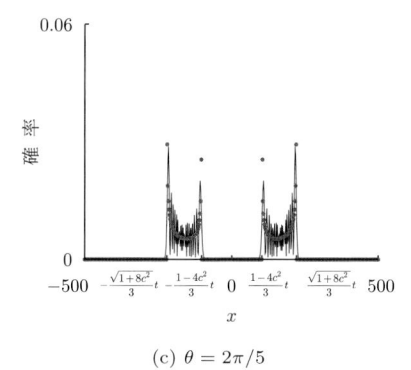

(c) $\theta = 2\pi/5$

図 3.13 時刻 500 の確率分布（線）と式 (3.41)（点）の比較

例 3.11　$\alpha = 1, \beta = 0$ のとき（図 3.14）

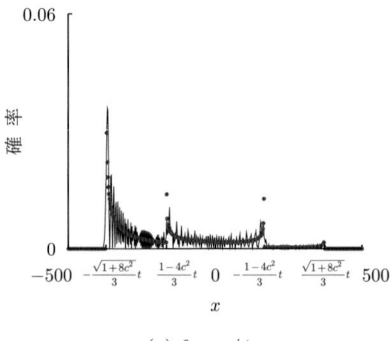

(a) $\theta = \pi/4$

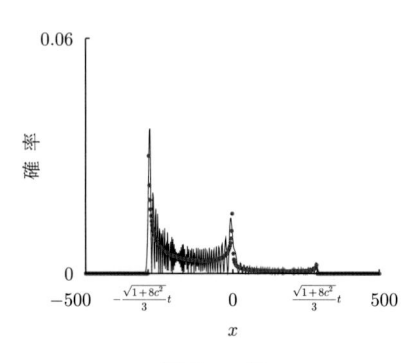

(b) $\theta = \pi/3$

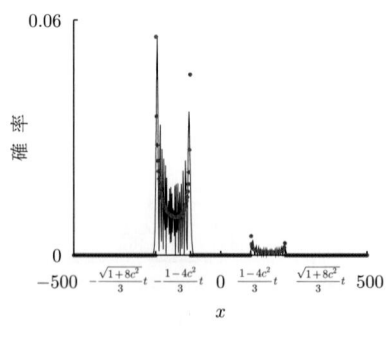

(c) $\theta = 2\pi/5$

図 3.14　時刻 500 の確率分布（線）と式 (3.41)（点）の比較

例 3.12　$\alpha = 0$, $\beta = 1$ のとき（図 3.15）

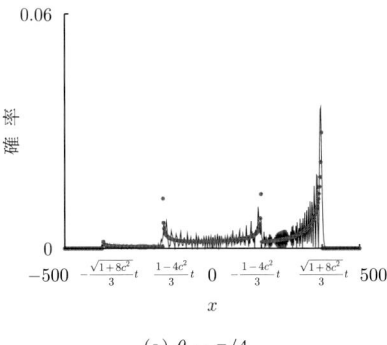

(a) $\theta = \pi/4$

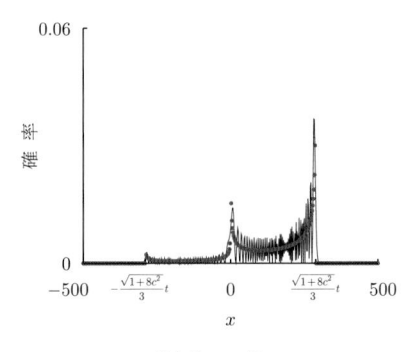

(b) $\theta = \pi/3$

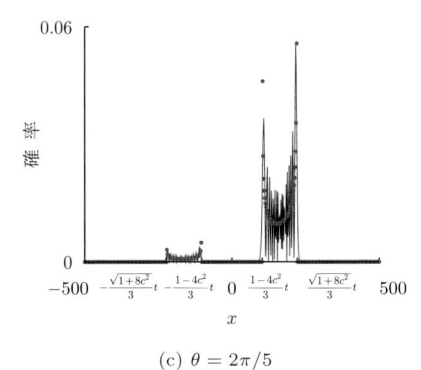

(c) $\theta = 2\pi/5$

図 3.15　時刻 500 の確率分布（線）と式 (3.41)（点）の比較

以上に挙げた図からもわかるように，この章で扱った3周期時刻依存型量子ウォークの極限密度関数は，三つあるいは四つの特異点をもち，それらの特異点における関数の左極限あるいは右極限のどちらか一方は，無限大に発散する．これは，有限時刻の確率分布に，三つあるいは四つの鋭いピークが生じることを意味する．また，$\theta \in (\pi/3, 2\pi/3) \cup (4\pi/3, 5\pi/3)$ のときは，$1 - 4\cos^2\theta > 0$ となり，定義関数の存在により，$x \in [-(1-4c^2)/3, (1-4c^2)/3]$ に対する極限密度関数の値は0となる．これが意味することは，長時間後において量子ウォーカーを原点 $x = 0$ 付近に観測する機会は極めて少ないということである．実際，このようなパラメタ θ を設定するときは，区間 $[-(1-4c^2)\,t/3, (1-4c^2)\,t/3]$ に含まれる場所 $x \in \mathbb{Z}$ では，確率分布の近似関数式 (3.41) の値は0である．時間発展において，状態遷移の作用素を三回ごとに一度作用させなかっただけで，そのモデルから生じる確率分布は，標準的あるいは2周期時刻依存型モデルのものとは異なる振舞いになってしまうのである．

　一般的な3周期時刻依存型モデルに対しては，定理6のような極限定理は得られていない．4周期以上の量子ウォークに関しても，数値計算を除いて，厳密に解析されている例はない．それらの極限定理を導出するための計算は非常に難しく，フーリエ解析の視点から述べると，それは置換積分を行う際に生じる困難さである．もう少し具体的に述べると，置換積分を実行する際に必要となる逆関数 h^{-1} が複雑になってしまうからである．逆関数 h^{-1} を求めるには，方程式 $h(k) = x$ を，波数 k について解けばよいのだが，3周期以上の時刻依存型モデルの場合，実質的に解く方程式が（三角関数の）三次以上の方程式になってしまう．三次方程式に対してはカルダノ（Cardano）の公式，四次方程式に対してはフェラーリ（Ferrari）の公式がある（五次以上の方程式に対しては，解の公式が作れないことが知られている）．しかし，このような解の公式が適用できる場合でも，逆関数 h^{-1} は煩雑になり，置換積分の計算が難しくなる．今後も，時刻依存型量子ウォークの研究は各分野ごとの視点で行われていくと思われるが，それらを数学の立場から進展させるためには，方程式の研究結果も必要とされている．

　さて，Grünbaum and Machida [13] の研究では定理6の拡張結果も掲載されているので，それを紹介して本章を終えたい．二つのユニタリ作用素 U_1, U_2

を

$$U_1 = \begin{bmatrix} a & b \\ c & d \end{bmatrix} \in U(2), \qquad U_2 = \begin{bmatrix} 1 & 0 \\ 0 & -\overline{a}d/|a|^2 \end{bmatrix} \tag{3.42}$$

として，状態遷移作用素

$$C_1 = \sum_{x \in \mathbb{Z}} |x\rangle\langle x| \otimes U_1, \qquad C_2 = \sum_{x \in \mathbb{Z}} |x\rangle\langle x| \otimes U_2 \tag{3.43}$$

と式 (1.35) で与えられる作用素 S を用いて，量子ウォークの時間発展を以下で与える．

$$|\Psi_{t+1}\rangle = \begin{cases} SC_1 |\Psi_t\rangle & (t = 0, 3, 6, \cdots) \\ SC_1 |\Psi_t\rangle & (t = 1, 4, 7, \cdots) \\ SC_2 |\Psi_t\rangle & (t = 2, 5, 8, \cdots) \end{cases} \tag{3.44}$$

このとき，次の極限定理を得ることができる．

定理 7　パラメタ a, b, c, d が，$abcd \neq 0$ を満たすとき，次が成り立つ．

$$\lim_{t \to \infty} \mathbb{P}\left(\frac{X_t}{t} \leq x\right) = \int_{-\infty}^{x} \left[\{1 - \chi(\alpha, \beta; y)\} f(y) I_{\left(\frac{1-4|a|^2}{3}, \frac{\sqrt{1+8|a|^2}}{3}\right)}(y) \right.$$
$$\left. + \{1 + \chi(\alpha, \beta; -y)\} f(-y) I_{\left(-\frac{\sqrt{1+8|a|^2}}{3}, -\frac{1-4|a|^2}{3}\right)}(y) \right] dy \tag{3.45}$$

ただし，

$$f(x) = \frac{|b| \left(|b|x + \sqrt{D(x)}\right)^2}{\pi(1-x^2)\sqrt{W_+(x)}\sqrt{W_-(x)}\sqrt{D(x)}} \tag{3.46}$$

$$\chi(\alpha, \beta; x) = \frac{1}{|a|^2(1+8|a|^2)} \{9|a|^4(|\alpha|^2 - |\beta|^2)$$
$$+ 3(1+6|a|^2)\Re(a\alpha\overline{b\beta})\} x$$
$$+ \frac{1}{|a^2 b|(1+8|a|^2)} \{|ab|^2(|\alpha|^2 - |\beta|^2)$$
$$- (1+2|a|^2)\Re(a\alpha\overline{b\beta})\} \sqrt{D(x)} \tag{3.47}$$

$$D(x) = 1 + 8|a|^2 - 9|a|^2 x^2 \tag{3.48}$$

$$W_+(x) = -(1 - 4|a|^2) + 3(1 - 2|a|^2)x^2 + 2|b|x\sqrt{D(x)} \tag{3.49}$$

$$W_-(x) = 1 + 8|a|^2 - 3(1 + 2|a|^2)x^2 - 2|b|x\sqrt{D(x)} \tag{3.50}$$

である.

　証明の方針だけ示しておく. 行列 U_1 を四つの実数 $\gamma, \delta, \xi, \theta \in [0, 2\pi)$ を用いて,

$$
\begin{aligned}
U_1 &= \begin{bmatrix} a & b \\ c & d \end{bmatrix} = \begin{bmatrix} e^{i\gamma} & 0 \\ 0 & e^{i\delta} \end{bmatrix} \begin{bmatrix} \cos\theta & \sin\theta \\ \sin\theta & -\cos\theta \end{bmatrix} \begin{bmatrix} e^{i\xi} & 0 \\ 0 & e^{-i\xi} \end{bmatrix} \\
&= \begin{bmatrix} e^{i(\gamma+\xi)}\cos\theta & e^{i(\gamma-\xi)}\sin\theta \\ e^{i(\delta+\xi)}\sin\theta & -e^{i(\delta-\xi)}\cos\theta \end{bmatrix}
\end{aligned} \tag{3.51}
$$

とパラメタ表示する. このとき,

$$
U_2 = \begin{bmatrix} 1 & 0 \\ 0 & e^{i(-\gamma+\delta-2\xi)} \end{bmatrix} \tag{3.52}
$$

となる. この定理の証明では, 定理 6 を示すときに登場した $R(k)(R(k)U)^2$ は $R(k)U_2(R(k)U_1)^2$ に置き換わるが,

$$
H(\theta) = \begin{bmatrix} \cos\theta & \sin\theta \\ \sin\theta & -\cos\theta \end{bmatrix} \tag{3.53}
$$

と置くと,

$$
\begin{aligned}
R(k)U_2(R(k)U_1)^2 = e^{i\left(\frac{\gamma}{2} + \frac{3\delta}{2} - \xi\right)} R(-\xi) R\left(k + \frac{\gamma - \delta + 2\xi}{2}\right) \\
\times \left\{ R\left(k + \frac{\gamma - \delta + 2\xi}{2}\right) H(\theta) \right\}^2 R(\xi)
\end{aligned} \tag{3.54}
$$

となるので, 定理 3 を示した方法と同様にして, 定理 6 の結果を利用することに帰着できる. もう少し具体的に述べると, 定理 7 の設定での確率分布は, 初期状態が $|\Psi_0\rangle = |0\rangle \otimes (\alpha e^{i\xi}|0\rangle + \beta e^{-i\xi}|1\rangle)$ で与えられて, 式 (3.5) で時間発展する量子ウォークの確率分布と同じになる. これは, 任意の時刻 t に対して成り立つので, $t \to \infty$ での確率分布の振舞いも同じになることがわ

かる. さらに, $|\alpha e^{i\xi}|^2 + |\beta e^{-i\xi}|^2 = |\alpha|^2 + |\beta|^2 = 1$ なので, 定理 6 におい
て $\alpha \to \alpha e^{i\xi}$, $\beta \to \beta e^{-i\xi}$ と置き換えて得られる結果が, 定理 7 のパラメタ
$\gamma, \delta, \xi, \theta$ による表示となる. その結果を,

$$a = e^{i(\gamma+\xi)} \cos\theta, \qquad b = e^{i(\gamma-\xi)} \sin\theta \qquad (3.55)$$

の関係を用いて, 与えられたユニタリ作用素 U_1, U_2 のパラメタ a, b による表示
に書きなおせば, 定理 7 を得る.

■column 3■ 量子ウォークの確率分布の物理学的な意味

　column 1 (96 ページ) では, 量子ウォークの時間発展に注目して, 物理学的な
視点からの解釈を説明したが, じつは, 量子ウォークの確率分布の定義式 (1.23),
(1.61) も物理学的な解釈をもつ. いま, 式 (1.52) で確認した $|0\rangle\langle 0| + |1\rangle\langle 1|$ の
性質を用いて, 場所 x の確率振幅ベクトル $|\psi_t(x)\rangle$ を以下のように分解する.

$$|\psi_t(x)\rangle = \Big(|0\rangle\langle 0| + |1\rangle\langle 1|\Big)|\psi_t(x)\rangle = |0\rangle\langle 0|\psi_t(x)\rangle + |1\rangle\langle 1|\psi_t(x)\rangle$$
$$(3.56)$$

式 (1.23) より, 確率分布は

$$\mathbb{P}(X_t = x) = \langle\psi_t(x)|\psi_t(x)\rangle$$
$$= \Big(\langle\psi_t(x)|0\rangle\langle 0| + \langle\psi_t(x)|1\rangle\langle 1|\Big)\Big(|0\rangle\langle 0|\psi_t(x)\rangle + |1\rangle\langle 1|\psi_t(x)\rangle\Big)$$

$$= \langle\psi_t(x)|0\rangle\langle 0|0\rangle\langle 0|\psi_t(x)\rangle + \langle\psi_t(x)|0\rangle\langle 0|1\rangle\langle 1|\psi_t(x)\rangle$$
$$\quad + \langle\psi_t(x)|1\rangle\langle 1|0\rangle\langle 0|\psi_t(x)\rangle + \langle\psi_t(x)|1\rangle\langle 1|1\rangle\langle 1|\psi_t(x)\rangle$$

$$= \langle\psi_t(x)|0\rangle\langle 0|\psi_t(x)\rangle + \langle\psi_t(x)|1\rangle\langle 1|\psi_t(x)\rangle$$

$$= \Big|\langle 0|\psi_t(x)\rangle\Big|^2 + \Big|\langle 1|\psi_t(x)\rangle\Big|^2 \qquad (3.57)$$

となる. ここで, $\langle\psi_2|\psi_1\rangle = \overline{\langle\psi_1|\psi_2\rangle}$ が一般に成り立つことを用いた.

　さて, column 1 で述べた電子のスピン状態を再び用いれば, $|0\rangle$ は左スピン
の状態, $|1\rangle$ は右スピンの状態と考えられる. すると, $\langle 0|\psi_t(x)\rangle$ は左スピン,
$\langle 1|\psi_t(x)\rangle$ は右スピンの確率振幅 (波動関数) と解釈できる. なぜなら, ヒルベ

ルト空間 $\mathcal{H}_c$ の任意のベクトル $a\,|0\rangle + b\,|1\rangle$ に対して，

$$\langle 0|\Big(a\,|0\rangle + b\,|1\rangle\Big) = a\,\langle 0|0\rangle + b\,\langle 0|1\rangle = a \tag{3.58}$$

$$\langle 1|\Big(a\,|0\rangle + b\,|1\rangle\Big) = a\,\langle 1|0\rangle + b\,\langle 1|1\rangle = b \tag{3.59}$$

となり，それぞれ，左スピンを表す $|0\rangle$，右スピンを表す $|1\rangle$ の係数（確率振幅，波動関数）が取り出されているからである.

　一方，量子物理学では，ある状態の粒子がある波動関数をもつとき，その波動関数の絶対値の二乗は，粒子がその状態で観測される確率を意味する．したがって，$|\langle 0|\psi_t(x)\rangle|^2$ は電子が場所 x に左スピンの状態で観測される確率，$|\langle 1|\psi_t(x)\rangle|^2$ は電子が場所 x に右スピンの状態で観測される確率と解釈される．つまり，量子ウォークの確率分布を電子のスピン状態で言いなおせば，

$$\mathbb{P}(X_t = x) = \text{電子が場所 } x \text{ に左スピンの状態で観測される確率}$$
$$+ \text{電子が場所 } x \text{ に右スピンの状態で観測される確率} \tag{3.60}$$

となる（図 3.16 参照）.

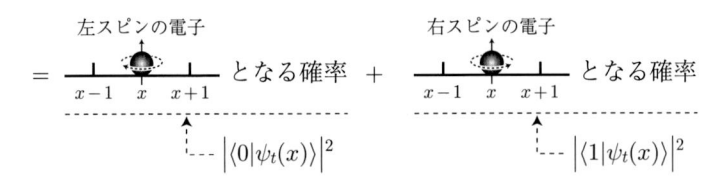

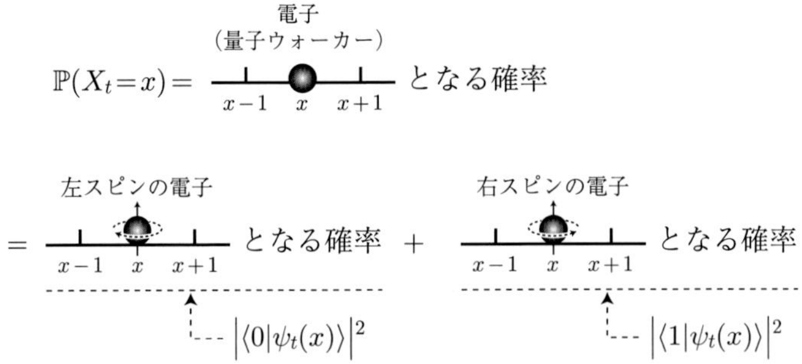

図 3.16　確率分布の物理学的な解釈

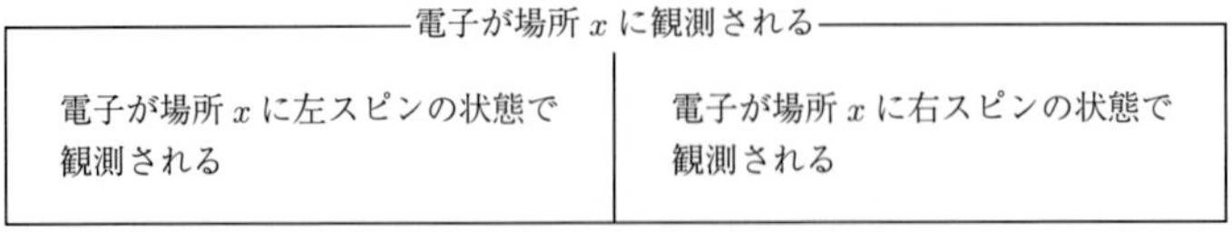

───電子が場所 x に観測される───	
電子が場所 x に左スピンの状態で観測される	電子が場所 x に右スピンの状態で観測される

図 3.17　ベン図

　この解釈は数学における確率論の言葉では，「電子が場所 x に左スピンの状態で観測される」という事象と「電子が場所 x に右スピンの状態で観測される」という事象を背反事象と考え，その二つの背反事象の確率の和として「電子が場所 x に観測される」確率が与えられると言える（図 3.17 のベン図も参照）．上記解釈は確率論的にも自然なものである．

<hr>

column 4　確率分布 $\mathbb{P}(X_t = x)$ と極限密度関数の関係

式 (1.251) は，十分大きな t に対して，

$$\mathbb{P}\left(\frac{X_t}{t} \leq x\right) \sim \int_{-\infty}^{x} f(y)\,dy \qquad (x \in \mathbb{R}) \tag{3.61}$$

と近似できることを意味している．ただし，関数 $f(x)$ は極限密度関数

$$f(x) = \frac{\sqrt{1 - |a|^2}}{\pi(1 - x^2)\sqrt{|a|^2 - x^2}}$$
$$\times \left[1 - \left\{|\alpha|^2 - |\beta|^2 + \frac{(a\alpha\overline{b\beta} + \overline{a\alpha}b\beta)}{|a|^2}\right\} x\right] I_{(-|a|,\,|a|)}(x) \tag{3.62}$$

である．式 (3.61) は任意の実数 x に対して成り立つ．よって，$x \in \mathbb{Z}$ に対して，

$$\mathbb{P}\left(\frac{X_t}{t} \leq \frac{x}{t}\right) \sim \int_{-\infty}^{x/t} f(y)\,dy \iff \mathbb{P}(X_t \leq x) \sim \int_{-\infty}^{x/t} f(y)\,dy$$
$$\iff \sum_{y=-\infty}^{x} \mathbb{P}(X_t = y) \sim \int_{-\infty}^{x/t} f(y)\,dy \tag{3.63}$$

の近似が，十分大きな t をとるときに成立する．この式で，x を $x - 2$ に置き換えると，

$$\sum_{y=-\infty}^{x-2} \mathbb{P}(X_t = y) \sim \int_{-\infty}^{x/t - 2/t} f(y)\,dy \tag{3.64}$$

となる．式 (3.63)，(3.64) の両辺どうしを引き算して，

$$\sum_{y=-\infty}^{x} \mathbb{P}(X_t = y) - \sum_{y=-\infty}^{x-2} \mathbb{P}(X_t = y) \sim \int_{-\infty}^{x/t} f(y)\, dy - \int_{-\infty}^{x/t-2/t} f(y)\, dy$$

$$\Longleftrightarrow \mathbb{P}(X_t = x-1) + \mathbb{P}(X_t = x) \sim \int_{x/t-2/t}^{x/t} f(y)\, dy \tag{3.65}$$

を得る．ここで，$f(x)$ の原始関数を $F(x)$ とすると（つまり，$(d/dx)F(x) = f(x)$），$\displaystyle\int_{x/t-2/t}^{x/t} f(y)\, dy = F(x/t) - F(x/t - 2/t)$ となり，式 (3.65) の両辺を $2/t$ で割ると，

$$\frac{\mathbb{P}(X_t = x-1) + \mathbb{P}(X_t = x)}{2/t} \sim \frac{F(x/t) - F(x/t - 2/t)}{2/t} \tag{3.66}$$

となる．一方，$2/t \to 0\,(t \to \infty)$ に注意すると，微分の定義から，

$$\lim_{t \to \infty} \frac{F(x/t) - F(x/t - 2/t)}{2/t} = \frac{d}{dy} F(y) \bigg|_{y=x/t} = f\left(\frac{x}{t}\right) \tag{3.67}$$

となるので，

$$\frac{F(x/t) - F(x/t - 2/t)}{2/t} \sim f\left(\frac{x}{t}\right) \tag{3.68}$$

の近似を得る[*2]．式 (3.65)，(3.68) より，$x \in \mathbb{Z}$ に対して，

$$\mathbb{P}(X_t = x-1) + \mathbb{P}(X_t = x) \sim \frac{2}{t} \cdot f\left(\frac{x}{t}\right) \tag{3.69}$$

が，十分大きな t をとるときに成り立つ．初期状態が式 (1.54) で与えられるときは，式 (1.58)，(1.59) の性質により，式 (3.69) の左辺にある二項のうち，どちらか一方の項は必ず 0 になる．具体的には，$t \in \{0, 2, 4, \cdots\}$ のときは，

$$\mathbb{P}(X_t = x) \sim \frac{2}{t} \cdot f\left(\frac{x}{t}\right) \qquad (x = 0, \pm 2, \pm 4, \cdots) \tag{3.70}$$

の近似を得る．一方，$t \in \{1, 3, 5, \cdots\}$ のときは，

$$\mathbb{P}(X_t = x) \sim \frac{2}{t} \cdot f\left(\frac{x}{t}\right) \qquad (x = \pm 1, \pm 3, \cdots) \tag{3.71}$$

と近似できる．

[*2]　微分の定義 $\dfrac{dF(x)}{dx} = \displaystyle\lim_{h \to 0} \dfrac{F(x+h) - F(x)}{h}$ において，$h = -2/t$ ととればよい．

　式 (3.64) を得る際に，式 (3.63) において，$x \to x - 2$ の置き換えを行った．この置き換えを不自然に思うかもしれない．実際，$x \to x - 1$ の置き換えをして得られる式を，式 (3.64) の代わりに用いて同様な議論を行えば，$\mathbb{P}(X_t = x) \sim 1/t \cdot f(x/t)\,(x \in \mathbb{Z})$ にたどり着く．しかし，初期状態が式 (1.54) で与えられるときは，式 (1.58)，(1.59) が成り立っているので，この式の左辺 $\mathbb{P}(X_t = x)$ は，x によっては 0 になる．つまり，この近似式は不適切な式であることがわかる．一方，式 (3.70)，(3.71) には，そのような矛盾はない．これは，近似だけを用いた曖昧な議論では説明しがたいことである．時刻 t と場所 x の偶奇性を気にしたくないのであれば，累積分布関数の近似式 (3.63) を用いて，確率分布と極限密度関数の関係を見ればよい．確率分布と極限密度関数を直接的に比較したいのであれば，式 (3.70)，(3.71) を用いることができる．なお，ここで紹介した近似の議論は，第 1～3 章で扱った量子ウォークに対するものである．

第4章

三状態量子ウォーク

　最終章では，前章までとは変わって，一次元格子上で定義される三状態量子ウォークの振舞いをフーリエ解析で明らかにする．三状態量子ウォークは，三種類のスピンをもつ電子の運動と考えることができる．確率分布は，前章までの量子ウォークとは異なる特徴をもち，その特徴は二種類の極限定理の中で見ることができる．二つの極限定理は，どちらも長時間後の確率分布の振舞いを記述するものである．

4.1　モ デ ル

　この章では，各場所に置かれている確率振幅ベクトルが，複素数を成分にもつ三次の縦ベクトルであるような量子ウォークを扱う．時刻 $t \in \{0, 1, 2, \cdots\}$ において，場所 $x \in \mathbb{Z}$ に置かれている確率振幅ベクトルを，$|\psi_t(x)\rangle \in \mathbb{C}^3$ で表す

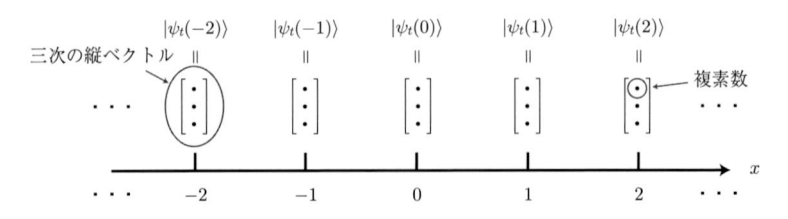

図 4.1　時刻 t における量子ウォークのシステム

（図 4.1 参照）．各場所に置かれた確率振幅ベクトル $|\psi_t(x)\rangle$ は三つの成分をもつので，本章で扱う量子ウォークを三状態量子ウォークとよぶことにする[*1]．

本章で注目する三状態量子ウォークは，以下のように時間発展する．3×3 のユニタリ行列

$$U = \begin{bmatrix} -\dfrac{1+\cos\theta}{2} & \dfrac{\sin\theta}{\sqrt{2}} & \dfrac{1-\cos\theta}{2} \\[2mm] \dfrac{\sin\theta}{\sqrt{2}} & \cos\theta & \dfrac{\sin\theta}{\sqrt{2}} \\[2mm] \dfrac{1-\cos\theta}{2} & \dfrac{\sin\theta}{\sqrt{2}} & -\dfrac{1+\cos\theta}{2} \end{bmatrix} \quad (\theta \in [0, 2\pi)) \tag{4.1}$$

と，行列

$$\sigma_1 = \begin{bmatrix} 1 & 0 & 0 \\ 0 & 0 & 0 \\ 0 & 0 & 0 \end{bmatrix}, \quad \sigma_2 = \begin{bmatrix} 0 & 0 & 0 \\ 0 & 1 & 0 \\ 0 & 0 & 0 \end{bmatrix}, \quad \sigma_3 = \begin{bmatrix} 0 & 0 & 0 \\ 0 & 0 & 0 \\ 0 & 0 & 1 \end{bmatrix} \tag{4.2}$$

を用いて，

$$|\psi_{t+1}(x)\rangle = \sigma_1 U |\psi_t(x+1)\rangle + \sigma_2 U |\psi_t(x)\rangle + \sigma_3 U |\psi_t(x-1)\rangle \tag{4.3}$$

に従って確率振幅ベクトル $|\psi_t(x)\rangle$ を時間発展させる（図 4.2 参照）．

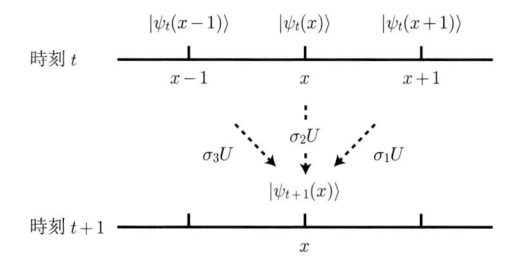

図 4.2　確率振幅ベクトルの時間発展

初期状態については，$|\alpha|^2 + |\beta|^2 + |\gamma|^2 = 1$ を満たす複素数 α, β, γ を用いて，

[*1]　前章までに扱った量子ウォークでは $|\psi_t(x)\rangle \in \mathbb{C}^2$ だったので，そのような量子ウォークは二状態量子ウォークとよばれる．

$$|\psi_0(x)\rangle = \begin{cases} {}^T[\alpha,\ \beta,\ \gamma] & (x = 0) \\ {}^T[0,\ 0,\ 0] & (x \neq 0) \end{cases} \tag{4.4}$$

で与えることにする（図 4.3 参照）.

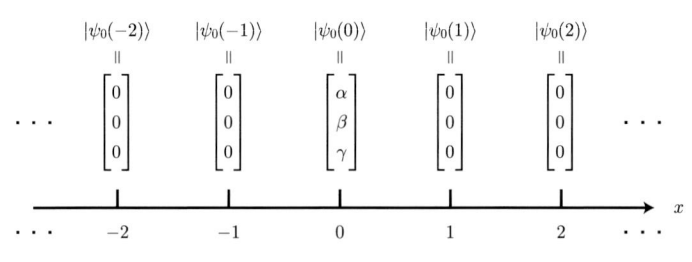

図 4.3 量子ウォークの初期状態（時刻 0）

量子ウォーカーを時刻 t において場所 x に観測する確率 $\mathbb{P}(X_t = x)$ は，これまで通り確率振幅ベクトル $|\psi_t(x)\rangle$ の内積で定義される. すなわち，$\mathbb{P}(X_t = x) = \langle\psi_t(x)|\psi_t(x)\rangle$ である. ここで，X_t は時刻 t において，量子ウォーカーが観測される位置を意味する. 以上に説明したことを箇条書きにしてまとめておく.

- 時刻 t におけるシステムの状態

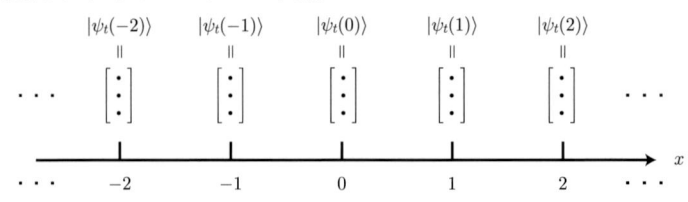

- 時間発展の漸化式

$$|\psi_{t+1}(x)\rangle = \sigma_1 U\,|\psi_t(x+1)\rangle + \sigma_2 U\,|\psi_t(x)\rangle + \sigma_3 U\,|\psi_t(x-1)\rangle \tag{4.5}$$

ここで,

$$U = \begin{bmatrix} -\dfrac{1+\cos\theta}{2} & \dfrac{\sin\theta}{\sqrt{2}} & \dfrac{1-\cos\theta}{2} \\[2mm] \dfrac{\sin\theta}{\sqrt{2}} & \cos\theta & \dfrac{\sin\theta}{\sqrt{2}} \\[2mm] \dfrac{1-\cos\theta}{2} & \dfrac{\sin\theta}{\sqrt{2}} & -\dfrac{1+\cos\theta}{2} \end{bmatrix} \qquad (\theta \in [0, 2\pi)) \tag{4.6}$$

$$\sigma_1 = \begin{bmatrix} 1 & 0 & 0 \\ 0 & 0 & 0 \\ 0 & 0 & 0 \end{bmatrix}, \quad \sigma_2 = \begin{bmatrix} 0 & 0 & 0 \\ 0 & 1 & 0 \\ 0 & 0 & 0 \end{bmatrix}, \quad \sigma_3 = \begin{bmatrix} 0 & 0 & 0 \\ 0 & 0 & 0 \\ 0 & 0 & 1 \end{bmatrix} \tag{4.7}$$

である.

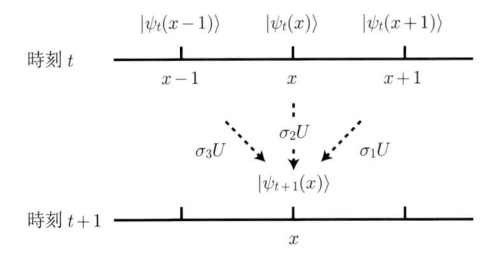

- 初期状態

$$|\psi_0(x)\rangle = \begin{cases} {}^T[\alpha,\,\beta,\,\gamma] & (x=0) \\[2mm] {}^T[0,\,0,\,0] & (x \neq 0) \end{cases} \tag{4.8}$$

ただし,$\alpha, \beta, \gamma \in \mathbb{C}$ は,$|\alpha|^2 + |\beta|^2 + |\gamma|^2 = 1$ を満たすものとする.

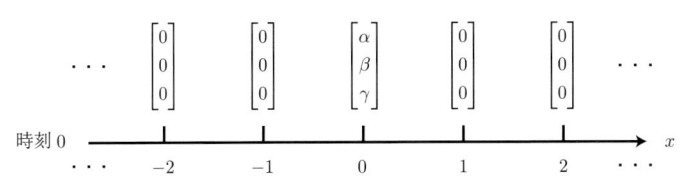

● 確率分布

$$\mathbb{P}(X_t = x) = \langle \psi_t(x) | \psi_t(x) \rangle \tag{4.9}$$

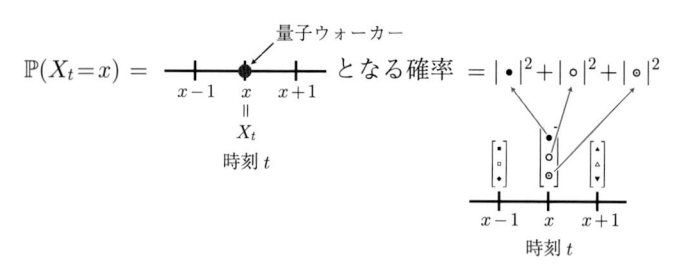

三状態量子ウォークは，これまでの量子ウォーク同様，テンソル空間 $\mathcal{H}_p \otimes \mathcal{H}_c$ 上で記述することができる．ただし，ヒルベルト空間 $\mathcal{H}_c$ の設定には変更が加わる．ヒルベルト空間 $\mathcal{H}_p$ の基底は $\{|x\rangle : x \in \mathbb{Z}\}$ のままであるが，ヒルベルト空間 $\mathcal{H}_c$ の基底は $\{|0\rangle, |1\rangle, |2\rangle\}$ となる．ただし，これらの基底は正規直交基底とする．このとき，時刻 t における量子ウォークのシステム $|\Psi_t\rangle$ は，

$$|\Psi_t\rangle = \sum_{x \in \mathbb{Z}} |x\rangle \otimes |\psi_t(x)\rangle \in \mathcal{H}_p \otimes \mathcal{H}_c \tag{4.10}$$

で与えられる．ここで，$|\psi_t(x)\rangle \in \mathcal{H}_c \, (x \in \mathbb{Z})$ である．

システム $|\Psi_t\rangle$ の時間発展は，

$$
\begin{aligned}
U = &-\frac{1 + \cos\theta}{2} |0\rangle\langle 0| + \frac{\sin\theta}{\sqrt{2}} |0\rangle\langle 1| + \frac{1 - \cos\theta}{2} |0\rangle\langle 2| \\
&+ \frac{\sin\theta}{\sqrt{2}} |1\rangle\langle 0| + \cos\theta \, |1\rangle\langle 1| + \frac{\sin\theta}{\sqrt{2}} |1\rangle\langle 2| \\
&+ \frac{1 - \cos\theta}{2} |2\rangle\langle 0| + \frac{\sin\theta}{\sqrt{2}} |2\rangle\langle 1| - \frac{1 + \cos\theta}{2} |2\rangle\langle 2|
\end{aligned} \tag{4.11}
$$

として，

$$C = \sum_{x \in \mathbb{Z}} |x\rangle\langle x| \otimes U \tag{4.12}$$

$$S = \sum_{x \in \mathbb{Z}} |x-1\rangle\langle x| \otimes |0\rangle\langle 0| + |x\rangle\langle x| \otimes |1\rangle\langle 1| + |x+1\rangle\langle x| \otimes |2\rangle\langle 2| \tag{4.13}$$

を用いて,

$$|\Psi_{t+1}\rangle = SC\,|\Psi_t\rangle \tag{4.14}$$

で与えられる. ただし, $\theta \in [0, 2\pi)$ とする. 時刻 0 における量子ウォークの初期状態は,

$$|\Psi_0\rangle = |0\rangle \otimes \Big(\alpha\,|0\rangle + \beta\,|1\rangle + \gamma\,|2\rangle\Big) \tag{4.15}$$

と設定する. ただし, $\alpha, \beta, \gamma \in \mathbb{C}$ は, $|\alpha|^2 + |\beta|^2 + |\gamma|^2 = 1$ を満たす. 式 (4.14) を繰り返し用いれば, 時刻 t のシステムは $|\Psi_t\rangle = (SC)^t\,|\Psi_0\rangle$ となり, 式 (4.15) で与えられる初期状態と結びつく.

確率分布は, 初期状態が $\langle\Psi_0|\Psi_0\rangle = 1$ を満たすもとで,

$$\mathbb{P}(X_t = x) = \langle\Psi_t|\left\{|x\rangle\langle x| \otimes \left(\sum_{j=0}^{2}|j\rangle\langle j|\right)\right\}|\Psi_t\rangle \tag{4.16}$$

と定義される. 数学的な記述をまとめると, 次のようになる.

- 時刻 t におけるシステム

$$|\Psi_t\rangle = \sum_{x \in \mathbb{Z}} |x\rangle \otimes |\psi_t(x)\rangle \ \in \mathcal{H}_p \otimes \mathcal{H}_c \tag{4.17}$$

- 時間発展の漸化式

$$|\Psi_{t+1}\rangle = SC\,|\Psi_t\rangle \tag{4.18}$$

ここで,

$$
\begin{aligned}
U = &-\frac{1+\cos\theta}{2}\,|0\rangle\langle 0| + \frac{\sin\theta}{\sqrt{2}}\,|0\rangle\langle 1| + \frac{1-\cos\theta}{2}\,|0\rangle\langle 2| \\
&+ \frac{\sin\theta}{\sqrt{2}}\,|1\rangle\langle 0| + \cos\theta\,|1\rangle\langle 1| + \frac{\sin\theta}{\sqrt{2}}\,|1\rangle\langle 2| \\
&+ \frac{1-\cos\theta}{2}\,|2\rangle\langle 0| + \frac{\sin\theta}{\sqrt{2}}\,|2\rangle\langle 1| - \frac{1+\cos\theta}{2}\,|2\rangle\langle 2|
\end{aligned}
\tag{4.19}
$$

として,

$$C = \sum_{x \in \mathbb{Z}} |x\rangle\langle x| \otimes U \tag{4.20}$$

$$S = \sum_{x \in \mathbb{Z}} |x-1\rangle\langle x| \otimes |0\rangle\langle 0| + |x\rangle\langle x| \otimes |1\rangle\langle 1|$$
$$+ |x+1\rangle\langle x| \otimes |2\rangle\langle 2| \tag{4.21}$$

である. ただし, $\theta \in [0, 2\pi)$ とする.

- 初期状態

$$|\Psi_0\rangle = |0\rangle \otimes \Big(\alpha\,|0\rangle + \beta\,|1\rangle + \gamma\,|2\rangle\Big) \tag{4.22}$$

ただし, $\alpha, \beta, \gamma \in \mathbb{C}$ は, $|\alpha|^2 + |\beta|^2 + |\gamma|^2 = 1$ を満たすものとする.

- 確率分布

初期状態が $\langle\Psi_0|\Psi_0\rangle = 1$ を満たすもとで,

$$\mathbb{P}(X_t = x) = \langle\Psi_t| \left\{ |x\rangle\langle x| \otimes \left(\sum_{j=0}^{2} |j\rangle\langle j|\right) \right\} |\Psi_t\rangle \tag{4.23}$$

4.2 確率分布

三状態量子ウォークの確率分布は, 前章までに紹介したモデルのものとは異なり, ある特徴をもつ. それは, 原点 $x = 0$ 付近の確率が極めて大きくなることである. 実際に, その振舞いを観察してみよう. 以下に掲載する図は, 数値計算による結果である.

まずは, 時刻 500 の確率分布をいくつか挙げる. 図 4.4 では, $\cos\theta = -1/3$, $\sin\theta = 2\sqrt{2}/3$ として, 確率分布 $\mathbb{P}(X_{500} = x)$ の値のうち, 正の値のみをプロットして線で結んだグラフである.

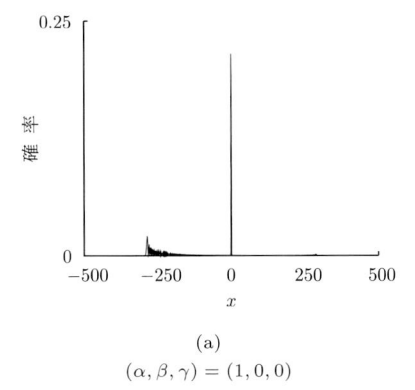

(a)

$(\alpha, \beta, \gamma) = (1, 0, 0)$

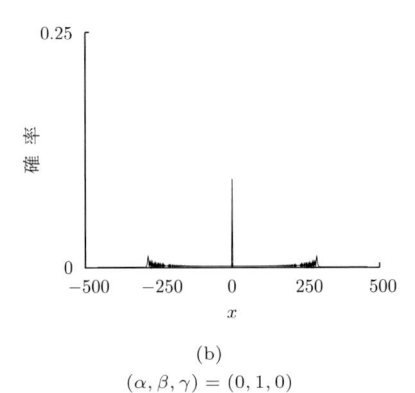

(b)

$(\alpha, \beta, \gamma) = (0, 1, 0)$

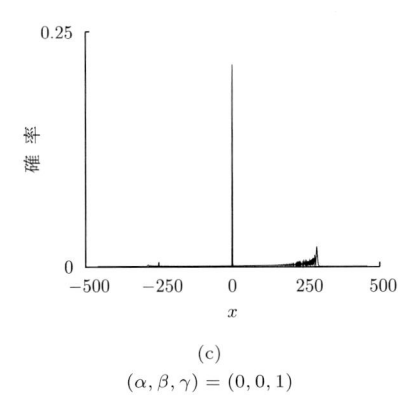

(c)

$(\alpha, \beta, \gamma) = (0, 0, 1)$

図 4.4　時刻 500 の確率分布 $\mathbb{P}(X_{500} = x)$

　確率分布の時間発展の様子は，$\cos\theta = -1/3, \sin\theta = 2\sqrt{2}/3$ と設定すると，図 4.5 のようになる．それぞれの図は密度プロットを用いて表現されており，横軸が場所 x，縦軸が時刻 t，そして色の濃淡が確率を表している．

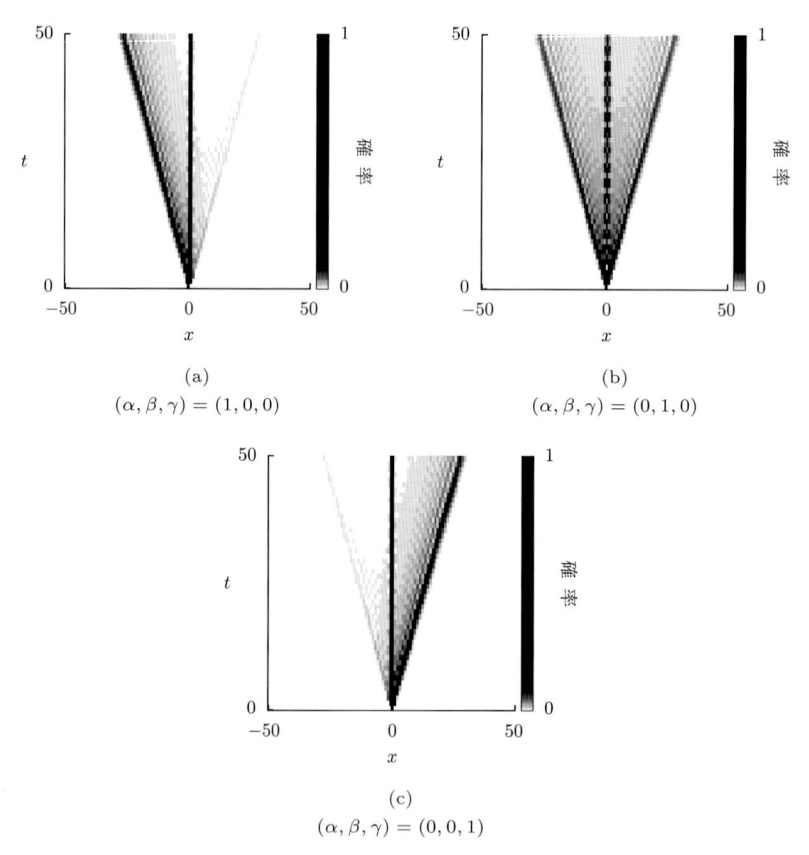

(a)
$(\alpha, \beta, \gamma) = (1, 0, 0)$

(b)
$(\alpha, \beta, \gamma) = (0, 1, 0)$

(c)
$(\alpha, \beta, \gamma) = (0, 0, 1)$

図 4.5　確率分布 $\mathbb{P}(X_t = x)$ の時間発展（密度プロット）

　図 4.6 は，時刻 50 における確率分布とユニタリ作用素 U のもつパラメタ θ との関係を表している．それぞれの図は密度プロットを用いて表現されており，横軸が場所 x，縦軸がパラメタ θ，そして色の濃淡が確率である．

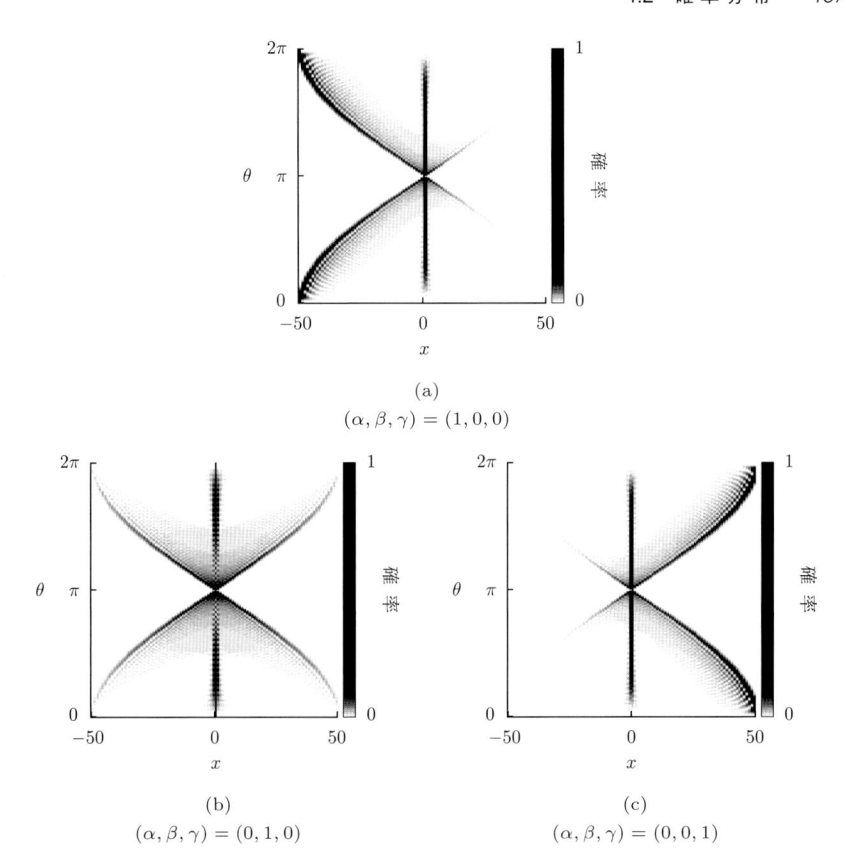

(a)

$(\alpha, \beta, \gamma) = (1, 0, 0)$

(b)

$(\alpha, \beta, \gamma) = (0, 1, 0)$

(c)

$(\alpha, \beta, \gamma) = (0, 0, 1)$

図 4.6 確率分布 $\mathbb{P}(X_{50} = x)$ のパラメタ θ への依存性（密度プロット）

　前章までに紹介したモデルの確率分布では，原点付近の確率は（相対的に）小さかった．一方，三状態量子ウォークでは，原点 $x = 0$ 付近の確率は（相対的に）非常に大きくなりうることが，図 4.4〜4.6 からもわかる．次節で紹介するように，三状態量子ウォークに対してもこれまでと同様に X_t/t に対する分布収束定理が導出できるのだが，極限密度関数はこれまでのような有限サポートをもつ連続関数だけではなく，ディラック（Dirac）のデルタ関数という，ある超関数も含む．原点付近の大きな確率の存在は，極限密度関数の中では超関数として表現されることになる．

4.3　極限定理

　式 (4.3), または, 式 (4.14) で時間発展が行われる三状態量子ウォークに対しては, 量子ウォーカーの位置を時刻 t でスケールした X_t/t だけではなく, X_t そのものに対しても興味深い極限定理を導出することができる. それらの定理は 2015 年に Machida [14] の論文で発表されており, いずれもフーリエ解析で証明されている. ユニタリ行列のパラメタ θ が, $\cos\theta = -1/3, \sin\theta = 2\sqrt{2}/3$ を満たすようにとった特別な場合 (Grover ウォーク) に対しては, 2005 年に Inui $et\ al.$ [15] の研究にて, 先立ってそれらの極限定理が得られている. その論文でもフーリエ解析による証明が行われている.

　それでは, 長時間後における $\mathbb{P}(X_t = x)$ の振舞いを記述する極限定理の紹介からはじめよう. ここでも, $\cos\theta = c, \sin\theta = s$ の略記を用いることにする.

定理 8　パラメタが, $\theta \neq 0, \pi$ のとき, 任意の $x \in \mathbb{Z}$ に対して, 次が成り立つ.

$$\lim_{t\to\infty} \mathbb{P}(X_t = x) = \frac{1}{64(1-c)^2}\left\{ 2(1-c)\left| B\nu^{|x+1|} + A\nu^{|x|}\right|^2 \right.$$
$$+ (1+c)\left| B\nu^{|x+1|} + (A+B)\nu^{|x|} + A\nu^{|x-1|}\right|^2$$
$$\left. + 2(1-c)\left| B\nu^{|x|} + A\nu^{|x-1|}\right|^2 \right\} \qquad (4.24)$$

ただし, ν は θ で決まる実数, A, B は θ, α, β で決まる複素数で,

$$\nu = \frac{-(3-c) + 2\sqrt{2(1-c)}}{1+c} \in (-1, 0) \qquad (4.25)$$

$$A = 2(1-c)\alpha + \sqrt{2}s\beta, \qquad B = \sqrt{2}s\beta + 2(1-c)\gamma \qquad (4.26)$$

である[*2].

[*2]　$\nu = \nu(\theta), A = A(\theta, \alpha, \beta), B = B(\theta, \alpha, \beta)$ と書くほうがよいのだが, 式 (4.24) の表記をすっきりさせるために, パラメタの明示は避けた.

以降では，行列を用いて証明するためにヒルベルト空間 $\mathcal{H}_c$ の基底ベクトルを，

$$|0\rangle = \begin{bmatrix} 1 \\ 0 \\ 0 \end{bmatrix}, \quad |1\rangle = \begin{bmatrix} 0 \\ 1 \\ 0 \end{bmatrix}, \quad |2\rangle = \begin{bmatrix} 0 \\ 0 \\ 1 \end{bmatrix} \tag{4.27}$$

ととることにする．また，長時間極限 $\lim_{t\to\infty} \mathbb{P}(X_t = x) = \lim_{t\to\infty} \langle \psi_t(x)|\psi_t(x)\rangle$ の計算が目的なので，確率振幅ベクトル $|\psi_t(x)\rangle$ の長時間後における振舞いに注目する．

まず，時刻 t における量子ウォークのフーリエ変換 $|\hat{\psi}_t(k)\rangle = \sum_{x\in\mathbb{Z}} e^{-ikx} |\psi_t(x)\rangle$ $(k \in [-\pi, \pi))$ の時間発展を考えよう．式 (4.2) に登場した行列 $\sigma_1, \sigma_2, \sigma_3$ は，それぞれ $\sigma_1 = |0\rangle\langle 0|, \sigma_2 = |1\rangle\langle 1|, \sigma_3 = |2\rangle\langle 2|$ と書けるので，時間発展の漸化式 (4.3) より，

$$|\hat{\psi}_{t+1}(k)\rangle = \sum_{x\in\mathbb{Z}} e^{-ikx} |\psi_{t+1}(x)\rangle$$

$$= \sum_{x\in\mathbb{Z}} e^{-ikx} \Big(|0\rangle\langle 0| U |\psi_t(x+1)\rangle + |1\rangle\langle 1| U |\psi_t(x)\rangle + |2\rangle\langle 2| U |\psi_t(x-1)\rangle \Big)$$

$$= e^{ik} |0\rangle\langle 0| U \sum_{x\in\mathbb{Z}} e^{-ik(x+1)} |\psi_t(x+1)\rangle + |1\rangle\langle 1| U \sum_{x\in\mathbb{Z}} e^{-ikx} |\psi_t(x)\rangle$$

$$+ e^{-ik} |2\rangle\langle 2| U \sum_{x\in\mathbb{Z}} e^{-ik(x-1)} |\psi_t(x-1)\rangle$$

$$= e^{ik} |0\rangle\langle 0| U |\hat{\psi}_t(k)\rangle + |1\rangle\langle 1| U |\hat{\psi}_t(k)\rangle + e^{-ik} |2\rangle\langle 2| U |\hat{\psi}_t(k)\rangle \tag{4.28}$$

と計算される．つまり，時刻 t から $t+1$ への時間発展の漸化式

$$|\hat{\psi}_{t+1}(k)\rangle = R(k)U |\hat{\psi}_t(k)\rangle \tag{4.29}$$

を得る．ただし，

$$R(k) = e^{ik} |0\rangle\langle 0| + |1\rangle\langle 1| + e^{-ik} |2\rangle\langle 2| \tag{4.30}$$

である．ここで，行列 $R(k), U$ の具体的な表示は

$$R(k) = \begin{bmatrix} e^{ik} & 0 & 0 \\ 0 & 1 & 0 \\ 0 & 0 & e^{-ik} \end{bmatrix}, \quad U = \begin{bmatrix} -\dfrac{1+c}{2} & \dfrac{s}{\sqrt{2}} & \dfrac{1-c}{2} \\ \dfrac{s}{\sqrt{2}} & c & \dfrac{s}{\sqrt{2}} \\ \dfrac{1-c}{2} & \dfrac{s}{\sqrt{2}} & -\dfrac{1+c}{2} \end{bmatrix} \tag{4.31}$$

であることを注意しておく. 式 (4.29) を繰り返し用いると, 時刻 t におけるフーリエ変換は,

$$|\hat{\psi}_t(k)\rangle = (R(k)U)^t |\hat{\psi}_0(k)\rangle \tag{4.32}$$

となり, 初期状態のフーリエ変換 $|\hat{\psi}_0(k)\rangle$ とつながる. ここで, 式 (4.4) とフーリエ変換の定義より,

$$|\hat{\psi}_0(k)\rangle = \sum_{x \in \mathbb{Z}} e^{-ikx} |\psi_0(x)\rangle = \alpha |0\rangle + \beta |1\rangle + \gamma |2\rangle = {}^T[\alpha, \beta, \gamma] \tag{4.33}$$

と計算されるので, $|\hat{\psi}_0(k)\rangle$ は波数 k に依存しないことがわかる. したがって, $|\phi\rangle = \alpha |0\rangle + \beta |1\rangle + \gamma |2\rangle$ とおくと, $|\hat{\psi}_0(k)\rangle = |\phi\rangle$ と書ける.

いま, 3×3 のユニタリ行列

$$R(k)U = \begin{bmatrix} -\dfrac{1+c}{2}\,e^{ik} & \dfrac{s}{\sqrt{2}}\,e^{ik} & \dfrac{1-c}{2}\,e^{ik} \\[2mm] \dfrac{s}{\sqrt{2}} & c & \dfrac{s}{\sqrt{2}} \\[2mm] \dfrac{1-c}{2}\,e^{-ik} & \dfrac{s}{\sqrt{2}}\,e^{-ik} & -\dfrac{1+c}{2}\,e^{-ik} \end{bmatrix} \tag{4.34}$$

は, 三つの異なる固有値

$$\lambda_1(k) = 1 \tag{4.35}$$

$$\lambda_2(k) = \frac{-\{(1+c)\cos k + 1 - c\} + i\sqrt{4 - \{(1+c)\cos k + 1 - c\}^2}}{2} \tag{4.36}$$

$$\lambda_3(k) = \frac{-\{(1+c)\cos k + 1 - c\} - i\sqrt{4 - \{(1+c)\cos k + 1 - c\}^2}}{2} \tag{4.37}$$

をもつので, 固有値 $\lambda_j(k)\,(j \in \{1,2,3\})$ に対する正規化固有ベクトルを $|v_j(k)\rangle$ $(j \in \{1,2,3\})$ として, $|\hat{\psi}_0(k)\rangle = |\phi\rangle$ を行列 $R(k)U$ の固有空間で分解すると,

$$|\hat{\psi}_0(k)\rangle = \sum_{j=1}^{3} \langle v_j(k)|\phi\rangle |v_j(k)\rangle \tag{4.38}$$

となる. よって, 式 (4.32) から,

$$|\hat{\psi}_t(k)\rangle = (R(k)U)^t |\phi\rangle = \sum_{j=1}^{3} \lambda_j(k)^t \langle v_j(k)|\phi\rangle |v_j(k)\rangle$$

$$= \langle v_1(k)|\phi\rangle |v_1(k)\rangle + \sum_{j=2}^{3} \lambda_j(k)^t \langle v_j(k)|\phi\rangle |v_j(k)\rangle \tag{4.39}$$

を得る．二行目の等式変形は，式 (4.35) を用いた．

確率分布 $\mathbb{P}(X_t = x) = \langle \psi_t(x)|\psi_t(x)\rangle$ を計算するために，式 (4.39) に逆フーリエ変換を施して $|\psi_t(x)\rangle$ の情報を引き出すと，以下のようになる．

$$|\psi_t(x)\rangle = \frac{1}{2\pi} \int_{-\pi}^{\pi} e^{ikx} |\hat{\psi}_t(k)\rangle \, dk$$

$$= \frac{1}{2\pi} \int_{-\pi}^{\pi} e^{ikx} \langle v_1(k)|\phi\rangle |v_1(k)\rangle \, dk$$

$$+ \sum_{j=2}^{3} \frac{1}{2\pi} \int_{-\pi}^{\pi} e^{ikx} \lambda_j(k)^t \langle v_j(k)|\phi\rangle |v_j(k)\rangle \, dk \tag{4.40}$$

ここで，$\lambda_2(k), \lambda_3(k)$ はユニタリ行列の固有値なので，ある実関数 $\nu_2(k), \nu_3(k)$ を用いて，$\lambda_2(k) = e^{i\nu_2(k)}$, $\lambda_3(k) = e^{i\nu_3(k)}$ と書ける．したがって，$j = 2, 3$ に対しては，関数 $\nu_2(k), \nu_3(k)$ を用いて，

$$\int_{-\pi}^{\pi} e^{ikx} \lambda_j(k)^t \langle v_j(k)|\phi\rangle |v_j(k)\rangle \, dk = \int_{-\pi}^{\pi} e^{it\nu_j(k)} \cdot e^{ikx} \langle v_j(k)|\phi\rangle |v_j(k)\rangle \, dk \tag{4.41}$$

と書きなおせる．この右辺は，リーマン・ルベーグ（Riemann–Lebesgue）の補題から，

$$\lim_{t \to \infty} \int_{-\pi}^{\pi} e^{it\nu_j(k)} \cdot e^{ikx} \langle v_j(k)|\phi\rangle |v_j(k)\rangle \, dk = 0 \tag{4.42}$$

となる．なお，リーマン・ルベーグの補題に対する一般的な表記と照らし合わせるのであれば，式 (4.41) の右辺の積分は，

$$\int_{-\pi}^{\pi} e^{it\nu_j(k)} \cdot e^{ikx} \langle v_j(k)|\phi\rangle |v_j(k)\rangle \, dk$$

$$= \int_{-\pi}^{\pi} e^{it\nu_j(k)} \cdot e^{ikx} \langle v_j(k)|\phi\rangle |v_j(k)\rangle \frac{1}{d\nu_j(k)/dk} \, d(\nu_j(k)) \tag{4.43}$$

と見るのがよいであろう．したがって，

$$\lim_{t \to \infty} |\psi_t(x)\rangle = \frac{1}{2\pi} \int_{-\pi}^{\pi} e^{ikx} \langle v_1(k)|\phi\rangle |v_1(k)\rangle \, dk \tag{4.44}$$

と書ける．したがって，確率振幅ベクトル $|\psi_t(x)\rangle$ の長時間後における挙動を知るためには，式 (4.44) の右辺を具体的に計算すればよいことがわかる．

固有値 $\lambda_1(k) = 1$ に対する正規化固有ベクトル $|v_1(k)\rangle$ としては，

$$|v_1(k)\rangle = \frac{1}{\sqrt{N_1(k)}} \begin{bmatrix} 2(1-c)e^{ik} \\ \sqrt{2}s(1+e^{ik}) \\ 2(1-c) \end{bmatrix} \tag{4.45}$$

をとることができる．ただし，

$$N_1(k) = 2(1-c)\{2(3-c) + (1+c)(e^{ik} + e^{-ik})\} \tag{4.46}$$

である．いま，$A = 2(1-c)\alpha + \sqrt{2}s\beta$, $B = \sqrt{2}s\beta + 2(1-c)\gamma \in \mathbb{C}$ と置くと，

$$\langle v_1(k)|\phi\rangle |v_1(k)\rangle = \frac{1}{N_1(k)} \begin{bmatrix} 2(1-c)(Be^{ik} + A) \\ \sqrt{2}s(Be^{ik} + A + B + A^{-ik}) \\ 2(1-c)(B + Ae^{-ik}) \end{bmatrix} \tag{4.47}$$

となるので，式 (4.44) の右辺の積分を計算すると，

$$\frac{1}{2\pi} \int_{-\pi}^{\pi} e^{ikx} \langle v_1(k)|\phi\rangle |v_1(k)\rangle\, dk$$

$$= \frac{1+c}{8s^2\sqrt{2(1-c)}} \begin{bmatrix} 2(1-c)\left(B\nu^{|x+1|} + A\nu^{|x|}\right) \\ \sqrt{2}s\left\{B\nu^{|x+1|} + (A+B)\nu^{|x|} + A\nu^{|x-1|}\right\} \\ 2(1-c)\left(B\nu^{|x|} + A\nu^{|x-1|}\right) \end{bmatrix} \tag{4.48}$$

となる．積分計算の方法はいくつかあるが，例えば，$e^{ik} = z$, あるいは，$e^{-ik} = z$ と変数変換したあとに，留数定理を用いる方法がある．このような変数変換を用いるとき，積分は複素積分になり，その積分区間としては，複素平面上において，原点を中心とする単位円周上 $\{z \in \mathbb{C} : |z| = 1\}$ の反時計回り，あるいは時計回りを考えることになる．計算の詳細は複素関数論の範疇になるのでここには書かないが，留数計算に必要となる特異点の情報だけ，以下に記しておく．変数変換 $e^{ik} = z$, あるいは，$e^{-ik} = z$ を行うと，

$$N_1(k) = 2(1-c)\left\{2(3-c) + (1+c)\left(z + \frac{1}{z}\right)\right\} \tag{4.49}$$

となる. ゆえに,

$$2(1-c)\left\{2(3-c) + (1+c)\left(z_0 + \frac{1}{z_0}\right)\right\} = 0 \tag{4.50}$$

を満たす z_0 を計算すると,

$$z_0 = \frac{-(3-c) \pm 2\sqrt{2(1-c)}}{1+c} \tag{4.51}$$

となるが, 任意の $\theta \in [0, 2\pi)\,(\theta \neq 0, \pi)$ に対して,

$$-1 < \frac{-(3-c) + 2\sqrt{2(1-c)}}{1+c} < 0 \tag{4.52}$$

$$\frac{-(3-c) - 2\sqrt{2(1-c)}}{1+c} < -1 \tag{4.53}$$

と評価できるので,

$$\nu = \frac{-(3-c) + 2\sqrt{2(1-c)}}{1+c} \tag{4.54}$$

と置けば, 式 (4.44) を変数変換したあとの式に現れる被積分関数の特異点のうち, 積分区間の閉曲線 (単位円周上 $\{z \in \mathbb{C} : |z| = 1\}$) の内部に存在する特異点は, $z = \nu$ のみであることがわかる.

式 (4.44), (4.48) より,

$$\lim_{t \to \infty} |\psi_t(x)\rangle$$

$$= \frac{1+c}{8s^2\sqrt{2(1-c)}} \begin{bmatrix} 2(1-c)\left(B\nu^{|x+1|} + A\nu^{|x|}\right) \\ \sqrt{2}s\left\{B\nu^{|x+1|} + (A+B)\nu^{|x|} + A\nu^{|x-1|}\right\} \\ 2(1-c)\left(B\nu^{|x|} + A\nu^{|x-1|}\right) \end{bmatrix} \tag{4.55}$$

がわかったので, この右辺のベクトルどうしの内積を計算することで, 定理 8 の結果

$$\lim_{t\to\infty} \mathbb{P}(X_t = x) = \frac{1}{64(1-c)^2} \Big\{ 2(1-c)\Big|B\nu^{|x+1|} + A\nu^{|x|}\Big|^2$$
$$+ (1+c)\Big|B\nu^{|x+1|} + (A+B)\nu^{|x|} + A\nu^{|x-1|}\Big|^2$$
$$+ 2(1-c)\Big|B\nu^{|x|} + A\nu^{|x-1|}\Big|^2 \Big\} \qquad (4.56)$$

を得る．この結果は，$\cos\theta = -1/3$, $\sin\theta = 2\sqrt{2}/3$ のとき，Inui *et al.* [15] で得られている極限関数と同じものになる．

　証明は以上となるが，定理 8 の結果については一つ注意がある．それは，$\lim_{t\to\infty} \mathbb{P}(X_t = x)$ は確率分布ではないということである．実際，その総和を計算すると，

$$\sum_{x\in\mathbb{Z}} \lim_{t\to\infty} \mathbb{P}(X_t = x) = \frac{1}{8\sqrt{2}(1-c)^{\frac{3}{2}}} \Big\{ |A|^2 + |B|^2 + 2\nu\Re(A\overline{B}) \Big\} \qquad (4.57)$$

となり，この右辺はパラメタ $\theta, \alpha, \beta, \gamma$ によって様々な値をとる．例えば，$\cos\theta = -1/3$, $\sin\theta = 2\sqrt{2}/3$, かつ，$\alpha = \gamma = 1/\sqrt{6}$, $\beta = -2/\sqrt{6}$ ととると，この右辺は 0 になる．また，$\beta = 0$ のときは，

$$\frac{1}{8\sqrt{2}(1-c)^{\frac{3}{2}}} \Big\{ |A|^2 + |B|^2 + 2\nu\Re(A\overline{B}) \Big\} = \frac{\sqrt{1-c}}{2\sqrt{2}} (1 + 2\nu\Re(\alpha\overline{\gamma})) \qquad (4.58)$$

と計算されるので，$\nu \to 0 \, (\theta \to \pi)$ を考慮すると，（$|\alpha|^2 + |\gamma|^2 = 1$ を満たす）$\alpha, \gamma \in \mathbb{C}$ のとり方によらず，

$$\lim_{\theta\to\pi} \sum_{x\in\mathbb{Z}} \lim_{t\to\infty} \mathbb{P}(X_t = x) = \frac{1}{2} \qquad (4.59)$$

となる*3．これは，$\beta = 0$ ととって，パラメタ θ が π に十分近い値をとる限り，$\alpha, \gamma \in \mathbb{C}$ の値によらず，式 (4.57) の総和は $1/2$ に近い値となることを意味する．実際，式 (4.57) の値は 0 以上 1 未満と評価できる．非負性は明らかであろ

---

*3 $\lim_{\theta\to\pi} \nu = 0$ は，ロピタル（l'Hôpital）の定理を用いることで示すことができる．

う. 式 (4.24) を見れば, $\lim_{t \to \infty} \mathbb{P}(X_t = x) \geq 0$ であるから, その総和も非負値である. もちろん, 確率分布は非負値関数であるから, すべての $t (= 0, 1, 2, \cdots)$ に対して $\mathbb{P}(X_t = x) \geq 0$ であり, したがって, $\lim_{t \to \infty} \mathbb{P}(X_t = x) \geq 0$ となる. ゆえに, 式 (4.24) を見るまでもなく, 極限値関数の総和は非負値であることがわかる[*4]. この非負値性は, 式 (4.57) の右辺にある $|A|^2 + |B|^2 + 2\nu \Re(A\overline{B})$ の項を, $\nu \in (-1, 0)$ であることを用いて, 以下のように評価して直接示すこともできる.

$$\begin{aligned}
|A|^2 + |B|^2 + 2\nu\Re(A\overline{B}) &\geq |A|^2 + |B|^2 + 2\nu|A\overline{B}| \\
&\geq |A|^2 + |B|^2 - 2|A\overline{B}| \\
&= |A|^2 + |B|^2 - 2|A| \cdot |B| \\
&= \Big||A| - |B|\Big|^2 \geq 0
\end{aligned} \tag{4.60}$$

ただし, 複素数 z に対して, $\Re(z) \leq |z|$ (等号成立は, $z = 0$ または $\arg z = 0$ のとき) が成り立つことを用いた[*5]. 一方, 総和が 1 未満であることの証明はここでは行わず, (180 ページで紹介する) 定理 9 と式 (4.57) の総和の間に成り立つある関係を用いて, のちに説明することにする (193 ページの式 (4.109)).

このように, 確率の総和は必ず 1 でなければならないので, 極限値関数 $\lim_{t \to \infty} \mathbb{P}(X_t = x)$ は確率分布にはなっていない. しかし, 極限値自体は非負値をとるから測度にはなっている. したがって, $\lim_{t \to \infty} \mathbb{P}(X_t = x)$ は極限測度とよばれる. 確率の総和 $\sum_{x \in \mathbb{Z}} \mathbb{P}(X_t = x)$ の極限値は,

$$\lim_{t \to \infty} \sum_{x \in \mathbb{Z}} \mathbb{P}(X_t = x) = \lim_{t \to \infty} 1 = 1 \tag{4.61}$$

ではあるが, 確率分布の極限値 $\lim_{t \to \infty} \mathbb{P}(X_t = x)$ の総和は 1 にならないのである. つまり,

---

[*4] すべての $t = 0, 1, 2, \cdots$ に対して $\mathbb{P}(X_t = x) \geq 0$ が成り立つので, この不等式の両辺において $t \to \infty$ の極限をとることで, $\lim_{t \to \infty} \mathbb{P}(X_t = x) \geq \lim_{t \to \infty} 0 = 0$ がわかる.

[*5] $\arg z$ は複素数の z の偏角のことである. つまり, $z = re^{i\theta}$ $(r \geq 0, \theta \in [0, 2\pi))$ と極座標表示したときの θ のことである (よって, $\theta = \arg z$). ただし, $z = 0$ のときは $r = 0$ となるので, 偏角 θ は任意にとってよいものとする. 複素数 z を $z = |z|e^{i \arg z}$ と表せば, $\Re(z) = |z| \cos(\arg z) \leq |z|$ (等号成立は, $z = 0$ または $\arg z = 0$ のとき) である.

$$\lim_{t\to\infty}\sum_{x\in\mathbb{Z}}\mathbb{P}(X_t=x)\neq\sum_{x\in\mathbb{Z}}\lim_{t\to\infty}\mathbb{P}(X_t=x) \tag{4.62}$$

である．解析学の教科書に見るように，無限和と極限記号の交換による値の保存は，一般には保証されない．

また，第 1〜3 章で紹介したモデルに対しても極限値 $\lim_{t\to\infty}\mathbb{P}(X_t=x)$ を計算できるが，それらに対しては，行列 $R(k)U$ が定数固有値（波数 k に依存しない固有値）をもたないために $\lim_{t\to\infty}\mathbb{P}(X_t=x)=0$ となってしまう．これは，リーマン・ルベーグの補題により，時刻 t が大きくなるにつれて確率振幅ベクトルが零ベクトルに漸近していくことからわかる．一方，三状態量子ウォークでは定数固有値 $\lambda_1(k)=1$ が存在するため，定理 8 のような興味深い結果が得られたのである．

さて，極限値 $\lim_{t\to\infty}\mathbb{P}(X_t=x)$ を有限時刻の確率分布と比較してみよう．図 4.7〜4.9 では，$\cos\theta=-1/3, \sin\theta=2\sqrt{2}/3$ と設定したときの確率分布と，それに対応する極限値をプロットしてある．各図 (a) では原点付近に範囲を絞って，時刻 500 の確率分布 $\mathbb{P}(X_{500}=x)$ と極限値 $\lim_{t\to\infty}\mathbb{P}(X_t=x)$ を比較している．原点付近だけに注目する理由は，式 (4.24) を見てもわかるように，極限値 $\lim_{t\to\infty}\mathbb{P}(X_t=x)$ は，$|x|$ が大きくなるにつれて指数関数的に減少するからである．つまり，原点から離れると極限値は急速に減少していき，その値はほとんど 0 になってしまう．また，各図 (b) では原点の確率の時間変動を見ることができ，その値が極限値に収束していく様子がわかる．

例 4.1　$\alpha=1, \beta=0, \gamma=0$ のとき（図 4.7）

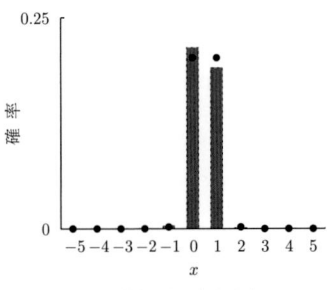

(a) 原点付近の確率分布

図 4.7　（次ページに続く）

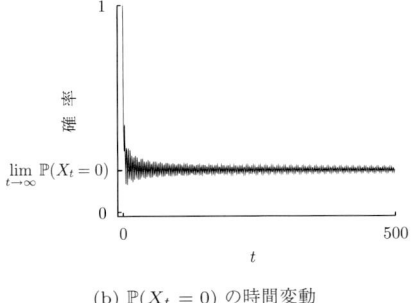

(b) $\mathbb{P}(X_t = 0)$ の時間変動

図 4.7 (a) 棒グラフが $\mathbb{P}(X_{500} = x)$，丸が $\displaystyle\lim_{t\to\infty} \mathbb{P}(X_t = x)$ を表している．(b) 原点の確率 $\mathbb{P}(X_t = 0)$（実線）が極限値 $\displaystyle\lim_{t\to\infty} \mathbb{P}(X_t = 0)$（点線）に収束していく様子．

例 4.2　$\alpha = 0, \beta = 1, \gamma = 0$ のとき（図 4.8）

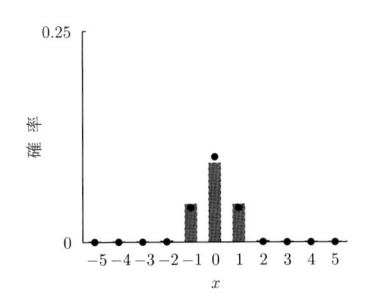

(a) 原点付近の確率分布

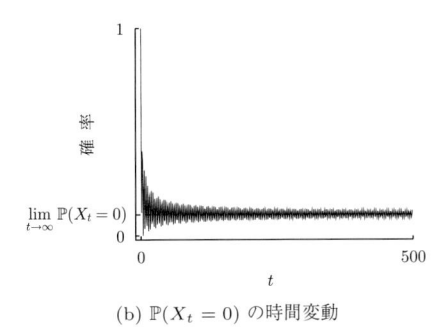

(b) $\mathbb{P}(X_t = 0)$ の時間変動

図 4.8 (a) 棒グラフが $\mathbb{P}(X_{500} = x)$，丸が $\displaystyle\lim_{t\to\infty} \mathbb{P}(X_t = x)$ を表している．(b) 原点の確率 $\mathbb{P}(X_t = 0)$（実線）が極限値 $\displaystyle\lim_{t\to\infty} \mathbb{P}(X_t = 0)$（点線）に収束していく様子．

例 4.3 $\alpha = 0, \beta = 0, \gamma = 1$ のとき（図 4.9）

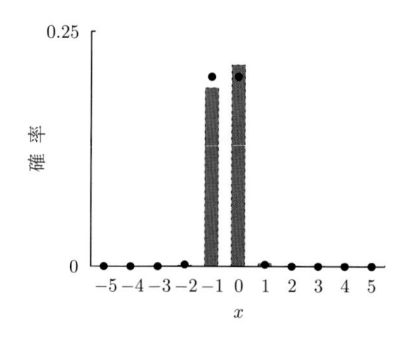

(a) 原点付近の確率分布

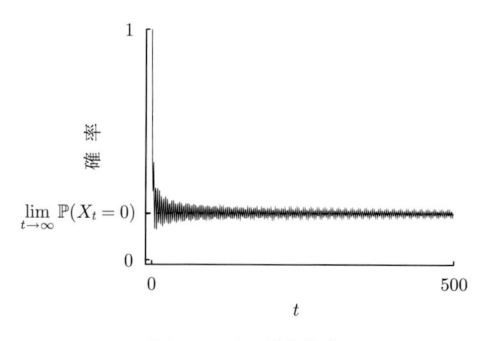

(b) $\mathbb{P}(X_t = 0)$ の時間変動

図 4.9 (a) 棒グラフが $\mathbb{P}(X_{500} = x)$，丸が $\lim_{t\to\infty} \mathbb{P}(X_t = x)$ を表している．(b) 原点の確率 $\mathbb{P}(X_t = 0)$（実線）が極限値 $\lim_{t\to\infty} \mathbb{P}(X_t = 0)$（点線）に収束していく様子.

　各図 (a) を見ると，長時間後における確率分布の値とその極限値はわずかにずれているが，それは確率が極限値周辺を揺らいでおり，収束が十分ではないからである．実際，各図 (b) からは収束の様子だけではなく，揺らぎが続いていることもわかる．定理 8 は，有限時刻における確率の値と極限値の差が，$t \to \infty$ において 0 になることを教えてくれる．しかし，その差がどのような時間オーダーで 0 に収束するのかまではわからない．収束の時間オーダーを知るには，より精緻な極限定理を導出する必要があり，それは今後の研究課題でもある．

　また，$\cos\theta = -1/3, \sin\theta = 2\sqrt{2}/3$ のもとで，$\alpha = 1/\sqrt{6}, \beta = -2/\sqrt{6}, \gamma =$

$1/\sqrt{6}$ ととると，式 (4.57) より，極限関数の総和は $\sum_{x\in\mathbb{Z}} \lim_{t\to\infty} \mathbb{P}(X_t = x) = 0$ となる．したがって，評価式

$$0 \le \lim_{t\to\infty} \mathbb{P}(X_t = x) \le \sum_{x\in\mathbb{Z}} \lim_{t\to\infty} \mathbb{P}(X_t = x) \tag{4.63}$$

を用いれば，これらのパラメタを設定するときは，すべての $x \in \mathbb{Z}$ に対して $\lim_{t\to\infty} \mathbb{P}(X_t = x) = 0$ となることがわかる．図 4.10 は，$\cos\theta = -1/3, \sin\theta = 2\sqrt{2}/3, \alpha = 1/\sqrt{6}, \beta = -2/\sqrt{6}, \gamma = 1/\sqrt{6}$ としたときの数値計算と極限値関数の比較である．

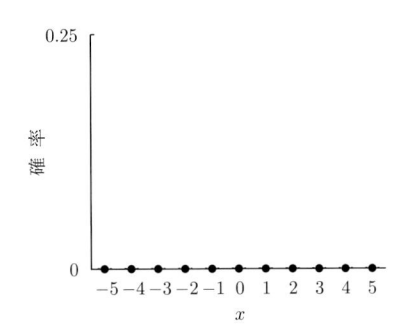

(a) 原点付近の確率分布

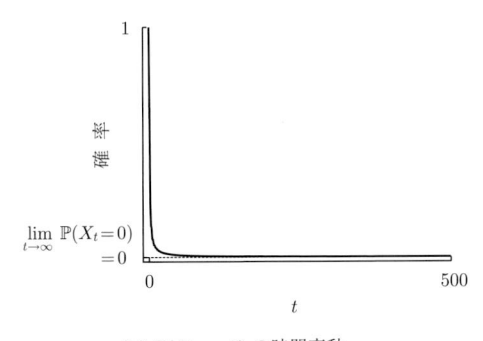

(b) $\mathbb{P}(X_t = 0)$ の時間変動

図 4.10　(a) 棒グラフが $\mathbb{P}(X_{500} = x)$，丸が $\lim_{t\to\infty} \mathbb{P}(X_t = x)$ を表している（$\mathbb{P}(X_{500} = x)$ の値は 0 に近い値であるので，この図では棒グラフは見えない．また，$\lim_{t\to\infty} \mathbb{P}(X_t = x) = 0$ である）．(b) 原点の確率 $\mathbb{P}(X_t = 0)$（実線）が極限値 $\lim_{t\to\infty} \mathbb{P}(X_t = 0)$（点線）に収束していく様子．（$\cos\theta = -1/3, \sin\theta = 2\sqrt{2}/3, \alpha = 1/\sqrt{6}, \beta = -2/\sqrt{6}, \gamma = 1/\sqrt{6}$ のとき）

次に紹介するのは，X_t/t の分布収束定理である．つまり，$t \to \infty$ としたときの $\mathbb{P}(X_t/t \le x)$ の収束を与える．定理8と同様に，$\cos\theta = c, \sin\theta = s$ の略記を用いて，極限定理を以下に記載する．

定理9　ユニタリ行列 U のパラメタとして，$\theta \neq 0, \pi$ なるものをとる．このとき，0でない任意の実数 x に対して，次が成り立つ[*6]．

$$\lim_{t \to \infty} \mathbb{P}\left(\frac{X_t}{t} \le x\right) = \int_{-\infty}^{x} \Delta\delta_0(y) + f(y)I_{\left(-\sqrt{\frac{1+c}{2}}, \sqrt{\frac{1+c}{2}}\right)}(y)\,dy \tag{4.64}$$

ただし，$\delta_0(x)$ は原点 $x = 0$ におけるディラック（Dirac）のデルタ関数であり，

$$\Delta = \frac{1}{8\sqrt{2}(1-c)^{\frac{3}{2}}}\left\{|A|^2 + |B|^2 + 2\nu\Re(A\overline{B})\right\} \tag{4.65}$$

$$f(x) = \frac{\sqrt{1-c}}{2\pi(1-x^2)\sqrt{1+c-2x^2}}(d_0 + d_1 x + d_2 x^2) \tag{4.66}$$

$$d_0 = |\alpha+\gamma|^2 + 2|\beta|^2 \tag{4.67}$$

$$d_1 = 2\left\{-|\alpha-\beta|^2 + |\gamma-\beta|^2 - \left(2 - \frac{\sqrt{2}s}{1+c}\right)\Re((\alpha-\gamma)\overline{\beta})\right\} \tag{4.68}$$

$$d_2 = |\alpha|^2 - 2|\beta|^2 + |\gamma|^2 - 2\left\{\frac{\sqrt{2}s}{1+c}\Re((\alpha+\gamma)\overline{\beta}) + \frac{3-c}{1+c}\Re(\alpha\overline{\gamma})\right\} \tag{4.69}$$

である．また，ν, A, B は，式 (4.25)，(4.26) で与えられたものである．

この定理も，モーメント $\mathbb{E}[(X_t/t)^r]\,(r = 0, 1, 2, \cdots)$ の収束を導くことで証明されるが，具体的な計算を行う前の形式的な収束定理の導出は，定理1の証明と同様である．したがって，その形式的な議論をここでは省略する．

[*6]　デルタ関数 $\delta_0(x)$ の存在により，式 (4.64) の右辺は，一般に $x = 0$ で不連続な関数である．したがって，$x \neq 0$ に対して式 (4.64) の分布収束が言える（48ページの式 (1.136) 周辺も参照）．

式 (1.168) の導出と同様にして，モーメントの収束

$$\lim_{t \to \infty} \mathbb{E}\left[\left(\frac{X_t}{t}\right)^r\right] = \frac{1}{2\pi} \int_{-\pi}^{\pi} \sum_{j=1}^{3} \left(\frac{i\lambda_j'(k)}{\lambda_j(k)}\right)^r \left|\langle v_j(k)|\phi\rangle\right|^2 dk \qquad (4.70)$$

を得ることができる．ここで，$\lambda_j(k)\,(j=1,2,3)$ は行列 $R(k)U$ の固有値であり，それらは式 (4.35), (4.36), (4.37) で，すでに与えられている．同様に，固有値 $\lambda_1(k) = 1$ の正規化固有ベクトル $|v_1(k)\rangle$ も，式 (4.45) に見ることができる．一方，固有値 $\lambda_2(k), \lambda_3(k)$ に対する正規化固有ベクトル $|v_2(k)\rangle, |v_3(k)\rangle$ としては，

$$|v_j(k)\rangle = \frac{1}{\sqrt{N_j(k)}} \begin{bmatrix} \dfrac{1}{1 + \lambda_j(k)e^{-ik}} \\[2mm] \dfrac{\sqrt{2}s}{(1-c)(1+\lambda_j(k))} \\[2mm] \dfrac{1}{1 + \lambda_j(k)e^{ik}} \end{bmatrix} \qquad (j = 2, 3) \qquad (4.71)$$

がとれる．ただし，$N_j(k)\,(j=2,3)$ は，

$$N_j(k) = \left|\frac{1}{1 + \lambda_j(k)e^{-ik}}\right|^2 + \left|\frac{\sqrt{2}s}{(1-c)(1+\lambda_j(k))}\right|^2 + \left|\frac{1}{1 + \lambda_j(k)e^{ik}}\right|^2$$
$$(4.72)$$

である．さらに，$i\lambda_j'(k)/\lambda_j(k)\,(j=1,2,3)$ を計算すると，

$$\frac{i\lambda_1'(k)}{\lambda_1(k)} = 0 \qquad (4.73)$$

$$\frac{i\lambda_2'(k)}{\lambda_2(k)} = \frac{(1+c)\sin k}{\sqrt{4 - \{(1+c)\cos k + 1 - c\}^2}} \qquad (4.74)$$

$$\frac{i\lambda_3'(k)}{\lambda_3(k)} = -\frac{(1+c)\sin k}{\sqrt{4 - \{(1+c)\cos k + 1 - c\}^2}} \qquad (4.75)$$

となる．ここで，関数

$$h(k) = \frac{(1+c)\sin k}{\sqrt{4 - \{(1+c)\cos k + 1 - c\}^2}} \qquad (4.76)$$

の性質を調べると，その値域は開区間 $(-\sqrt{(1+c)/2}, \sqrt{(1+c)/2}\,)$ となる．ここで，$\displaystyle\lim_{k \to \pm 0} h(k) = \pm\sqrt{(1+c)/2}$（複号同順）であることを注意しておく．図

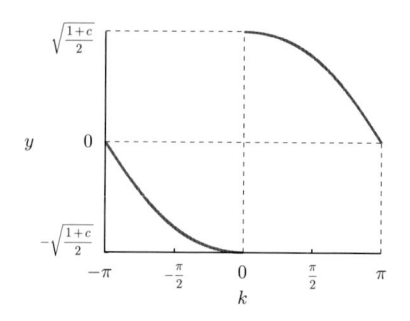

図 4.11 $y = h(k)$ のグラフの例

4.11 は，$y = h(k)$ のグラフの例である．

また，以下の関係式は，逆関数 h^{-1} を求めるときに役に立つ．

$$h(k)^2 = x^2 \iff \cos k = \frac{(3-c)x^2 - (1+c)}{(1+c)(1-x^2)}, 1 \tag{4.77}$$

あとは，これまでに紹介した他の分布収束定理を証明するのと同様にして置換積分を行えばよいのだが，一つだけ注意すべきことがある．それは，

$$\frac{1}{2\pi} \int_{-\pi}^{\pi} \left(\frac{i\lambda_1'(k)}{\lambda_1(k)} \right)^r \left| \langle v_1(k)|\phi \rangle \right|^2 dk \tag{4.78}$$

の扱いである．この項に関しては，$i\lambda_1'(k)/\lambda_1(k) = 0$ なので，置換積分の扱いからは外れる．実際，

$$\frac{1}{2\pi} \int_{-\pi}^{\pi} \left(\frac{i\lambda_1'(k)}{\lambda_1(k)} \right)^r \left| \langle v_1(k)|\phi \rangle \right|^2 dk = 0^r \cdot \left(\frac{1}{2\pi} \int_{-\pi}^{\pi} \left| \langle v_1(k)|\phi \rangle \right|^2 dk \right) \tag{4.79}$$

である．本書では，$0^0 = 1$ と定義しているので，$0^r = 1 \, (r = 0), = 0 \, (r = 1, 2, \cdots)$ であることに注意されたい．式 (4.79) の右辺にある積分項は，$(\theta, \alpha, \beta, \gamma$ で決まる）定数なので，

$$\frac{1}{2\pi} \int_{-\pi}^{\pi} \left| \langle v_1(k)|\phi \rangle \right|^2 dk = \Delta \tag{4.80}$$

と置くことにする．この左辺は非負値関数の積分なので，$\Delta \geq 0$ であることを注意しておく．ここで，（原点における）ディラックのデルタ関数 $\delta_0(x)$ を導入する．関数 $\delta_0(x)$ は，以下の性質をもつような超関数である．

$$\int_A g(x)\delta_0(x)\,dx = \begin{cases} g(0) & (0 \in A) \\ 0 & (0 \notin A) \end{cases} \tag{4.81}$$

特に，$A = \mathbb{R}$ ととると，$0 \in \mathbb{R}$ なので，

$$\int_{-\infty}^{\infty} g(x)\delta_0(x)\,dx = g(0) \tag{4.82}$$

となる．この式において，$g(x) = x^r$ ととって，両辺に定数 Δ を乗じると，

$$\int_{-\infty}^{\infty} x^r \cdot \Delta\delta_0(x)\,dx = \Delta \cdot 0^r \tag{4.83}$$

を得る．この関係式を用いて，式 (4.79) の右辺をディラックのデルタ関数で表示すると，

$$\frac{1}{2\pi}\int_{-\pi}^{\pi}\left(\frac{i\lambda_1'(k)}{\lambda_1(k)}\right)^r\left|\langle v_1(k)|\phi\rangle\right|^2 dk = \int_{-\infty}^{\infty} x^r \cdot \Delta\delta_0(x)\,dx \tag{4.84}$$

となる．さらに，

$$\Delta = \frac{1}{2\pi}\int_{-\pi}^{\pi}\left|\langle v_1(k)|\phi\rangle\right|^2 dk = \frac{1}{8\sqrt{2}(1-c)^{\frac{3}{2}}}\left\{|A|^2 + |B|^2 + 2\nu\Re(A\overline{B})\right\} \tag{4.85}$$

と計算される．この計算方法の一つとしては，式 (4.48) を計算したときに説明したような留数計算が挙げられる．留数定理を用いて，式 (4.48) を計算したのであれば，その計算過程が利用できる．

さて，$i\lambda_j'(k)/\lambda_j(k)\,(j=2,3)$ は波数 k の関数なので，これまで通り，

$$\frac{1}{2\pi}\int_{-\pi}^{\pi}\left(\frac{i\lambda_j'(k)}{\lambda_j(k)}\right)^r\left|\langle v_j(k)|\phi\rangle\right|^2 dk \qquad (j=2,3) \tag{4.86}$$

に対しては，$i\lambda_j'(k)/\lambda_j(k) = x$ の置換積分を実行する．すると，

$$\sum_{j=2}^{3}\frac{1}{2\pi}\int_{-\pi}^{\pi}\left(\frac{i\lambda_j'(k)}{\lambda_j(k)}\right)^r\left|\langle v_j(k)|\phi\rangle\right|^2 dk = \int_{-\infty}^{\infty} x^r f(x) I_{\left(-\sqrt{\frac{1+c}{2}},\sqrt{\frac{1+c}{2}}\right)}(x)\,dx \tag{4.87}$$

となる．ただし，

$$f(x) = \frac{\sqrt{1-c}}{2\pi(1-x^2)\sqrt{1+c-2x^2}}(d_0 + d_1 x + d_2 x^2) \tag{4.88}$$

$$d_0 = |\alpha + \gamma|^2 + 2|\beta|^2 \tag{4.89}$$

$$d_1 = 2\left\{-|\alpha - \beta|^2 + |\gamma - \beta|^2 - \left(2 - \frac{\sqrt{2}s}{1+c}\right)\Re((\alpha-\gamma)\overline{\beta})\right\} \tag{4.90}$$

$$d_2 = |\alpha|^2 - 2|\beta|^2 + |\gamma|^2 - 2\left\{\frac{\sqrt{2}s}{1+c}\Re((\alpha+\gamma)\overline{\beta}) + \frac{3-c}{1+c}\Re(\alpha\overline{\gamma})\right\} \tag{4.91}$$

である. 式 (4.84), (4.87) より, 式 (4.70) は

$$\lim_{t\to\infty} \mathbb{E}\left[\left(\frac{X_t}{t}\right)^r\right] = \int_{-\infty}^{\infty} x^r \left\{\Delta\delta_0(x) + f(x)I_{\left(-\sqrt{\frac{1+c}{2}},\sqrt{\frac{1+c}{2}}\right)}(x)\right\} dx \tag{4.92}$$

と積分表示される. デルタ関数 $\delta_0(x)$ の係数 Δ は, 式 (4.85) で与えられるような, $\theta, \alpha, \beta, \gamma$ で決まる非負の実数であった. 以上の議論により, 極限累積分布関数

$$\lim_{t\to\infty} \mathbb{P}\left(\frac{X_t}{t} \leq x\right) = \int_{-\infty}^{x} \Delta\delta_0(y) + f(y)I_{\left(-\sqrt{\frac{1+c}{2}},\sqrt{\frac{1+c}{2}}\right)}(y)\, dy \tag{4.93}$$

の導出に至り, 定理の証明は終了する. 特に, $\cos\theta = -1/3$, $\sin\theta = 2\sqrt{2}/3$ としたときの極限累積分布関数は, Inui $et\ al.$ [15] に書かれているものと一致する. また, 詳細は述べないが, Δ の大小は有限時刻の確率分布に出現する原点 $x = 0$ 付近の大きな確率の大小に対応している. デルタ関数 $\delta_0(x)$ の係数 Δ が大きいほど, 有限時刻の確率分布に出現する原点付近の確率も大きくなる. 特に, $\Delta = 0$ のとき, つまり, デルタ関数 $\delta_0(x)$ が式 (4.64) から消えるときは, 有限時刻の確率分布において, 原点付近に大きな確率は出現しない (これは, のちに紹介する図 4.15 で確認できる).

さて, 極限密度関数

$$\frac{d}{dx}\lim_{t\to\infty} \mathbb{P}\left(\frac{X_t}{t} \leq x\right) = \Delta\delta_0(x) + f(x)I_{\left(-\sqrt{\frac{1+c}{2}},\sqrt{\frac{1+c}{2}}\right)}(x) \tag{4.94}$$

の振舞いを見てみようと思うのだが, じつは, これを図示することはできない.

先にも述べたように，ディラックのデルタ関数 $\delta_0(x)$ は超関数であるから，それを値としてプロットすることはできない．式 (4.81) にもあるように，関数 $\delta_0(x)$ は積分してはじめて値をもつ関数である．例えば，$\int_{-\infty}^{\infty} \delta_0(x)\,dx = 1$ である．それ自体としては，値を返す関数ではない（それが，超関数とよばれる理由である）．したがって，式 (4.94) の極限密度関数も，値を返す関数ではない．それは形式的な密度関数としての表記であり，積分してはじめて，値が出力されるものである．時折，デルタ関数 $\delta_0(x)$ を点関数

$$g(x) = \begin{cases} 1 & (x = 0) \\ 0 & (x \neq 0) \end{cases} \tag{4.95}$$

として図示している書籍があるが，これは間違いである．

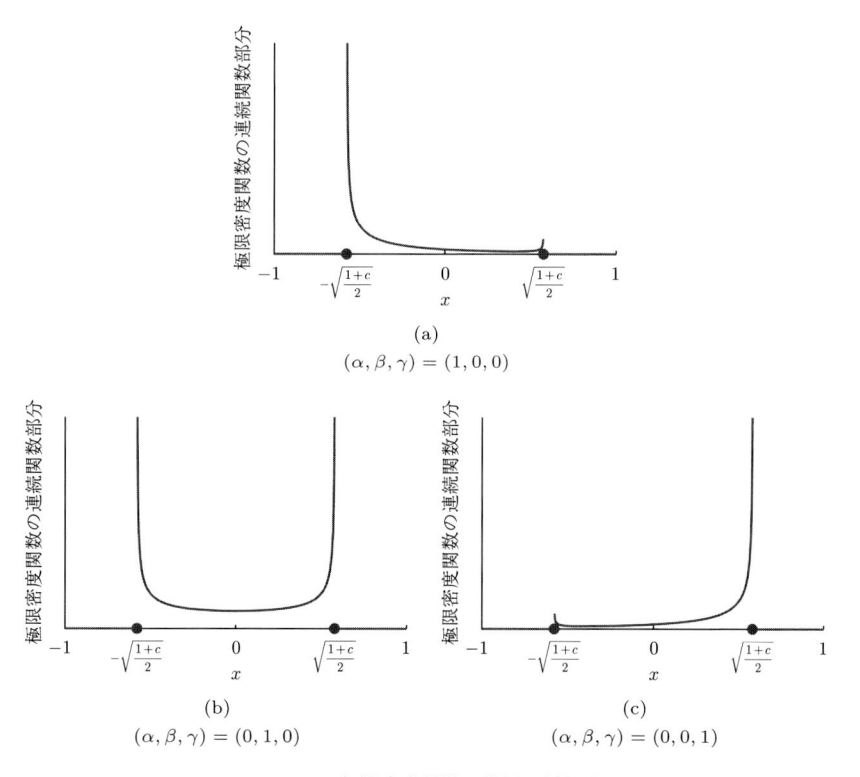

(a)

$(\alpha, \beta, \gamma) = (1, 0, 0)$

(b)

$(\alpha, \beta, \gamma) = (0, 1, 0)$

(c)

$(\alpha, \beta, \gamma) = (0, 0, 1)$

図 4.12　極限密度関数の連続関数部分

式 (4.94) の関数 $\Delta\delta_0(x)$ の項は図示できないものの，連続関数

$$f(x)I_{\left(-\sqrt{\frac{1+c}{2}},\sqrt{\frac{1+c}{2}}\right)}(x) \tag{4.96}$$

の項は図示できる．したがって，その連続関数のみの振舞いを図 4.12 に挙げておこう．この図では，$\cos\theta = -1/3, \sin\theta = 2\sqrt{2}/3$ として，式 (4.96) の関数値をプロットしてある．

　関数 $\Delta\delta_0(x)$ の項も含めて極限定理の結果を図で見たいのであれば，積分形式で表現された極限累積分布関数の式 (4.64) を見ればよい．図 4.13 は，$\cos\theta = -1/3, \sin\theta = 2\sqrt{2}/3$ としたときの極限累積分布関数の式 (4.64) のグラフである．

　図 4.13 を見てもわかるように，極限累積分布関数は，原点 $x = 0$ で不連続

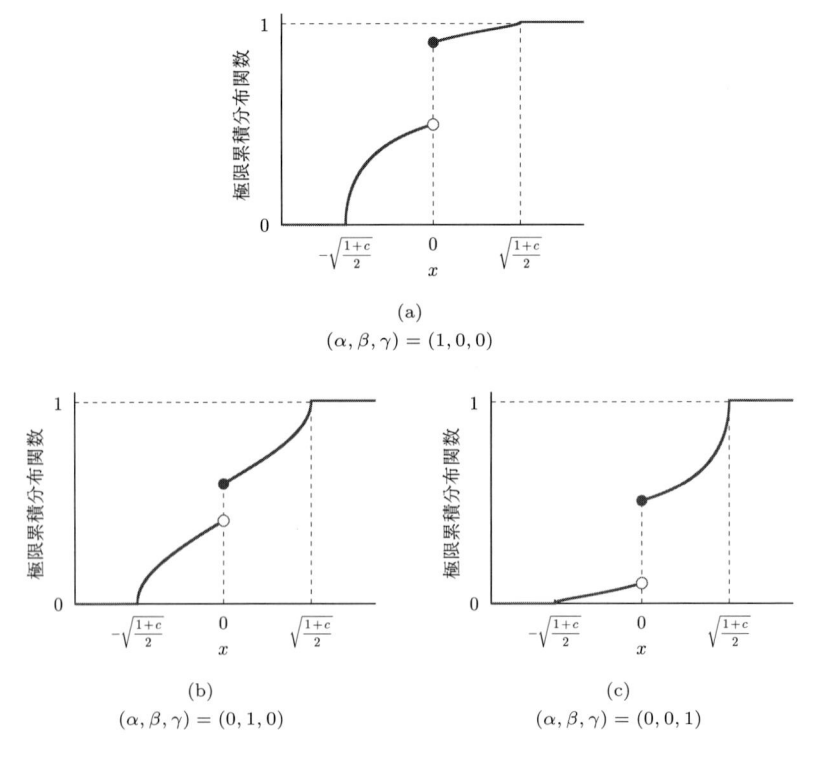

図 4.13　極限累積分布関数

な関数となりうる．実際，

$$\lim_{x \to +0} \lim_{t \to \infty} \mathbb{P}\left(\frac{X_t}{t} \leq x\right)$$

$$= \lim_{x \to +0} \int_{-\infty}^{x} \Delta \delta_0(y) \, dy + \lim_{x \to +0} \int_{-\infty}^{x} f(y) I_{\left(-\sqrt{\frac{1+c}{2}}, \sqrt{\frac{1+c}{2}}\right)}(y) \, dy$$

$$= \lim_{x \to +0} \Delta + \lim_{x \to +0} \int_{-\infty}^{x} f(y) I_{\left(-\sqrt{\frac{1+c}{2}}, \sqrt{\frac{1+c}{2}}\right)}(y) \, dy$$

$$= \Delta + \int_{-\infty}^{0} f(y) I_{\left(-\sqrt{\frac{1+c}{2}}, \sqrt{\frac{1+c}{2}}\right)}(y) \, dy \tag{4.97}$$

$$\lim_{x \to -0} \lim_{t \to \infty} \mathbb{P}\left(\frac{X_t}{t} \leq x\right)$$

$$= \lim_{x \to -0} \int_{-\infty}^{x} \Delta \delta_0(y) \, dy + \lim_{x \to -0} \int_{-\infty}^{x} f(y) I_{\left(-\sqrt{\frac{1+c}{2}}, \sqrt{\frac{1+c}{2}}\right)}(y) \, dy$$

$$= \lim_{x \to -0} 0 + \lim_{x \to -0} \int_{-\infty}^{x} f(y) I_{\left(-\sqrt{\frac{1+c}{2}}, \sqrt{\frac{1+c}{2}}\right)}(y) \, dy$$

$$= \int_{-\infty}^{0} f(y) I_{\left(-\sqrt{\frac{1+c}{2}}, \sqrt{\frac{1+c}{2}}\right)}(y) \, dy \tag{4.98}$$

である．また，式 (4.81) により，

$$\int_{-\infty}^{0} \Delta \delta_0(y) \, dy = \Delta \tag{4.99}$$

なので，式 (4.97) を考慮すると，

$$\lim_{t \to \infty} \mathbb{P}\left(\frac{X_t}{t} \leq 0\right) = \Delta + \int_{-\infty}^{0} f(y) I_{\left(-\sqrt{\frac{1+c}{2}}, \sqrt{\frac{1+c}{2}}\right)}(y) \, dy$$

$$= \lim_{x \to +0} \lim_{t \to \infty} \mathbb{P}\left(\frac{X_t}{t} \leq x\right) \tag{4.100}$$

となり，極限累積分布関数は原点で右連続であることもわかる[7]．さらに，式 (4.97), (4.98) より，原点における関数の右極限と左極限の差分を計算すると，

$$\lim_{x \to +0} \lim_{t \to \infty} \mathbb{P}\left(\frac{X_t}{t} \leq x\right) - \lim_{x \to -0} \lim_{t \to \infty} \mathbb{P}\left(\frac{X_t}{t} \leq x\right) = \Delta \tag{4.101}$$

---

[7]　一般論として，累積分布関数は右連続な関数となることが知られている．

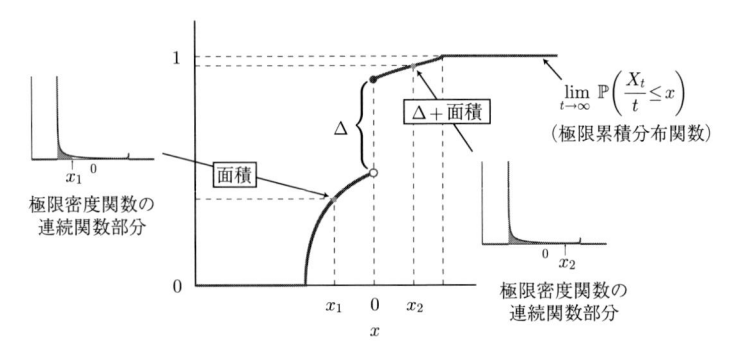

図 **4.14** 極限累積分布関数と極限密度関数の視覚的な関係

となるので，図 4.13 の $x = 0$ で生じているジャンプの差分は，デルタ関数 $\delta_0(x)$ の係数 Δ であることがわかる（図 4.14 参照）.

ここで，原点 $x = 0$ において累積分布関数が連続になる場合，つまり，$\Delta = 0$ となるときを見ておこう．先にも述べたが，$\Delta = 0$ のときは，有限時刻の確率分布において，原点付近に大きな確率が出現しないという特別な状況にもなっている．式 (4.85) から，$\Delta = 0$ となるための必要十分条件

$$|\beta| = \sqrt{\frac{1 - \cos\theta}{2}}, \quad \alpha = \gamma = -\frac{\sqrt{2}\sin\theta}{2(1 - \cos\theta)}\beta \tag{4.102}$$

を得ることができるので，この条件式を満たす $\theta, \alpha, \beta, \gamma$ をとれば，累積分布関数が原点においても連続になることがわかる．このとき，d_0, d_1, d_2 を計算してみると，$d_0 = 2, d_1 = d_2 = 0$ となるので，極限累積分布関数，極限密度関数はそれぞれ，

$$\lim_{t\to\infty} \mathbb{P}\left(\frac{X_t}{t} \leq x\right) = \int_{-\infty}^{x} \frac{\sqrt{1 - c}}{\pi(1 - y^2)\sqrt{1 + c - 2y^2}} I_{\left(-\sqrt{\frac{1+c}{2}}, \sqrt{\frac{1+c}{2}}\right)}(y)\, dy \tag{4.103}$$

$$\frac{d}{dx} \lim_{t\to\infty} \mathbb{P}\left(\frac{X_t}{t} \leq x\right) = \frac{\sqrt{1 - c}}{\pi(1 - x^2)\sqrt{1 + c - 2x^2}} I_{\left(-\sqrt{\frac{1+c}{2}}, \sqrt{\frac{1+c}{2}}\right)}(x) \tag{4.104}$$

となっている．注目すべきは，式 (4.104) の極限密度関数が偶関数，つまり，原点

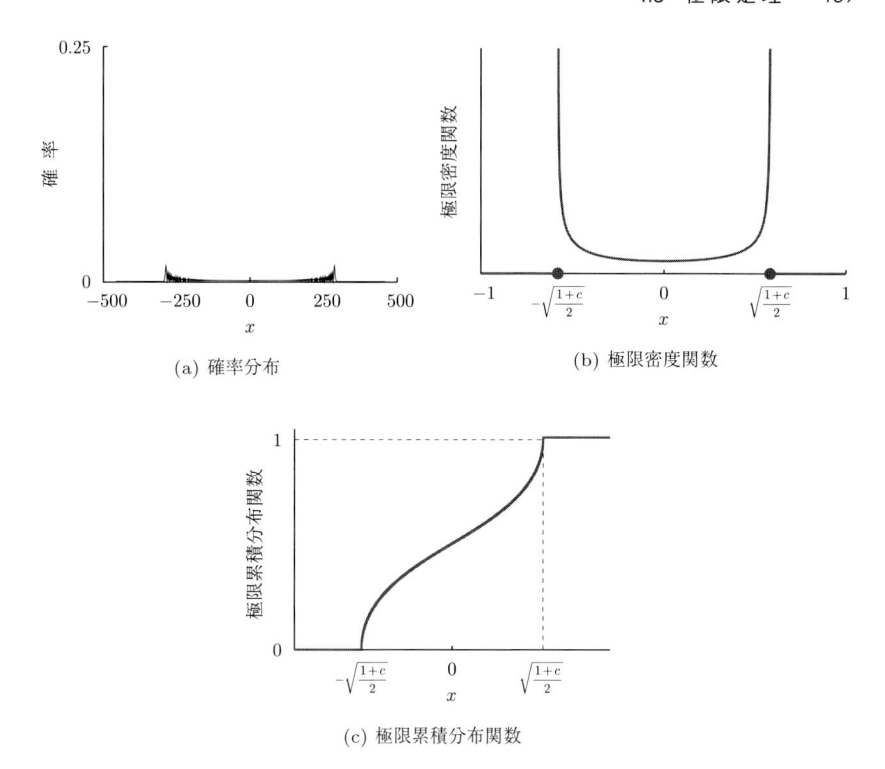

(a) 確率分布

(b) 極限密度関数

(c) 極限累積分布関数

図 **4.15** $\theta = \cos^{-1}(-1/3)$, $\alpha = \gamma = 1/\sqrt{6}$, $\beta = -2/\sqrt{6}$ のとき

$x = 0$ に関して対称になることである. デルタ関数 $\delta_0(x)$ の係数が $\Delta = 0$ となるときは, 極限密度関数は必ず原点対称な偶関数になることがわかる. 図 4.15 は, $\cos\theta = -1/3$, $\sin\theta = 2\sqrt{2}/3$ となるような θ と, $\alpha = \gamma = 1/\sqrt{6}$, $\beta = -2/\sqrt{6}$ をとったときの時刻 500 における確率分布 $\mathbb{P}(X_{500} = x)$, 極限密度関数, そして, 極限累積分布関数の振舞いである. このようなパラメタ値が条件式 (4.102) を満たしているのは明らかであろう. 図 4.15 (a) では, 原点付近に大きな確率は出現しておらず, デルタ関数 $\delta_0(x)$ の有無が有限時刻における原点付近の大きな確率の出現に呼応していることが確認できる. 極限密度関数が原点対称になっていることは, 図 4.15 (b) からも理解できる. 図 4.15 (c) からは, 極限累積分布関数が $x = 0$ において連続になっていることがわかる.

定理 9 の結果から, 長時間後の確率分布は形式的に,

$$\frac{1}{t}\left\{\Delta\delta_0(x/t) + f(x/t)I_{\left(-\sqrt{\frac{1+c}{2}}t,\sqrt{\frac{1+c}{2}}t\right)}(x)\right\} \qquad (x\in\mathbb{Z}) \qquad (4.105)$$

と近似することができる．ここで，式 (4.105) の先頭の項が $1/t$ であることに注意されたい．第 1～3 章で扱った量子ウォークに対する確率分布の近似式では，column 4 で書いたように，$1/t$ の部分は $2/t$ になっている（式 (1.278), (2.44), (3.41) も参照）．三状態量子ウォークに対しても，column 4 に書いたことと同様の考え方で，近似関数が式 (4.105) のように導出できる．ただし，この場合は，式 (3.65) の代わりに，

$$\sum_{y=-\infty}^{x}\mathbb{P}(X_t=y) - \sum_{y=-\infty}^{x-1}\mathbb{P}(X_t=y)$$

$$\sim \int_{-\infty}^{x/t}\Delta\delta_0(y) + f(y)I_{\left(-\sqrt{\frac{1+c}{2}},\sqrt{\frac{1+c}{2}}\right)}(y)\,dy$$

$$- \int_{-\infty}^{x/t-1/t}\Delta\delta_0(y) + f(y)I_{\left(-\sqrt{\frac{1+c}{2}},\sqrt{\frac{1+c}{2}}\right)}(y)\,dy$$

$$\Longleftrightarrow \mathbb{P}(X_t=x) \sim \int_{x/t-1/t}^{x/t}\Delta\delta_0(y) + f(y)I_{\left(-\sqrt{\frac{1+c}{2}},\sqrt{\frac{1+c}{2}}\right)}(y)\,dy$$

$$(4.106)$$

を考えることになる．

　さて，繰り返しになるが，デルタ関数 $\delta_0(x)$ は，それ自体では値を返す関数でないため，式 (4.105) の関数を図示することはできない．したがって，図示できる連続関数の部分

$$\frac{1}{t}\cdot f(x/t)I_{\left(-\sqrt{\frac{1+c}{2}}t,\sqrt{\frac{1+c}{2}}t\right)}(x) \qquad (4.107)$$

と確率分布を比較してみよう．図 4.16 は，$\cos\theta = -1/3$, $\sin\theta = 2\sqrt{2}/3$ ととったときの時刻 500 における確率分布と式 (4.107) を図示したものである．確率分布 $\mathbb{P}(X_{500}=x)$ は，その値をプロットして線で結んである．一方，式 (4.107) の値は，$t=500$ ととって，$x\in\mathbb{Z}$ に対する関数値を点でプロットしてある．なお，縦軸のスケールは図 4.4 のものとは異なるので注意されたい．

　デルタ関数 $\delta_0(x)$ は積分値として意味をもつ関数なので，その項も含めて有

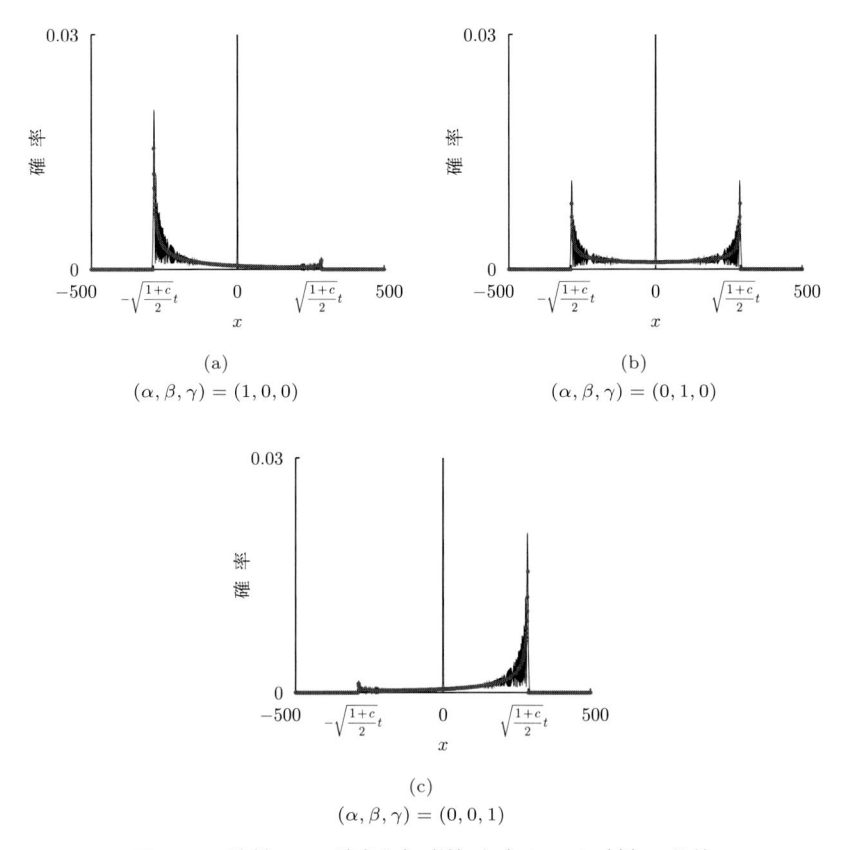

(a)
$(\alpha, \beta, \gamma) = (1, 0, 0)$

(b)
$(\alpha, \beta, \gamma) = (0, 1, 0)$

(c)
$(\alpha, \beta, \gamma) = (0, 0, 1)$

図 **4.16**　時刻 500 の確率分布（線）と式 (4.107)（点）の比較

限時刻の確率分布と比較するのであれば，定理 9 の主張に従い，累積分布関数どうしで比較するのがよい．長時間後の累積分布関数 $\mathbb{P}(X_t \leq x)$ を近似する関数は，式 (4.64) から，

$$\int_{-\infty}^{x/t} \Delta\delta_0(y) + f(y)I_{\left(-\sqrt{\frac{1+c}{2}}, \sqrt{\frac{1+c}{2}}\right)}(y)\, dy \tag{4.108}$$

である．この式も，column 4 の考え方に従って導出することができる．累積分布関数の近似式 (4.108) を導出するときは，第 1～3 章で扱った量子ウォークと同じ考え方になり，極限密度関数の近似式で生じるような違い（$1/t$ 倍，あるいは，$2/t$ 倍かの違い）を考慮する必要はない．パラメタ θ として $\cos\theta =$

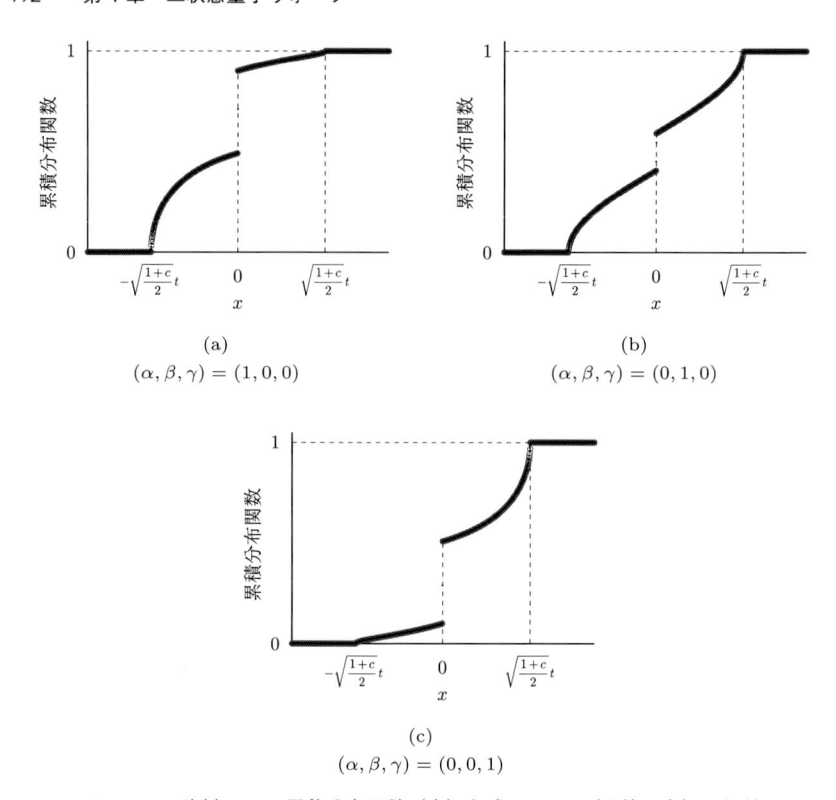

図 4.17　時刻 500 の累積分布関数（点）と式 (4.108)（中抜の丸）の比較

$-1/3$, $\sin\theta = 2\sqrt{2}/3$ なるものをとったとき，時刻 500 における累積分布関数 $\mathbb{P}(X_{500} \le x)$ と，$t = 500$ としたときの式 (4.108) は，図 4.17 のようになる．それぞれ，$x \in \mathbb{Z}$ に対しての値をプロットしてあるが，両者ともによく一致していることがわかる．

　なお，$\Delta = 0$ となる場合の比較として図 4.18 を挙げておく．この図は，$\cos\theta = -1/3$, $\sin\theta = 2\sqrt{2}/3$ なるパラメタ θ をとり，$\alpha = \gamma = 1/6, \beta = -2/\sqrt{6}$ としたときの結果である．

　また，定理 8 と定理 9 の間には，極限測度の総和 $\sum_{x \in \mathbb{Z}} \lim_{t \to \infty} \mathbb{P}(X_t = x)$ とデルタ関数 $\delta_0(x)$ の係数 Δ を通じて，ある関係を見ることができる．その関係とは，

$$\sum_{x\in\mathbb{Z}}\lim_{t\to\infty}\mathbb{P}(X_t=x)=\Delta \tag{4.109}$$

である．この関係により，定理 8 に関連して議論したこと（174 ページ周辺）から，定理 9 のデルタ関数部分に関する情報を直ちに得ることができる．実際，その議論を思い出して関係式 (4.109) を用いれば，$\cos\theta=-1/3$, $\sin\theta=2\sqrt{2}/3$, かつ，$\alpha=\gamma=1/\sqrt{6}$, $\beta=-2/\sqrt{6}$ のときは，$\Delta=0$ となることがわかる．つまり，このようなパラメタ値の組合せを設定するときは，極限密度関数からデルタ関数の項は消える．同様に，$\beta=0$ のときは，$\lim_{\theta\to\pi}\Delta=1/2$ となることもわかる．これは，$\beta=0$ ととって，パラメタ θ として π に十分近い値をとれば，$\alpha,\gamma\in\mathbb{C}$ の値によらず，デルタ関数の係数 Δ の値はほとんど $1/2$ であることを意味する．

逆に，定理 9 から極限測度の総和に関する情報を引き出すこともできる．例えば，$\sum_{x\in\mathbb{Z}}\lim_{t\to\infty}\mathbb{P}(X_t=x)<1$ を，デルタ関数の係数 Δ を評価することで証明してみよう．極限密度関数の連続関数部分は非負値関数であるから，積分

$$\int_{-\infty}^{\infty}f(x)I_{\left(-\sqrt{\frac{1+c}{2}},\sqrt{\frac{1+c}{2}}\right)}(x)\,dx \tag{4.110}$$

は正の値である．ゆえに，

$$\lim_{t\to\infty}\mathbb{P}\left(\frac{X_t}{t}\le\infty\right)=\int_{-\infty}^{\infty}\Delta\delta_0(x)+f(x)I_{\left(-\sqrt{\frac{1+c}{2}},\sqrt{\frac{1+c}{2}}\right)}(x)\,dx$$

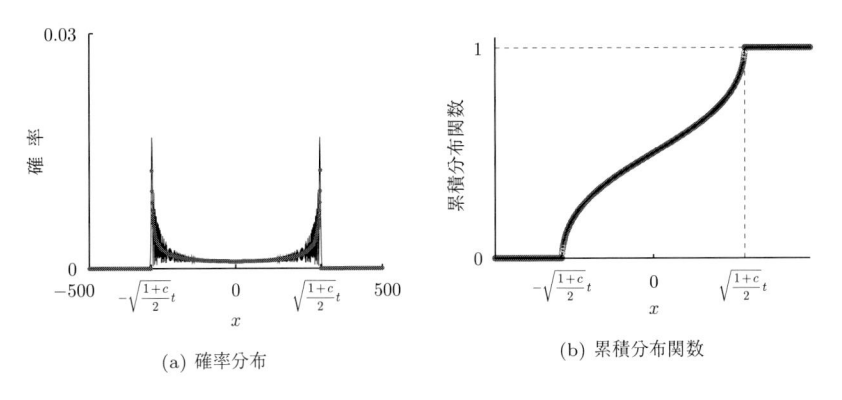

(a) 確率分布　　　　　　　　(b) 累積分布関数

図 4.18　$(\alpha,\beta,\gamma)=(1/\sqrt{6},-2/\sqrt{6},1/\sqrt{6})$ のとき

$$= \int_{-\infty}^{\infty} \Delta \delta_0(x)\, dx + \int_{-\infty}^{\infty} f(x) I_{\left(-\sqrt{\frac{1+c}{2}}, \sqrt{\frac{1+c}{2}}\right)}(x)\, dx$$

$$> \int_{-\infty}^{\infty} \Delta \delta_0(x)\, dx = \Delta \tag{4.111}$$

と評価できる．一方，確率密度関数の実数全体での積分値は必ず 1 なので，

$$\lim_{t \to \infty} \mathbb{P}\left(\frac{X_t}{t} \leq \infty\right) = \int_{-\infty}^{\infty} \Delta \delta_0(x) + f(x) I_{\left(-\sqrt{\frac{1+c}{2}}, \sqrt{\frac{1+c}{2}}\right)}(x)\, dx = 1 \tag{4.112}$$

である．よって，評価式 (4.111) より，$\Delta < 1$ がわかる．関係式 (4.109) を用いれば，$\sum_{x \in \mathbb{Z}} \lim_{t \to \infty} \mathbb{P}(X_t = x) < 1$ を得る．

さて，式 (4.109) に話を戻して，その関係式が成り立つ理由を考えてみよう．式 (4.57), (4.85) は，お互いに独立に計算した結果であり，その計算結果はともに，

$$\frac{1}{8\sqrt{2}(1-c)^{\frac{3}{2}}} \left\{ |A|^2 + |B|^2 + 2\nu \Re(A\overline{B}) \right\} \tag{4.113}$$

であった．これは偶然の一致なのであろうか．じつは，フーリエ解析の理論できちんと説明することができる．まず，式 (4.44) により，

$$\lim_{t \to \infty} \mathbb{P}(X_t = x) = \lim_{t \to \infty} \langle \psi_t(x) | \psi_t(x) \rangle$$

$$\overset{\dagger}{=} \left(\frac{1}{2\pi} \int_{-\pi}^{\pi} e^{ik_1 x} \langle v_1(k_1) | \phi \rangle\, |v_1(k_1)\rangle\, dk_1 \right)$$

$$\times \left(\frac{1}{2\pi} \int_{-\pi}^{\pi} e^{ik_2 x} \langle v_1(k_2) | \phi \rangle\, |v_1(k_2)\rangle\, dk_2 \right)$$

$$= \frac{1}{2\pi} \int_{-\pi}^{\pi} \overline{\langle v_1(k_1) | \phi \rangle}\, \langle v_1(k_1)| \left(\frac{1}{2\pi} \int_{-\pi}^{\pi} e^{i(k_2 - k_1)x} \langle v_1(k_2) | \phi \rangle\, |v_1(k_2)\rangle\, dk_2 \right) dk_1 \tag{4.114}$$

となるので，$|w(k)\rangle = \langle v_1(k) | \phi \rangle\, |v_1(k)\rangle$ と置くと，任意の正整数 n に対して，

$$\sum_{x=-n}^{n} \lim_{t \to \infty} \mathbb{P}(X_t = x)$$

$$= \frac{1}{2\pi} \int_{-\pi}^{\pi} \overline{\langle v_1(k_1)|\phi\rangle} \langle v_1(k_1)| \left(\frac{1}{2\pi} \int_{-\pi}^{\pi} \sum_{x=-n}^{n} e^{i(k_2 - k_1)x} |w(k_2)\rangle \, dk_2 \right) dk_1$$

$$(4.115)$$

を得る．ここで，ディリクレ核 (Dirichlet kernel)

$$D_n(k) = \frac{1}{2} + \sum_{x=1}^{n} \cos kx = \frac{\sin((n+1/2)k)}{2\sin(k/2)} \qquad (4.116)$$

を用いると，

$$\sum_{x=-n}^{n} e^{i(k_2 - k_1)x} = 1 + \sum_{x=1}^{n} \left\{ e^{i(k_2 - k_1)x} + e^{-i(k_2 - k_1)x} \right\}$$

$$= 1 + 2 \sum_{x=1}^{n} \cos((k_2 - k_1)x) = 2D_n(k_2 - k_1) \qquad (4.117)$$

となるので，

$$\frac{1}{2\pi} \int_{-\pi}^{\pi} \sum_{x=-n}^{n} e^{i(k_2 - k_1)x} |w(k_2)\rangle \, dk_2 = \frac{1}{\pi} \int_{-\pi}^{\pi} D_n(k_2 - k_1) |w(k_2)\rangle \, dk_2$$

$$(4.118)$$

と書ける．もし，ベクトル値関数 $|w(k)\rangle$ が区間 $[-\pi, \pi)$ で連続関数ならば，フーリエ級数の収束定理により，$n \to \infty$ としたとき，式 (4.118) の右辺は区間 $[-\pi, \pi)$ において $|w(k_1)\rangle$ に一様収束する．実際，式 (4.47) を見れば，ベクトル値関数 $|w(k)\rangle$ が区間 $[-\pi, \pi)$ で連続関数になっていることは容易にわかる．なぜなら，式 (4.46) より，

$$N_1(k) = 2(1-c)(1+c) \left\{ \frac{2(3-c)}{1+c} + e^{ik} + e^{-ik} \right\} = 4s^2 \left(\frac{3-c}{1+c} + \cos k \right)$$

$$(4.119)$$

であり，$\theta \neq 0, \pi$ のもとでは $(3-c)/(1+c) = (3 - \cos\theta)/(1 + \cos\theta) > 1$ なので，任意の $k \in [-\pi, \pi)$ に対して $N_1(k) > 0$ の成立がわかるからである．よって，式 (4.118) において $n \to \infty$ の極限移行を実行すると，一様収束

$$\lim_{n\to\infty} \frac{1}{2\pi} \int_{-\pi}^{\pi} \sum_{x=-n}^{n} e^{i(k_2-k_1)x} |w(k_2)\rangle \, dk_2 = |w(k_1)\rangle \tag{4.120}$$

を得る. 再び式 (4.47) を考慮すれば, ベクトル $\overline{\langle v_1(k_1)|\phi\rangle} \langle v_1(k_1)|$ は有界なベクトル値関数で, しかも, n に無関係だから, 式 (4.120) から,

$$\lim_{n\to\infty} \overline{\langle v_1(k_1)|\phi\rangle} \langle v_1(k_1)| \left(\frac{1}{2\pi} \int_{-\pi}^{\pi} \sum_{x=-n}^{n} e^{i(k_2-k_1)x} |w(k_2)\rangle \, dk_2 \right)$$

$$= \overline{\langle v_1(k_1)|\phi\rangle} \langle v_1(k_1)| \left(\lim_{n\to\infty} \frac{1}{2\pi} \int_{-\pi}^{\pi} \sum_{x=-n}^{n} e^{i(k_2-k_1)x} |w(k_2)\rangle \, dk_2 \right)$$

$$= \overline{\langle v_1(k_1)|\phi\rangle} \langle v_1(k_1)|w(k_1)\rangle = \overline{\langle v_1(k_1)|\phi\rangle} \langle v_1(k_1)|\phi\rangle \langle v_1(k_1)|v_1(k_1)\rangle$$

$$= \left| \langle v_1(k_1)|\phi\rangle \right|^2 \tag{4.121}$$

の一様収束が区間 $[-\pi, \pi)$ 上で成り立つことがわかる. ベクトル $\overline{\langle v_1(k_1)|\phi\rangle} \langle v_1(k_1)|$ を式 (4.118) の両辺に乗じることにより, 収束の一様性を保つことができるのかと心配するかもしれないが, それはベクトル $\overline{\langle v_1(k_1)|\phi\rangle} \langle v_1(k_1)|$ が有界であることにより保証される. この一様収束性と解析学における極限記号と積分記号の交換定理を用いると,

$$\lim_{n\to\infty} \int_{-\pi}^{\pi} \overline{\langle v_1(k_1)|\phi\rangle} \langle v_1(k_1)| \left(\frac{1}{2\pi} \int_{-\pi}^{\pi} \sum_{x=-n}^{n} e^{i(k_2-k_1)x} |w(k_2)\rangle \, dk_2 \right) dk_1$$

$$= \int_{-\pi}^{\pi} \left| \langle v_1(k_1)|\phi\rangle \right|^2 dk_1 \tag{4.122}$$

の関係式を得る. 式 (4.115), (4.122) をもとに極限測度の総和を計算すると,

$$\sum_{x\in\mathbb{Z}} \lim_{t\to\infty} \mathbb{P}(X_t = x) = \lim_{n\to\infty} \sum_{x=-n}^{n} \lim_{t\to\infty} \mathbb{P}(X_t = x) = \frac{1}{2\pi} \int_{-\pi}^{\pi} \left| \langle v_1(k_1)|\phi\rangle \right|^2 dk_1 \tag{4.123}$$

となるが, 式 (4.80) を思い出せば, 式 (4.123) の最後の積分値はデルタ関数 $\delta_0(x)$ の係数 Δ である. つまり,

$$\sum_{x\in\mathbb{Z}} \lim_{t\to\infty} \mathbb{P}(X_t = x) = \Delta \tag{4.124}$$

が成り立ち, 式 (4.109) が導けた. 今回は, 式 (4.57), (4.85) をそれぞれ独立に計算して定理 8 と定理 9 の関係性 (式 (4.109)) に気がついたが, それは偶然ではなく, フーリエ解析の理論からも証明できることである.

ところで，$\theta = 0, \pi$ のときは，三状態量子ウォークは自明な挙動となる．実際，$\theta = 0, \pi$ の場合は，順に対応して，

$$
U = \begin{bmatrix} -1 & 0 & 0 \\ 0 & 1 & 0 \\ 0 & 0 & -1 \end{bmatrix}, \quad \begin{bmatrix} 0 & 0 & 1 \\ 0 & -1 & 0 \\ 1 & 0 & 0 \end{bmatrix} \tag{4.125}
$$

となる．少し手を動かして計算すると，それらの場合に対する量子ウォークの振舞いはわかるので，その説明は割愛する．

この章で紹介した三状態量子ウォークの挙動は，第1〜3章で紹介したモデルとは異なるものであった．数値計算による確率分布の図 4.4 を見てもわかるように，初期状態を式 (4.4)（あるいは，式 (4.15)）で与えたときは，原点 $x = 0$ 付近の確率は（相対的に）非常に大きくなりうる．その非常に大きな確率の長時間極限は，定理 8 で極限測度 $\lim_{t \to \infty} \mathbb{P}(X_t = x)$ として与えられている．先に述べたことと繰り返しになるが，$\lim_{t \to \infty} \mathbb{P}(X_t = x)$ は測度ではあるが確率分布ではない．また，極限測度の総和 $\sum_{x \in \mathbb{Z}} \lim_{t \to \infty} \mathbb{P}(X_t = x)$ は，定理 9 におけるディラックのデルタ関数 $\delta_0(x)$ の係数 Δ に一致している．定理 8 は長時間後における確率分布 $\mathbb{P}(X_t = x)$ の漸近挙動を記述しているので，原点付近の大きな確率の存在は係数 Δ に正の値を与え，式 (4.94) の形式的な極限密度関数にデルタ関数 $\delta_0(x)$ を存在させている．すべての $x \in \mathbb{Z}$ に対して $\lim_{t \to \infty} \mathbb{P}(X_t = x) = 0$ となるときは，原点付近に大きな確率は存在せず，その極限測度の総和は 0 になる．したがって，$\Delta = 0$ になるので，極限密度関数にデルタ関数は存在しない．

長時間後の確率分布において，特定の点に量子ウォーカーを観測する確率が非常に大きくなるような量子ウォークは，局在化をキーワードとした研究と関係している．特に，局在化の性質は量子探索アルゴリズムに応用することができる．量子ウォークを応用した量子探索アルゴリズムに関する研究論文はこれまでに多く発表されているが，ここで紹介したような極限定理とともにまとめられた包括的な研究論文として，S. E. Venegas–Andraca [16] が 2012 年に発表されている．この論文では量子ウォークが量子コンピュータの理論構築に貢献していることを垣間見ることができるので，量子ウォークと量子アルゴリズムの関係に興味があれば，読んでみるとよい．

　この章では，ある特殊なユニタリ作用素 U に対しての極限定理を紹介した．一般のユニタリ作用素で時間発展が定義される三状態モデルに対しては，いまだに顕著な極限定理が見つかっていない．三状態モデル同様，多数個の成分をもつベクトルを用いて多状態量子ウォークを考えることができるが，長時間後における確率分布の情報を教えてくれるような有用な極限定理が得られているのは，Konno and Machida [17] の研究における特殊な四状態量子ウォークに対してのみである．局在化だけであれば，ある特殊なユニタリ作用素で定義される多状態モデルに対して，Inui and Konno [18] にて議論されている．

　本書では一次元格子上の量子ウォークのみ扱い，フーリエ解析によって導出できる分布収束定理を紹介した．二次元格子上のモデルに対しても，少ないながらいくつかの分布収束定理は導出されている [19, 20, 21, 22]．しかし，二次元モデルの解析は一次元モデルに比べてかなり難しくなり，その全容は解明されていない．三次元以上の格子上の量子ウォークに関しては分布収束定理は一切得られておらず，今後の大きな研究課題となっている．

▌column 5　行列のテンソル積，$|x\rangle\langle y|$ の行列表示

　本書ではテンソル積や $|x\rangle\langle y|$ を具体的に考える必要はないのだが，対応する行列表示を知っておくと，それらをイメージするのによいかと思われるので，ここで短く紹介する．

　まず，行列のテンソル積は以下のように与えられる．行列

$$A = \begin{bmatrix} a_{11} & a_{12} & \dots & a_{1l} \\ a_{21} & a_{22} & \dots & a_{2l} \\ \vdots & \vdots & \ddots & \vdots \\ a_{k1} & a_{k2} & \dots & a_{kl} \end{bmatrix}, \quad B = \begin{bmatrix} b_{11} & b_{12} & \dots & b_{1n} \\ b_{21} & b_{22} & \dots & b_{2n} \\ \vdots & \vdots & \ddots & \vdots \\ b_{m1} & b_{m2} & \dots & b_{mn} \end{bmatrix}$$

$$(4.126)$$

に対して，そのテンソル積を

$$A \otimes B = \begin{bmatrix} a_{11}B & a_{12}B & \ldots & a_{1l}B \\ a_{21}B & a_{22}B & \ldots & a_{2l}B \\ \vdots & \vdots & \ddots & \vdots \\ a_{k1}B & a_{k2}B & \ldots & a_{kl}B \end{bmatrix} \tag{4.127}$$

と定義する．ただし，k, l, m, n は正の整数とする．また，

$$a_{j_1 j_2}B = \begin{bmatrix} a_{j_1 j_2}b_{11} & a_{j_1 j_2}b_{12} & \ldots & a_{j_1 j_2}b_{1n} \\ a_{j_1 j_2}b_{21} & a_{j_1 j_2}b_{22} & \ldots & a_{j_1 j_2}b_{2n} \\ \vdots & \vdots & \ddots & \vdots \\ a_{j_1 j_2}b_{m1} & a_{j_1 j_2}b_{m2} & \ldots & a_{j_1 j_2}b_{mn} \end{bmatrix}$$

$$(j_1 = 1, 2, \cdots, k, \quad j_2 = 1, 2, \cdots, l) \tag{4.128}$$

である．

例 4.4　$$A = \begin{bmatrix} 1 & 2 & 3 \\ 4 & 5 & 6 \end{bmatrix}, \quad B = \begin{bmatrix} 1 & 1 \\ 1 & -1 \end{bmatrix} \tag{4.129}$$

のとき，

$$A \otimes B = \begin{bmatrix} B & 2B & 3B \\ 4B & 5B & 6B \end{bmatrix} = \begin{bmatrix} 1 & 1 & 2 & 2 & 3 & 3 \\ 1 & -1 & 2 & -2 & 3 & -3 \\ 4 & 4 & 5 & 5 & 6 & 6 \\ 4 & -4 & 5 & -5 & 6 & -6 \end{bmatrix} \tag{4.130}$$

$$B \otimes A = \begin{bmatrix} A & A \\ A & -A \end{bmatrix} = \begin{bmatrix} 1 & 2 & 3 & 1 & 2 & 3 \\ 4 & 5 & 6 & 4 & 5 & 6 \\ 1 & 2 & 3 & -1 & -2 & -3 \\ 4 & 5 & 6 & -4 & -5 & -6 \end{bmatrix} \tag{4.131}$$

となる．

　次に，本書で紹介した基底ベクトルと，それから作られる行列の関係を紹介する．式 (1.83) で与えられるベクトルに対して，無限サイズの行列 $|x\rangle\langle y|$ の成分は，x 行 y 列が 1 で，それ以外はすべて 0 である（図 4.19 参照）．

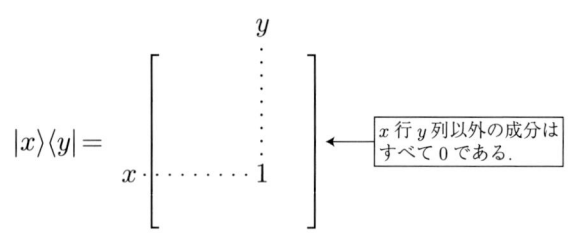

$$|x\rangle\langle y| = \quad x \cdots\cdots\cdots 1 \quad \longleftarrow \boxed{x\,\text{行}\,y\,\text{列以外の成分は}\atop\text{すべて}\,0\,\text{である}.}$$

図 4.19　行列 $|x\rangle\langle y|$ のイメージ

　一方，ヒルベルト空間 $\mathcal{H}_c$ の基底を式 (1.42) で与えるとき，その基底ベクトル $|0\rangle, |1\rangle$ に対して，2×2 の行列 $|j_1\rangle\langle j_2|$ $(j_1, j_2 \in \{0,1\})$ の成分は，j_1 行 j_2 列が 1 で，その他はすべて 0 である（図 4.20 参照）．

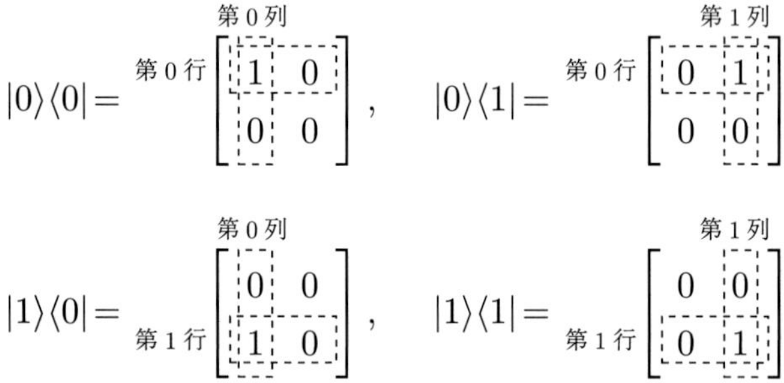

$$|0\rangle\langle 0| = \quad \text{第 0 行}\begin{bmatrix} 1 & 0 \\ 0 & 0 \end{bmatrix}, \qquad |0\rangle\langle 1| = \quad \text{第 0 行}\begin{bmatrix} 0 & 1 \\ 0 & 0 \end{bmatrix}$$

$$|1\rangle\langle 0| = \quad \text{第 1 行}\begin{bmatrix} 0 & 0 \\ 1 & 0 \end{bmatrix}, \qquad |1\rangle\langle 1| = \quad \text{第 1 行}\begin{bmatrix} 0 & 0 \\ 0 & 1 \end{bmatrix}$$

図 4.20　行列 $|j_1\rangle\langle j_2|$ $(j_1, j_2 \in \{0,1\})$ のイメージ

参考文献

[1] 今野紀雄, 『量子ウォークの数理』, 産業図書, 2008.

[2] 今野紀雄, 『量子ウォーク』, 森北出版, 2014.

[3] 町田拓也, 『図で解る量子ウォーク入門』, 森北出版, 2015.

[4] S. P. Gudder, "Quantum probability", Academic Press, 1988.

[5] Y. Aharonov, L. Davidovich, and N. Zagury, Quantum random walks, *Physical Review A*, **48**(2), 1687–1690, 1993.

[6] D. A. Meyer, From quantum cellular automata to quantum lattice gases, *Journal of Statistical Physics*, **85**(5–6), 551–574, 1996.

[7] E. Farhi and S. Gutmann, Quantum computation and decision trees, *Physical Review A*, **58**(2), 915, 1998.

[8] G. Grimmett, S. Janson, and P. F. Scudo, Weak limits for quantum random walks, *Physical Review E*, **69**(2), 026119, 2004.

[9] N. Konno, Quantum random walks in one dimension, *Quantum Information Processing*, **1**(5), 345–354, 2002.

[10] T. Sunada and T. Tate, Asymptotic behavior of quantum walks on the line, *Journal of Functional Analysis*, **262**(6), 2608–2645, 2012.

[11] P. Ribeiro, P. Milman, and R. Mosseri, Aperiodic quantum random walks, *Physical Review Letters*, **93**(19), 190503, 2004.

[12] T. Machida and N. Konno, Limit theorem for a time-dependent coined quantum walk on the line, F. Peper *et al.* (Eds.), IWNC 2009, Proceedings in Information and Communications Technology, **2**, 226–235, 2010.

[13] F. A. Grünbaum and T. Machida, A limit theorem for a 3-period time-dependent quantum walk, *Quantum Information and Computation*,

15(1 & 2), 50–60, 2015.

[14] T. Machida, Limit theorems of a 3-state quantum walk and its application for discrete uniform measures, *Quantum Information and Computation*, **15**(5 & 6), 406–418, 2015.

[15] N. Inui, N. Konno, and E. Segawa, One-dimensional three-state quantum walk, *Physical Review E*, **72**(5), 056112, 2005.

[16] S. E. Venegas-Andraca, Quantum walks: a comprehensive review, *Quantum Information Processing*, **11**(5), 1015–1106, 2012.

[17] N. Konno and T. Machida, Limit theorems for quantum walks with memory, *Quantum Information and Computation*, **10**(11 & 12), 1004–1017, 2010.

[18] N. Inui and N. Konno, Localization of multi-state quantum walk in one dimension, *Physica A: Statistical Mechanics and its Applications*, **353**, 133–144, 2005.

[19] K. Watabe, N. Kobayashi, M. Katori, and N. Konno, Limit distributions of two-dimensional quantum walks, *Physical Review A*, **77**(6), 062331, 2008.

[20] C. Di Franco, M. McGettrick, T. Machida, and T. Busch, Alternate two-dimensional quantum walk with a single-qubit coin, *Physical Review A*, **84**(4), 042337, 2011.

[21] T. Machida, C. M. Chandrashekar, N. Konno, and T. Busch, Limit distributions for different forms of four-state quantum walks on a two-dimensional lattice, *Quantum Information and Computation*, **15**(13 & 14), 1248–1258, 2015.

[22] T. Machida and C. M. Chandrashekar, Localization and limit laws of a three-state alternate quantum walk on a two-dimensional lattice, *Physical Review A*, **92**(6), 062307, 2015.

あとがき

　2004 年に量子ウォークの研究を始めてから 10 年以上が経つが，量子ウォークのフーリエ変換表記に含まれる意味に気がついたのは，ここ数年のことであった．研究者として駆け出しの頃は，その意味など全く考えず，ただひたすら計算だけしていた．しかし，最近は研究だけではなく，教育にも足を踏み入れる世代になった．計算手法をアルゴリズム的に教えるのではなく，数式の意味もきちんと説明することが，次世代を育成するうえで必要であると思った．一方，フーリエ解析は理工系分野では幅広く使われている解析手法である．フーリエ解析の専門家も量子ウォークのフーリエ解析に興味があるかもしれない．多方面の研究分野から量子ウォークへの新規参入促進に本書が一役買えたら嬉しい．このように，教育と研究の双方で思うことがあり，私は今回の執筆に取り組んだ．

　最後に，私の中で量子ウォークがどのような存在であるのかを述べて，本書を締めくくりたい．「はじめに」でも述べたことだが，量子ウォークの振舞いを直観的に予測するのは難しい．しかし，直観で説明が難しいこと，つまり直観とのギャップを発見できることは研究の醍醐味である．私も，第 3 章で取り上げた 3 周期時刻依存型モデルの興味深い確率分布を，数値計算によってはじめて発見したときは興奮した．量子ウォークの業界では，ギャップをもつような確率分布は（少なくともその時点では）誰にも発見あるいは発表されていなかった．そして，極限定理（定理 6）は計算することができ，証明はアメリカのカリフォルニア大学バークレー校（University of California, Berkeley）の数学科に滞在していたときに行った．証明が完了した瞬間，バークレーの澄んだ青空のもと，それまでには味わったことのない爽快感に包まれた．その結果をF. Alberto Grünbaum 教授に見せたときは，即座に認められ，そして研究論文にまとめた．嬉しいことに，F. A. Grünbaum 教授はその結果を "Machida's theorem" とよんでくれた．研究者として自信をつけた瞬間であった．また，こ

のアメリカでの研究生活で，研究分野以外でも多くの友人を作ることができた．異国の友人とのコミュニケーションは，私の視野をワールドワイドに広げてくれた．量子ウォークは，私を世界とつなげてくれた人生の大きなワンピースである．

Quantum walks are here for us!

I also dedicate this book to my friends in the Bay Area.
—— *Takuya Machida*

索 引

【か行】

確率振幅ベクトル　2, 18, 158
確率分布　10, 26, 163
確率密度関数　49
逆フーリエ変換　37
極限測度　175
極限密度関数　84
極限累積分布関数　88
コイン空間　18

【さ行】

サポート　122

初期状態　6, 25, 159, 163

【た行】

定義関数　47
ディラックのデルタ関数　182
ディリクレ核　195

【は行】

波数　34
波数空間　34
フーリエ変換　34
ポジション空間　18

【ま行】

密度プロット　16
モーメント　51

【ら行】

ランダムウォーク　125
量子ウォークのシステム　2, 18, 162
累積分布関数　49

著者略歴

町田　拓也（まちだ　たくや）

2005 年横浜国立大学工学部生産工学科卒業，2010 年横浜国立大学大学院工学府博士後期課程修了．2016 年日本大学生産工学部助教，現在に至る．博士（工学）．

おもな研究テーマは，量子ウォーク．著書に『図で解る量子ウォーク』（単著，森北出版，2015），『図解入門　よくわかる複雑ネットワーク』（共著，秀和システム，2008）がある．

量子ウォーク— 基礎と数理 —

2018 年 6 月 25 日　第 1 版 1 刷発行

検　印
省　略

定価はカバーに表示してあります．

著作者	町　田　拓　也	
発行者	吉　野　和　浩	
発行所	東京都千代田区四番町 8-1 電　話　03-3262-9166（代） 郵便番号　102-0081 株式会社　裳　華　房	
印刷所	中　央　印　刷　株　式　会　社	
製本所	牧　製　本　印　刷　株　式　会　社	

社団法人
自然科学書協会会員

ISBN 978-4-7853-1576-4

解析学概論（新版）

矢野健太郎・石原　繁　共著　Ａ５判／348頁／定価（本体2500円＋税）

　微分積分学に続く解析学として，理工系の読者が必要とする４分科を選び，バランスよく各分科を有機的に続びつけて解説．とくに，第Ⅰ部では応用上重要な線形微分方程式の解法を詳しくし，第Ⅲ部では高校における講義内容を考慮して複素数の導入を丁寧に解説した．

複素関数論の基礎

山本直樹　著　Ａ５判／200頁／定価（本体2400円＋税）

　複素関数論は実関数論の拡張であることを踏まえ，実関数について復習する章を設け，さらに，各章の冒頭に章全体のストーリーを記して，「これから何を学ぶのか」「どのように話を進めていくのか」が把握できるようにした．また，定義の動機や概念の本質的意味などの解説に重点を置き，「なぜそのように考えるのか」「なぜそのようなことを考えるのか」ということを明確に説明した．

　【主要目次】 0. 複素関数論のための実関数論　1. 複素数とは何か　2. 複素関数　3. 複素関数の微分　4. 複素関数の積分　5. 級数展開と留数

理工系の数理　複素解析

谷口健二・時弘哲治　共著　Ａ５判／228頁／定価（本体2200円＋税）

　応用の立場であっても，複素解析の知識を重視する学科向けに，計算技術の習得だけでなく論理的理解も得られるように，できる限り証明を省略せずにきちんと解説した入門書．多くの大学での学習到達目標となっている留数解析までにとどめず，平均的教科書では割愛されることの多い「解析接続」などのやや進んだ理論的話題と，「複素変数の微分方程式」などの応用の紹介までを含めた．

　【主要目次】 1. 複素数　2. 複素関数とその微分　3. 正則関数の積分　4. べき級数　5. 留数解析　6. 等角写像とその応用　7. 解析接続とリーマン面　8. 複素変数の微分方程式

線形代数学入門　－平面上の１次変換と空間図形から－

桑村雅隆　著　Ａ５判／256頁／２色刷／定価（本体2400円＋税）

　線形代数を学ぶにあたって必要とされる標準的で基本的な内容を，高等学校における現在の数学教育カリキュラム（新学習指導要領）を踏まえ，平易にまとめた．記述においては，一般的な学生が講義後に自ら読み直して理解できる程度を維持することを念頭に，内容の過度なコンパクト化は避けた．また命題や定理については，証明の技術ではなく，その意味や使い方をくわしく伝えるようにした．

数学シリーズ　確率論

福島正俊　著　Ａ５判／190頁／定価（本体3000円＋税）

　現代の数理現象解析に欠くことのできない確率論の基礎を数学の立場から解説した入門書．初学者向けに，導入では「測度論」の知識を仮定せずに解説し，ひと通りの知識を得た読者のために，第８章で「測度論」を用いて一般的定義をまとめてある．

　【主要目次】 1. 確率論の始まりと発展—序に代えて　2. ２項分布の正規近似　3. 単純ランダムウオークとブラウン運動　4. ポアッソン近似とポアッソン配置　5. 単純ランダムウオークの大域的性質　6. 確率演算の基礎（離散確率空間の場合）　7. ランダムウオークとマルコフ連鎖　8. 一般の確率空間と確率変数族